全国农业高等院校规划教材
农业部兽医局推荐精品教材

宠物外科手术

● 王国卿　史兴山　主编

中国农业科学技术出版社

图书在版编目（CIP）数据

宠物外科手术/王国卿，史兴山主编 . —北京：中国农业科学技术出版社，2008. 8 (2024.7重印
全国农业高等院校规划教材 . 农业部兽医局推荐精品教材
ISBN 978-7-80233-565-3

Ⅰ. 宠…　Ⅱ. ①王…②史…　Ⅲ. 观赏动物—外科手术—高等学校—教材　Ⅳ. S857. 12

中国版本图书馆 CIP 数据核字（2008）第 081279 号

责任编辑	朱　绯	
责任校对	贾晓红　康苗苗	
出版发行	中国农业科学技术出版社	
	北京市中关村南大街 12 号　邮编：100081	
电　　话	（010）82106632（编辑室）	
传　　真	（010）82106626	
网　　址	http:// www.castp.cn	
经　　销	新华书店北京发行所	
印　　刷	北京建宏印刷有限公司	
开　　本	787 mm × 1092 mm　1/16	
印　　张	16. 75	
字　　数	383 千字	
版　　次	2008 年 8 月第 1 版　2024 年 7 月第 5 次印刷	
定　　价	32. 00 元	

《宠物外科手术》

编 委 会

主　编　王国卿　东北农业大学

　　　　史兴山　黑龙江畜牧兽医职业学院

副主编　王树民　黑龙江生物科技职业学院

　　　　滕景胜　黑龙江农业经济职业学院

参　编　张建文　河北科技师范学院

　　　　丁嘉汇　黑龙江省中毒抢救中心

　　　　李德军　东北农业大学

　　　　杨志东　公安部警犬技术学校

　　　　张宝泉　黑龙江畜牧兽医职业学院

　　　　梁军生　辽宁医学院动物医学院

　　　　孙明勤　山东畜牧兽医职业学院

主　审　李玉冰　北京农业职业学院

序

中国是农业大国，同时又是畜牧业大国。改革开放以来，我国畜牧业取得了举世瞩目的成就，已连续 20 年以年均 9.9% 的速度增长，产值增长近 5 倍。特别是"十五"期间，我国畜牧业取得持续快速增长，畜产品质量逐步提升，畜牧业结构布局逐步优化，规模化水平显著提高。2005 年，我国肉、蛋产量分别占世界总量的 29.3% 和 44.5%，居世界第一位，奶产量占世界总量的 4.6%，居世界第五位。肉、蛋、奶人均占有量分别达到 59.2 千克、22 千克和 21.9 千克。畜牧业总产值突破 1.3 万亿元，占农业总产值的 33.7%，其带动的饲料工业、畜产品加工、兽药等相关产业产值超过 8 000 亿元。畜牧业已成为农牧民增收的重要来源，建设现代农业的重要内容，农村经济发展的重要支柱，成为我国国民经济和社会发展的基础产业。

当前，我国正处于从传统畜牧业向现代畜牧业转变的过程中，面临着政府重视畜牧业发展、畜产品消费需求空间巨大和畜牧行业生产经营积极性不断提高等有利条件，为畜牧业发展提供了良好的内外部环境。但是，我国畜牧业发展也存在诸多不利因素。一是饲料原材料价格上涨和蛋白饲料短缺；二是畜牧业生产方式和生产水平落后；三是畜产品质量安全和卫生隐患严重；四是优良地方畜禽品种资源利用不合理；五是动物疫病防控形势严峻；六是环境与生态恶化对畜牧业发展的压力继续增加。

我国畜牧业发展要想改变以上不利条件，实现高产、优质、高效、生态、安全的可持续发展道路，必须全面落实科学发展观，加快畜牧业增长方式转变，优化结构，改善品质，提高效益，构建现代畜牧业产业体系，提高畜牧业综合生产能力，努力保障畜产品质量安全、公共卫生安全和生态环境安全。这不仅需要全国人民特别是广大畜牧科教工作者长期努力，不断加强科学研究与科技创新，不断提供强大的畜牧兽医理论与科技支撑，而且还需要培养一大批掌握新理论与新技术并不断将其推广应用的专业人才。

培养畜牧兽医专业人才需要一系列高质量的教材。作为高等教育学科建设的一项重要基础工作——教材的编写和出版，一直是教改的重点和热点之一。为了支持创新型国家建设，培养符合畜牧产业发展各个方面、各个层次所需的复合型人才，中国农业科学技术出版社积极组织全国范围内有较高学术水平和多年教学理论与实践经验的教师精心编写出版面向 21 世纪全国高等农林院校，反映现代畜牧兽医科技成就的畜牧兽医专业精品教材，并进行有益的探索和研究，其教材内容注重与时俱进，注重实际，注重创新，注重拾遗补缺，注重对学生能力、特别是农业职业技能的综合开发和培养，以满足其对知识学习和实践能力的迫切需要，以提高我国畜牧业从业人员的整体素质，切实改变畜牧业新技术难以顺利推广的现状。我衷心祝贺这些教材的出版发行，相信这些教材的出版，一定能够得到有关教育部门、农业院校领导、老师的肯定和学生的喜欢。也必将为提高我国畜牧业的自主创新能力和增强我国畜产品的国际竞争力作出积极有益的贡献。

国家首席兽医官
农业部兽医局局长

二〇〇七年六月八日

前　言

本教材是在《教育部关于加强高职高专教育人才培养工作的意见》《关于加强高职高专教育教材建设的若干意见》《关于全面提高高等职业教育教学质量的若干意见》等文件精神的指导下而编写。

在编写教材过程中，根据高职高专的培养目标，遵循高等职业教育的教学规律，针对学生的特点和就业方向，注重对学生专业素质的培养和综合能力的提高，尤其突出实践技能训练。理论内容以"必需"、"够用"为度，适当扩展知识面和增加信息量；实践内容以基本技能为主，又有综合实践项目。所有内容均最大限度地保证其科学性、针对性、应用性和实用性，并力求反映当代新知识、新方法和新技术。

本教材在结构体系上的特色在于将全书分为外科手术基础、常见手术和实验实训三大部分。前一部分重点介绍了外科手术的组织、准备、要求、无菌、麻醉、基本操作规范、包扎及引流等，配合图解，学生练习；常见手术介绍了头、颈、胸腔、腹腔、盆腔、泌尿生殖和四肢等80余种手术，以常见病、多发病的手术疗法为重点；将"操作技术"与"实验实训"有机地融为一体；将实验实训单独列出，以强化学生的操作技能。本教材既有利于教学和学习，又兼顾了实际工作的需要。在教学中可根据教学时数，有针对性地选择讲授。

编写人员分工为（按章顺序排列）：王国卿编写绪论，第一、第二、第五章；史兴山编写第六章；王树民编写第四、第七，第九章第一、二、三节；滕景胜编写第九章第四、五、六、七节，第十、第十一章；张建文编写第十二章第一、二、三、四、五、六、七节；丁嘉汇编写第十二章第八、九、十、十一节，第十三章第一、二、三、四、五节；杨志东编写第十三章第六、七、八、九、十节，第十四章，第十五章第一节；张宝泉编写第十五章第二、三、四、五、六、七、八、九、十节；梁军生编写第三章；孙明勤编写第八章；李德军编写实训部分。全书由王国卿统稿，李德军协助统稿工作。

编写工作承蒙中国农业科学技术出版社的指导；教材由北京农业职业学院李玉冰教授主审，并对结构体系和内容等方面提出了宝贵意见；主编、副主编、参编和主审所在学校对编写工作给予了大力支持；同时也向"参考文献"的作者一并表示诚挚的谢意。

由于宠物医疗行业在我国尚处于起步阶段，相关资料较少，加之编者水平所限，难免有不足之处，敬请专家和读者赐教指正。

编　者

2008 年 5 月

目　　录

绪　　论

一、外科手术的意义和任务

手术是外科诊断和治疗的技术手段，是外科学的重要组成部分，对宠物实施外科手术的目的主要有以下几点：

1. 作为疾病的治疗手段，如膀胱结石的取出术、眼睑内翻矫正术、剖腹产术等；
2. 作为疾病的诊断手段，如肿物的穿刺术、剖腹探查术等；
3. 整容手术和生理手术，如立耳手术、断尾手术、绝育手术等；
4. 作为医学和生物学的实验手段，如试验手术中的脏器移植手术、腺体摘除手术等。

二、宠物外科手术学的基础

外科手术学是建立在动物解剖学、生理学、动物生物化学、病理学、药理学和微生物学等学科基础之上的一门科学。外科手术与解剖学有着密切联系。只有具备坚实的解剖学基础，手术时才能不伤及重要器官和组织，保证治疗效果。随着显微外科迅速发展，对机体解剖结构的要求更为细微，从而更好地为实验外科和临床外科服务。

动物生理学和动物生物化学是学习外科手术必须掌握的学科，因为手术过程中在除去病变组织的同时，还要注意纠正机体生理机能的紊乱，保证并促进机体机能恢复正常。单纯施行手术、局部治疗的观点，不能达到合理治疗疾病的目的。

外科手术还需要有良好的病理学基础，以正确区别正常组织和病变组织，了解疾病的发生、发展规律，通过手术除去病变组织。

微生物学和药理学与外科手术学有着直接而紧密的关系，如防腐、无菌、麻醉、止血及术后的抗感染等技术，都是外科手术学的重要组成部分。正是由于微生物学和药理学的不断发展，才推动外科手术达到现在的水平。

外科手术学是兽医临床的基础课，是为各门临床学科服务的，包括内科、外科及产科等，不掌握兽医临床各学科的知识，就难以为各学科服务。

外科手术学的发展，固然有赖于其他学科的进展，但外科手术的新成就也在不断丰富和推动其他学科，他们之间是互相促进，共同发展的关系，如近代科学发展中"无特定病原体动物"的建立、胚胎移植、器官移植试验等，都依赖于手术的基本操作技术。不仅推动了畜牧、兽医事业的发展，也对医学的发展起了良好的推动作用。

三、外科手术学的学习方法

外科手术学是一门实践性极强的科学，只靠理论学习还不能真正掌握。所以要求学习者多接触病例，不断参加手术实践才能有所收获。但在实践中决不要靠单纯的"经验"，因为并不是所有的人都能从实践中获得有益的经验。如果只是简单地参加实践，仅能成为一名熟练的技师，有技术能力但缺乏理论基础。正确的学习，应该是使理论与实践紧密结合，在理论的指导下去实践，才有可能不断提高外科手术技术和综合判断能力，对临床上遇到的问题做出较为可靠的判断，并能提出合理的手术方案，创造条件付诸行动。即使出现解决不了的难题，也能提出探索途径。

外科手术的学习应注意"基本功"的训练。所谓基本功是指对手术基本操作的熟练程度和对手术技巧的精通程度。这两个基本功都需以外科素养作为前提，即无菌素养、爱护活组织的素养、操作技术素养。

无菌素养是指外科医生在平时要养成良好的卫生习惯，在手术中自觉遵守无菌操作规程，主要包括手术用品的准备、手术室管理的基本要求，以及手术进行中的无菌操作。

爱护活组织的素养就是在对机体正常生理机能干扰最小情况下，以最小的创伤为机体去除疾病的一种技术素养，要做到这一点并不容易，外科医师除应对患病动物整体状况进行仔细评价、对所治疗的疾病进行深刻地了解、对局部解剖要熟悉外，在手术操作过程中，还应遵循微创原则。反对轻率地、粗暴地、不正确地对待活组织，使活组织遭受不应有的损害，影响创口愈合和功能的恢复。

操作技术素养包括组织的分离、缝合、止血、打结及器械的使用等手术的基本操作技术，是做好手术的必要条件，必须牢固掌握，熟练地运用。

俗话说"台上几分钟，台下十年功"，也可用来说明手术基本功对完成手术的重要意义。练好基本功的基本条件是术者必须有正常的生理功能（包括体力、眼力及正常的神经活动）和强健的体魄。作为宠物外科医生，除了身体条件和医学知识水平之外，医德显得更为重要。一个执意追求科学的人，必定具备勇往直前、艰苦奋斗的精神，敢于在困难环境中锻炼自身，能在艰苦条件下完成任务。"熟能生巧"是表示反复操作与精通之间的关系，通过多次反复操作，不仅能提高对病的认识，也能不断增加动手的臂力、速度、耐力和灵活性，使手臂肌肉的协同作用加强，手指对外界的敏感性增加，这些都是顺利完成手术的重要基础。

第一章　外科手术学概述

一、外科手术学的组成和主要内容

外科手术学由两个主要部分组成，一部分是研究动物的保定、无菌技术、麻醉、手术的组织等手术基本知识，以及切开、止血、组织的分离、缝合、包扎、引流等手术基本操作；另一部分则分别研究动物身体不同部位、不同器官疾病的手术治疗方法及有关的局部解剖。

手术的施行主要由3个步骤组成，即打开手术通路、进行主手术和闭合切口。

打开手术通路是以显露已发生病理变化的器官或病灶为目的，以便加以手术处理，是进行主要手术操作的先决条件。合理的手术通路是手术顺利进行和获得成功的重要条件。所谓合理的手术通路就是为了显露发病器官或病灶，在通路的组织上所做切口的部位、方向和长度应该是合理的。切口一般应选择在最接近发病器官或病灶，便于显露手术操作的部位。切口的方向和长度以及通往深部病区的通路的选择，应该是以最小程度地损伤组织和足够地显露发病器官或病灶为原则。应该尽可能地避免损伤大血管、神经干、腺体输出管以及重要肌肉和腱膜的完整性。但是，"最小损伤"并不意味着"切口愈小愈好"，因为切口过小会影响发病器官的显露及对其进行有效的手术处理，而且由于勉强地显露或拉出要处理的目的器官，往往造成手术通路的组织（创缘及深部组织）遭受强力牵拉、压迫，其害处远大于因延长切口所造成的组织损害。

主手术是对主要患病器官或组织进行手术处理，因而是整个手术的核心部分，是手术成败的关键步骤。

闭合切口是完成手术的最后步骤，目的是将创口关闭，并进行适当的处理，保护创口，预防感染，以利于创口愈合。

上述的手术3个步骤并非所有手术都如此。例如，有些手术其手术通路与主手术可能是一致的（圆锯术）；有些手术，主手术与手术切口的闭合很难明确分开（如脐疝疝轮的缝合）；还有些手术，切口并不需要闭合（如公猫去势术）或仅部分闭合。

二、手术的分类

外科手术的种类很多，按手术的性质和内容可划分为以下几类。

1. 根治手术和姑息手术

既能消除疾病的症状，又能同时消除其原因，以彻底根治为目的之手术称为根治手术，例如尿道结石的取出，良性肿瘤的摘除等。在不能施彻底除去其原因时，为了消除或缓解其症状而进行的手术称为姑息手术，例如，进行某些神经的切断术，以缓解疼痛症状等。

2. 紧急手术和非紧急手术

这种分类方法在临床上具有特别的意义。紧急手术是在疾病严重威胁生命的情况下，需要紧急进行抢救的手术。例如，鼻道或气管阻塞，以致有窒息危险时，需要刻不容缓地施行气管切开术；尿闭时需要紧急进行的尿道切开术或膀胱穿刺术。非紧急手术是在病情进展较缓的病例，不需要紧急施行的手术，这种手术可安排在适当或方便的时间来进行，例如某些良性肿瘤的摘除手术。

3. 无菌手术和污染手术

无菌手术是在无菌条件下，对未受感染组织进行的手术，例如胸、腹腔等大手术、韧带截断等小手术均属无菌手术。在手术治疗疾病的过程中，经常要对感染或化脓的组织进行手术，例如对脓肿、蜂窝织炎的切开等，这些均属于污染手术。

有些手术，例如胃、肠手术，开始是无菌手术，随后胃、肠切开时已转为污染手术，在处理胃、肠后又必需转为无菌手术，这就要求将手术的无菌阶段与污染阶段严格划清界限，处理胃、肠完毕后换去所有被污染器械和手术创巾。严格对被污染的手臂和术部进行消毒，使之重新合乎无菌手术的要求。

4. 观血手术和无血手术

一般将需要破坏组织的完整性，造成血液外流的手术称为观血手术。无血手术特指那些不见血液外流的手术，例如非开放性骨折的复位手术、脱臼的整复手术以及无血去势术等。

5. 小手术和大手术

一般对机体损伤较小，手术操作简便的手术，称为小手术。例如穿刺术、浅部脓肿切开、去势等。某些施术范围广、组织损伤大、对机体影响较明显，手术操作也较复杂的手术，称为大手术。例如胸、腹腔手术等。

此外，按不同的手术目的还可以划分为治疗手术、诊断手术、经济手术（如去势和卵巢摘除术）、成形手术（目的是补偿任何器官的破坏部分或恢复组织的连续性，例如关节前面的皮肤缺损用单纯的皮肤修整法、大面积烧伤时行皮肤移植法加以修补等）与试验手术（如各种科学实验所进行的动物实验手术）等。随着近代实验外科学的进展，器官和组织的移植手术也取得不少成就，例如肾脏移植手术、角膜移植手术、骨组织和骨髓移植手术，以及诸如动物体内人造机械心脏移植手术等，都大大丰富了手术的种类和内容。有些还在临床上取得了明显的效果。

最后，还有一类被称为显微外科的手术，是指某些需借助于手术显微镜来进行的，对微细组织结构所施行的手术，例如对微血管、神经进行吻合术即属于此类手术。

三、手术的组织和分工

外科手术需要有良好的组织和分工，便于在工作时各尽职责，有条不紊，迅速而准确地共同完成手术任务；手术又是一项集体活动，在明确个人分工的同时，还必须强调集体合作的精神，只有参加手术的人员相互协调、紧密配合，才可能使手术顺利进行并完成。

手术各相关人员术前应明确每个人的职责，了解整个手术进程、手术的目的、要求以及手术时应注意的事项等，所有这些在制订手术计划时，都应该经过充分论证，做到人人心中有数。

1. 手术人员一般可做如下的组织分工

术者　是手术的主要负责人，要对病情、有关局部解剖的情况等，事先应有充分的了解和准备，并负责手术计划的拟订，手术时亲自进行主要的手术操作，术后负责必要的总结工作。

助手　手术时协助术者进行手术，视具体情况可设 1～3 人。第一助手负责局部麻醉、术部消毒、手术巾隔离，以及配合术者进行切开、止血、结扎、缝合、清理及显露术部等主要操作。助手必须经常留意，使术者操作方便，了解术者意图和操作中困难所在，并及时给予密切配合，在术者因故不能继续手术时，可以代替术者继续进行手术；第一助手的位置一般设在术者对面。第二、三助手的职责主要是补充第一助手之不足，例如牵拉创钩、显露深部组织、清理术部等，必要时还应协助器械助手准备缝线或传递器械等工作，位置可根据需要分别设于术者旁边或对面。

器械助手　术前负责器械及敷料的准备和消毒工作。手术时负责供应、传递器械及敷料。因此，器械助手事先应了解和熟悉该手术的操作及程序，做到准确而敏捷地配合手术人员的需要。此外，还要养成利用空隙时间经常维持器械台整洁的习惯，随时消除线头、血迹，归类放置器械，使工作进行有条不紊，在闭合腹腔之前，应注意清点敷料和器械的数目，术后负责器械的清洁和整理。

麻醉助手　一般仅在施行全身麻醉或电针麻醉时另设麻醉助手，负责患病动物的麻醉。麻醉助手在麻醉全过程中应严密注意或记录呼吸、循环、体温、各种反射以及其他的全身变化情况，如有必要应及时将情况反映给术者。麻醉助手还应负责手术时的给氧、强心、补液或急救等。

保定助手　负责手术动物的保定工作。保定助手在整个手术过程中，都要注意保定情况，如发现保定不确实时。应随时加以纠正，手术后保定助手解除保定，并将动物送到合适的位置，作妥善安排。

以上所述手术人员的组织分工，根据具体情况可适当增减、灵活掌握，但参与无菌操作的手术人员就不应兼任接触污染的工作。

2. 手术人员之间的配合

手术人员各司其职固然重要，但他们之间的配合对手术的顺利完成、缩短手术时间，减少手术中的失误起决定性作用。

（1）术者与助手的配合　直接关系到手术的进程和效果。术者的每一个操作几乎都离不开助手的配合。心领神会的配合是术者与其助手长期同台磨合的结果。这种娴熟默契的配合不仅有利于顺利完成高质量的手术，而且还可以避免手术人员之间的意外损伤。作为术者应熟练掌握手术常规步骤，并及时给予助手以如何配合的暗示，不可一人包揽全部操作；作为助手更应主动积极地领会术者的意图和操作习惯，正确作好配合操作，不可随意发表意见扰乱术者的思想情绪，更不可代替术者操作。例如：术者在切割皮肤和皮下组织时，伤口出血，助手应立即用纱布压迫并持血管钳钳夹出血点；术者在作深部组织切开时，助手应及时用纱布或吸引器清理手术野，以便术者在直视下完成下一步操作；术者分离组织时，助手用血管钳或手术镊作对抗牵引，以更清楚地显露组织层次；术者在游离带有较大血管的网膜、系膜、韧带时，术者先用血管钳分离出要切断的血管，助手应持血管钳插入术者所持血管钳的对侧，用两钳夹住血管，术者在两钳之间将血管切断，然后将血管结扎；术者在缝合时，应将线尾递给助手抓住，助手应及时清理手术野，可用纱布擦拭，吸引器清除渗血、渗液，充分显露缝合的组织，在缝针露出针头后应夹持固定在原处，避免缝针回缩，以便术者夹针、拔针；助手结扎时，术者轻轻提起血管钳，将夹持组织的尖端固定在原处，待助手抽紧缝线作第一个单结时才可撤去血管钳。遇张力较大时术者还要帮助夹住近线结处，以免在做第二个单结时前一个单结松滑。术中的配合需要术者和其他参加手术人员灵活机动地进行；然而，术者是手术小组的核心，助手的任何操作都不应影响术者的操作，所以，助手的操作动作应在尽可能小的范围里进行，为术者提供充分的操作空间。

（2）器械助手与术者的配合　器械助手密切注意手术进程，及时准备和递送手术所需的物品，最好熟悉术者的操作习惯，领会术者的暗示性动作，主动递送各种适当的手术用具。

（3）麻醉助手与术者的配合　麻醉助手只有使手术动物无痛和肌肉松弛，术者才能更好地手术，术中密切观察病畜的生命体征，如有异常，及时通报手术人员做出相应的处理，保障生命安全。

四、手术前的准备

术前准备包括术前检查、手术计划的拟订以及一系列手术前的具体准备工作。

1. 手术前对病畜的检查

手术前要对施术对象的基本状况有一个全面了解。因此，对病畜进行检查是外科手术工作的基本要求之一。首先应了解家畜的病史，并对家畜进行必要的临床检查（在必需和条件许可时，还应该包括必要的实验室检查、心电、B超、X射线检查等），以便了解施术对象的心血管系统、呼吸系统，胃、肠、肝、肾的状态和全身状况以及现症病情，从而做出尽可能正确的诊断，并判定病畜机体抵抗力、修复能力，能否经受麻醉或手术刺激，是否为手术适应症等。对于怀孕的病畜还要考虑到保定和麻醉对胎儿的影响。上述的了解和检查结果，是作为制订手术计划时的重要依据。

2. 手术计划的拟订

根据术前检查的结果，事先深入考虑手术过程中可能遇到的一切细节，提出手术方法设想，通过召开术前会议的形式，充分发挥集体智慧，拟订出尽可能合乎实际的手术计划，这不仅是手术工作中的一项良好习惯，也是保证手术合理和顺利进行的一个重要措施。但遇到紧急情况，没有时间拟订完整的书面手术计划时，争取由术者召集有关人员，就一些手术关键问题，进行简短而必要的意见交换，以求统一认识，分工协作，对于顺利完成手术任务，也是很有帮助的。这对于一些未能确诊或比较复杂的非常规手术尤为必要。

手术计划通常可包括下列基本内容：

（1）手术人员的分工；

（2）手术所需药械、缝合材料、敷料等的种类和数量（还包括某些可能出现的情况需要备用的器械，例如某些疝手术可能出现肠管截除情况所需的器械）；

（3）动物保定和麻醉方法的选择；

（4）术前应提出的注意事项（例如禁食、胃肠减压、术前给药、导尿等）；

（5）手术方法及术中应注意的事项；

（6）可能发生的手术并发症的预防和急救措施（如虚脱、休克、窒息、大出血等）；

（7）术后的治疗和护理以及饲养管理注事项。

此外，在手术计划的后面，最好附上一项"手术总结"。实践是检验真理的唯一标准，在每次手术后认真总结经验，通过不断实践和总结，能更有效地提高外科手术水平。

除了紧急手术外，大手术最好安排在上午进行，以便日间有较长的时间对病情进行观察。污染手术一般均安排在无菌手术之后，以减少污染机会。

3. 患病宠物的准备

患病宠物的准备是外科手术重要组成部分。患病宠物术前准备工作的目的，是尽可能使手术宠物处于正常生理状态，各项生理指标接近于正常，从而提高宠物对手术的耐受力。因此可以认为，术前准备得如何，直接或间接影响手术的效果和并发症的发生率。通常患病宠物的术前准备包括以下几个方面：

（1）禁食 有许多手术术前要求禁食，如开腹术，充满腹腔的肠管形成机械障碍，会影响手术操作。饱腹动物麻醉后的反胃机会增加。禁食时间不是一成不变的，要根据动物患病的性质和动物身体状况而决定，禁食时间也属于外科判断力的一个部分。因为小动物消化管短，容易将肠内容物排空，故禁食一般不要超过 12h。禁食可使肝脏降低糖原的贮备，过长的禁食是不适宜的。临床上有时为了缩短禁食时间而采用缓泻剂，但激烈的泻剂能造成动物脱水，一般不使用。当肛门或阴门手术时，为防止粪便污染，术前要求直肠排空，小动物可将肛门做假缝合或进行灌肠，以截断排泄，可大大减少污染。

（2）营养 动物在手术之前，由于慢性病或禁食时间过长、大创伤、大出血等造成营养低下或水、电解质失衡，从而增加了手术的危险性和术后并发症的发生率。蛋白质是动物生长和组织修复不可缺少的物质，是维持代谢功能和血浆渗透压的重要因素。术前宜注意检查，出现严重的蛋白缺乏征象，应给予紧急补充，以维持氮平衡状态。同时也要注意碳水化合物、维生素的补充。

（3）保持安静 为了使患病动物平稳地进入麻醉状态，术前要减少动物的紧张与恐惧。麻醉前最好有畜主伴随，或者麻醉人员要多和患病动物接触，以消除其紧张情绪。根据临床观察，环境变化对犬的影响较大。长时间运输的患病动物，应留出松弛时间。尽量减少麻醉和手术给动物造成的应激、代谢紊乱和水电解质平衡失调，要注意术前补液，特别是休克动物。一般情况下，大剂量输液，能使心血管的负担增加，血管扩张，对动物机体也十分不利。

（4）特殊准备 对不同器官的功能不全，术前应做出预测和准备，如肺部疾病，要做特殊的肺部检查。因为麻醉、手术和动物的体位变化均能影响肺的通气量，如果肺通气量减少到 85% 以下，并发感染的可能性增加，故宜早些采取措施；肝功能不良的患病动物应检查肝功能，评价其对手术的耐受力；肾功能不全直接影响体内代谢产物的排泄，而且肾是调节水、电解质和维持酸碱平衡的重要器官，若发现异常，在术前要进行纠正，补充血容量。此外，在术前和术后避免应用对肾脏有明显损害的药物，如卡那霉素、多黏菌素、磺胺类药物等。有些对肾血管产生强烈收缩的药物，如去甲肾上腺素等也应避免使用。

五、手术中的注意事项

1. 手术中的注意事项

每个手术的具体情况不同，都有应特殊注意的问题，例如：鼻腔手术时，应注意防止吸入血液；食管梗塞的手术疗法，应注意避免大量唾液分泌物玷污切口；妊娠后期在保定及麻醉方法的选择上，要特别注意避免引起流产等。每个手术应该注意的问题，都应反映在手术计划中。

手术中共同应注意的是自始至终都要严格遵守无菌原则，手术人员应该有正确的无菌概念和养成无菌操作的习惯。对于手术时的环境、物品、人员、畜体等，哪些部分应认为是无菌的，哪些是可疑的，哪些是污染的，应该经常有一个明确的概念，并在行动上加以严格的区分。为了保证达到无菌要求，手术中应注意下列事项：

（1）手术人员应自觉地遵守无菌原则进行操作，发现有违反无菌规则时，应及时指出并加以纠正。

（2）避免不必要的谈话和走动，不许在手术区咳嗽或喷嚏，避免飞沫及汗水等进入手术区。

（3）手术人员消毒后的手，在未操作前均应放在手术衣的护手布内，不要垂至腰下部或接触没必要接触的东西，即使这些东西是经过消毒或灭菌的。其他人员参观或协助工作时，应避免触及手术者的手、臂及无菌区。

（4）器械不应在手术人员的背后，不要在腰部以下或头顶传递；用于污染部位的器械应分开放置，不可再回到无菌区；暂时不用的手术器械，不可随手放置。

（5）手术时间较长或有污染可能时，根据需要随时进行手的消毒。潮湿的手术巾或创布，由于毛细管作用已失去术部隔离的作用，也应及时予以更换。

（6）闭合切口前应清除创内凝血块、创液、组织碎片等，并清点器械、纱布数量是否相符，缝线线头是否剪除，用灭菌生理盐水冲洗创腔。最后用碘酊消毒缝合的切口。

2. 手术中对病畜的监护

在手术进行的整个过程中，都应置病畜于监护之下，对于休克的预防和救治尤其重要。在兽医临床上极少采用特制的病畜监护仪。通常对病畜进行下列几方面的检查。

（1）外周循环的灌流状态　通过视诊齿龈和舌的颜色，微循环良好时色彩红润有光泽，微循环障碍时呈干枯紫蓝色。用指压齿龈或挤压舌缘驱血后，一般在 1s 内恢复灌流，如果数秒钟后才恢复说明微循环障碍，也可见耳、鼻、四肢发凉，体表静脉瘪陷。

（2）脉搏、血压与体温　血压是病畜监护的重要指标，休克时血压下降。

（3）呼吸频率　休克时由于补偿代谢性酸中毒使呼吸频率增加。

（4）肾脏功能障碍　休克出现的早期，由于肾灌流量减少致使尿量趋于减少。

应该着重指出，任何一项检查的单次指标，都不如其动态更为重要。因而间隔时间重复检查，以掌握病情的发展变化，有利于采取及时和有效的防治措施。

六、手术后的治疗和护理

手术完成后，并不等于治疗的任务已完成。所谓"三分治疗，七分护理"其含意就在于强调一般易于疏忽术后护理的重要性。为了落实贯彻术后应注意的措施，应将护理方法及有关注意事项告诉直接负责的护理人员，并说明如果疏忽时可能造成的后果，以引起重视。术后护理和治疗有关的事项如下：

1. 术后护理的一般注意事项

如果病畜是经全身麻醉的，手术后完全苏醒前，应有专人看管，此时吞咽功能未完全恢复，不可饮水或喂饲，而且病畜体温往往偏低，应该注意保温。手术后一段时间内应加以细致观察，特别注意有无术后出血或其他并发症，以便及时处理。一般在术后，每天最少检测体温 1~2 次，并注意观察脉搏、呼吸、精神状态、食欲、排便以及切口的局部变化，根据病情需要还应做临床或实验室的检查，并将检查结果详细记录，以便及时采取相应的措施。术后能走动的，则根据具体情况，决定其应该运动或限制其运动的时间，早期适当运动能帮助消化、促进循环、增强体质，有利于术部功能的恢复以及切口的愈合。例如，在一般腹部手术，如果病畜在术后能自由走动，术后第二、三天即可开始做牵遛运动。初时运动宜短，每次 15min，以后逐渐增加时间。但过早或过量运动可能导致术后出血，缝线裂开，机体疲劳（尤其在衰弱病畜），反而不利于创伤愈合和机体的恢复。对于截腱术、截趾术等四肢手术以及颈静脉结扎术等有术后出血危险的病例，术后应防止病畜过早运动。

2. 合理的饲养

病畜在手术（尤其是大手术）中都经受了一定程度的组织损伤、出血和体液的丧失，术后又往往影响食欲、饮欲，使营养摄入减少，而需要量则有所增加。因此，营养的补给是必需的，补给营养以喂饲容易消化而富含蛋白质和维生素的饲料为宜。

术后饮水，除在全麻后规定的禁饮时间外，一般不加限制。

在非消化道手术，如果术后病畜精神、食欲良好的，一般并不需要限制喂饮，但术后机体衰弱或消化道功能未完全恢复的病畜则仍应以递增的方式逐渐恢复至正常饲喂，避免一次食入过量，造成消化功能紊乱。最后还应该指出，术后病畜食欲的递进，营养的改善，对于创伤的愈合和机体的恢复是有利的。因此，对于病畜术后饮食不必要的或过度的节制是无益而有害的。

3. 输液

输液是手术后治疗中常用的治疗措施之一。如果在术前由于疾病的原因造成水、电解质和酸碱平衡的失调，要尽可能在术前加以纠正。输液目的在于补充必要的水分、热量、纠正电解质和酸碱平衡的紊乱，以及维持手术后病畜的循环血量和血压等。病畜在术后是否需要输液则视术后的病情而定，如出现上述输液的适应症而未能采取措施加以及时的纠正，会延迟伤口愈合和健康的恢复，甚至可能发展为酸中毒、碱中毒、循环衰竭或休克，以致死亡。

4. 术后感染的预防和控制

手术的感染率与手术时无菌操作的执行情况，清创是否彻底以及病畜的全身抵抗力等密切相关，同时与术后的护理情况也有很大关系，有时术后护理不良是术部感染的主要原因。因此，手术后首先对畜体（尤其是术部）应尽量保持清洁，并防止切口与墙壁或地面接触，为了避免啃咬、摩擦、践踏等对切口外部的刺激和污染，应根据需要采取相应的措施，例如戴项圈加以头部保定，去势创或后躯切口，常采用尾绷带固定。在四肢下部的手术创，除按常规加绷带外，有时采用特制的套鞋以保护切口。

通常在手术后 4d 内，着重注意病畜体温的变化，在手术中组织破坏较多的病例，由于血液、淋巴液、分解的组织等所形成的创液被吸收，可以引起暂时性的体温增高，但一般不高于正常温度 1~2℃，而且不久即可复原，如果体温偏高且持续时间较久，则应注意检查手术切口的状态，看是不是感染造成的，在手术后 3d 内可出现轻度炎性水肿（无菌性炎症），随即逐渐消退。如果切口持续敏感、水肿、局温升高并流出较多量创液，应立即拆除 1~2 针缝线，检查创口情况，给予适当处理。

在蚊蝇滋生的季节，对于开放的切口，为了避免蚊蝇对伤口的骚扰、污染或发生蝇蛆症，在伤口周围涂抹驱蝇油类。

在破伤风感染率较高的地区，或者某些污染大、创伤深或感染破伤风可能性较大的手术，为了预防术后可能发生的破伤风感染，最好能在术前两周以上的时间，预先注射破伤风类毒素，或在必要时，手术的同时注射破伤风抗毒素（犬 1 200~3 000IU）。

为了预防或控制术后感染，提高手术治愈率，适当配合应用抗生素和磺胺类药物，可收到良好效果。例如，在容易造成污染的环境条件下施术，或对于感染可能性较大的一些手术（如精索窦道，胃肠手术等）如能及早配合使用抗菌药物，有助于预防或控制感染的发生或发展。然而在病畜机体状态良好，手术过程中能严格执行无菌原则或在非感染的手术，抗菌药物不一定采用。恰好相反，如果滥用抗菌药物，不仅造成浪费，还可能导致周围环境内耐药菌株的增加，致使感染一旦发生时，更难于控制。

常用的抗菌药物主要有磺胺类药物和抗生素。磺胺类药物只有抑菌而无杀菌作用，而各种抗生素中有的具有抑菌作用，有的能直接杀菌，但都不是绝对的。青霉素、链霉素、卡那霉素、新霉素、多黏菌素在低浓度是抑菌的，在高浓度是杀菌的，但四环素族和红霉素族都是抑菌的。

在使用抗菌药物时应注意以下几点：

（1）药物的选择　因为磺胺类药和抗生素的作用是有高度选择性的，所以应该针对各种感染的主要病原菌，按照其抗菌谱来选择相应的药物。

（2）用药时机和剂量　对于感染可能性大的手术，最好从术前开始用药，对于术后感染一旦确诊，应尽早用药。用药的剂量应该一开始即用足量，因为剂量不足，不仅没有疗效，反有导致细菌抗药性增加的危险。

（3）用药的途径和停药时机　根据病情采取不同的用药途径，例如，在一般感染，可采用口服或肌肉注射，病情严重（如全身化脓性感染或中毒性休克时）应采用大剂量的静脉注射；作为肠管手术准备，可以口服肠管不易吸收的磺胺类药；经久不愈合的伤口，则局部应用抗生素溶液或软膏。停药时机不宜过早，有时可见感染重新变剧，一般应在体温正常，局部症状消失，白细胞计数及分类正常后两三天再停药。

（4）创造必要条件以提高药物疗效　例如，清除伤口内的坏死组织、凝固血块和脓汁，可以增强抗菌药物在伤口的作用；采用碳酸氢钠使尿碱化，可以避免磺胺类药物在酸性尿中形成结晶，导致机械性尿闭；链霉素在碱性尿中作用也较强，可在并发尿路感染时使用。

七、手术记录的书写

手术记录是对手术过程的书面记载。不仅是具有法律意义的医疗文件，也是科学研究的重要档案资料，因此，术者在完成手术以后应立即以严肃认真、实事求是的态度书写。在书写手术记录时首先要准确填写有关病畜的一般项目资料如宠物的名、性别、年龄、品种、体重以及畜主的姓名、联系方式等；还要填写手术时间、参加手术人员和手术前后的诊断，然后书写最为重要的手术经过。手术经过一般包括以下内容：

1. 麻醉方法及麻醉效果。

2. 手术体位，消毒铺巾范围。

3. 手术切口名称、切口长度和切开时所经过的组织层次。

4. 术中探查肉眼观病变部位及其周围器官的病理生理改变。一般来说，急诊手术探查从病变器官开始，然后探查周围的器官。如腹部闭合性损伤应首先探查最可能受伤的器官，如果探查到出血或穿孔性病变，应立即做出相应的处理，阻止病变的进一步发展后再探查是否合并有其他器官的损伤；非急诊手术探查应从可能尚未发生病变的器官开始，最后探查病变器官。

5. 根据术中所见病理改变做出尽可能准确的诊断，及时决定施行的手术方式。

6. 使用医学专业术语，实事求是地描写手术范围及手术步骤。

7. 手术出血情况如术中出血量、输血输液总量，术中引流方式及各引流管放置的位置等。

8. 清理手术野和清点敷料、器械结果。确认手术野无活动性出血和敷料、器械与术前数量相符后才能缝闭手术切口。

9. 术中发生的意外情况及术后标本的处理。

10. 术后的处理及注意事项。

第二章　外科手术的无菌技术

微生物普遍存在于动物体和周围环境。一旦皮肤的完整性遇到破坏，微生物就会侵入体内并繁殖。为了避免手术后感染的发生，必须在术前和术中有针对性地采取一些预防措施，即无菌技术。它是外科手术操作的基本原则。

第一节　消毒和无菌的概念

抗菌术一般是指应用适宜的化学消毒药剂消灭细菌或抑制细菌的生长、繁殖等活动，其具体措施在临床上通常称为消毒，例如手术人员的手臂、术部以及手术室空气的消毒等。

灭菌是指用物理方法（尤其是高温高压灭菌方法），将附着于手术所用物品上的细菌消灭，例如，手术器械和敷料的高压蒸汽灭菌或煮沸灭菌等。

消毒特指化学药剂的消毒，一般能杀灭不包括芽孢在内的细菌体或抑制其活动。灭菌则指用物理方法杀灭包括芽孢在内的所有微生物。

人类对于微生物和创伤感染规律的认识，以及对防腐和无菌等技术的掌握都曾经历过一个不断实践和认识的漫长过程。1867 年，李斯特首先创用"化学防腐法"，使原来认为不可避免的伤口感染、化脓等现象得到很好的控制。但化学防腐法的缺点也是明显存在的，因而也不是一种完善的方法。首先，化学防腐法的防腐作用很不彻底，对许多细菌芽孢并不能杀灭，有些对细菌本身也仅起到抑制作用。如果加大化学药物的浓度、作用温度或延长作用时间，虽能提高其效果，但同时也增加了对有机体的刺激性，破坏机体全身抵抗力甚至造成对组织的严重损伤。故从 1888 年起，"灭菌法"开始逐渐代替"防腐法"而被采用于外科实践中，以后并得到广泛应用和不断地改进。但是，灭菌法的应用仍然受到一定限制，例如手术者的手、臂、术部皮肤的处理等，都不可能采用灭菌法。随着化学消毒药品不断的发展和改进，出现了许多杀菌力强、抗菌谱广、对机体和伤口组织刺激性和损害都较小的化学消毒剂。目前，在采用灭菌法的同时，化学消毒法在外科工作中也成为不可缺少的重要环节。

综上所述，外科手术所以能发展到今天的水平，与防腐和无菌术的发现和发展有者密切关系。因此，防腐和无菌术也是外科手术主要的基础之一。

第二节 手术感染的途径

皮肤和黏膜是预防外界细菌侵入机体的坚强防线，当发生创伤或手术切开皮肤（黏膜）后，皮肤（黏膜）的完整性被破坏，就为细菌开辟了入侵门户，因而有引起手术感染的危险。手术感染的途径是多方面的，其中以接触感染最为重要，但其他感染途径也不容忽视。因为，万一疏忽，某些本来不是手术的主要感染途径，也可能成为感染的主要来源。

通常手术感染的途径可以分为外源性感染和内源性感染。

一、外源性感染

外源性感染是指外界的微生物通过各种途径进入伤口内部，引起感染，是手术感染的主要原因。可分为下列几种。

1. 空气感染

所谓空气感染，通常是指空气中尘埃连同附着其上的细菌落入伤口中引起感染。由于细菌必须附着在尘埃上才能比较容易落入伤口内，因此，一般空气中含有的细菌数量与空气中尘埃的多少成正比。为了避免空气感染，要求施术场所必须整齐、清洁、避风、保持安静，没有灰尘浮动，良好的手术室可使空气感染程度降至最小。

2. 飞沫和滴入感染

"飞沫感染"是由于手术人员谈话、咳嗽和打喷嚏时喷出的飞沫（其中带有大量微生物）落入创口所引起的感染。应该指出患有龋齿、口腔炎或上呼吸道疾病的手术人员，应特别注意避免飞沫感染，因为此时飞沫中的微生物毒力较强。此外，手术人员手、臂和前额上的汗滴中含有"来自汗腺的细菌"，如果落入伤口，也容易引起感染。

3. 接触感染

是发生手术感染的主要途径，要特别注意和预防。接触感染有以下几种：

（1）手术人员手、臂的污染 手术者的手、臂在手术时因需要直接或间接，并且反复多次地接触手术创口，所以手、臂消毒不良是造成手术感染的主要原因之一。平时手上就带有许多细菌，如果手术人员在处理化脓创或进行剖检时不注意手的防护，则手的污染将更为严重。由于手、臂的消毒受到许多限制，严重污染的手、臂在数天之内都不易做到彻底消毒。因此，手术人员除了在施术前应严格进行手的消毒外，平时也应注意避免手、臂的严重污染。

（2）术部被毛的污染 皮肤和被毛上存在大量的微生物，因此，在术部消毒不良时，术部皮肤、被毛上的微生物可因落入创内而引起感染。

（3）手术器械、敷料和其他用品的污染 直接或间接接触手术创的器械、敷料及其他手术用品，如果沾染细菌就不可避免的被带入创口造成感染。因此，这类物品都应严格灭菌或消毒，并不可再与任何污染的物品相接触。

4. 植入感染

植入感染是指长期留在创内或不慎留在创内成为感染源的东西所引起的感染，例如灭菌不良的缝线、剪下的线头、异物或留在创中作为引流的纱布或引流管等，这些东西因为长时间留在组织中，如果灭菌不良或被污染则成为细菌的隐蔽场所，成为危险的手术感染来源。

5. 术后切口的污染（继发外源性感染）

术后对手术切口缺乏妥善保护致使伤口受到污染，也是常见的手术感染来源之一。施术时即使充分注意消毒及无菌操作，但术后创口接触污染物，也会被污染。

二、内源性感染

是较少遇到的手术感染形式。当微生物以某种形式以隐性状态存在于机体内时，如果手术过程中触动或偶然切开保菌的组织，或者因机体抵抗力下降，可能在手术后产生意外的并发症或手术感染。例如，创伤愈合后的疤痕、脐部的瘢痕、淋巴结和已形成包膜的脓灶都可能成为隐性感染灶。因此，在手术中要引起足够的重视。

第三节　手术器械和物品的灭菌与消毒

手术器械和物品的灭菌与消毒，是外科手术无菌技术最重要的环节。灭菌法是指杀灭一切活的微生物（包括细菌芽孢等）。消毒法（又称抗菌法）是指只能杀灭病原菌与其他有害微生物，但不能杀死细菌的芽孢。采用灭菌法比消毒法对细菌的杀灭作用更为彻底可靠。但是灭菌法并不适应所有手术器械物品的灭菌，必须结合消毒法应用。实施时，原则上能用灭菌法灭菌的器械物品不用消毒法处理，把用消毒方法的器械和物品减少到最低水平。在手术操作时也应尽量减少灭菌器械和物品与消毒器械和物品的接触，使手术操作达到灭菌的要求。

一、手术器械和物品的准备

1. 金属器械

手术器械应清洁，不得沾有污物和灰尘等。首先，要检查所准备的器械是否有足够的数量，以保证全手术过程的需求。更应注意每件器械的性能，以保障正常的使用。不常用的器械或新启用的器械，要用温热的清洁剂溶液除去其表面的保护性油脂或其他保护剂，然后再用大量清水冲去残存的洗涤剂，烘干备用。结构比较复杂的器械，最好拆开或半拆开，以利充分灭菌。对有弹性锁扣的止血钳和持针钳等，应将锁扣松开，以免影响弹性。锐利的器械用纱布包裹其锋利部，以免变钝。注射针头、缝针需放在一定的容器内，或整齐有序的插在纱布块上，防止散落而造成使用上的不便。每次所用的手术器械，可以包在一个较大的布质包单内，这样便于灭菌和使用。

手术器械常用高压蒸汽灭菌法，紧急情况或没有高压蒸汽设备，也可采用化学药物浸泡消毒法和煮沸法。

2. 敷料、手术巾、手术衣帽及口罩

首先值得提出的是，随着现代科学的发展以及经济水平的提高，一次性使用的止血布、手术巾、手术衣帽及口罩等均已被广泛使用。多次重复使用的这类物品均为纯棉材料制成，临床使用后可回收再经灭菌利用。敷料在手术中主要指止血纱布。止血纱布通常用医用脱脂纱布。根据具体手术要求，先将纱布裁剪成大小不同的方块，似手帕样，然后以对折方法折叠，并将其断缘毛边完全折在内面。折叠的纱布块整齐地放入贮槽内。如无贮槽可用大块纱布包扎成小包，以便灭菌和使用。灭菌前，将贮槽底窗和侧窗完全打开。灭菌后从高压锅内取出，立即将底窗和侧窗关闭。贮槽在封闭的情况下，可以保证1周内无菌。目前，临床和教学实验用手术巾、手术衣帽及口罩主要为纯棉织布。事先按一定的规格分别将手术巾、手术衣整理、折叠，并将帽、口罩放入已折叠的手术衣内，再用大的布单将手术巾、手术衣帽及口罩包好，准备灭菌。这些物品一般均采用高压蒸汽灭菌法，在126.6℃的条件下，经过不少于30min的灭菌，则可完全达到灭菌的要求。如没有高压蒸汽灭菌器，也可采用流动蒸汽灭菌法（可选用普通蒸锅）。由于这种容器密闭性能差，压力低，内部温度难以升高，温度渗透力较差，故消毒所需时间应适当延长，一般需1～2h（从水沸腾并蒸发大量蒸汽时开始计算）。

施行灭菌的物品包裹不宜过大，包扎不宜过紧，在高压灭菌锅内包裹排列不宜过密，否则将妨碍蒸汽进入包裹内，影响灭菌质量。

3. 缝合材料

缝线直接接触组织，有些还永久置留于组织中，如不注意严格的灭菌和无菌操作技术，易成为创口感染的来源。缝线种类很多，包括可吸收缝线和不可吸收缝线。目前，国外兽医临床多用一次性缝线，灭菌可靠，使用方便，但费用高，浪费也大；我国兽医临床最常用不可吸收缝线是丝线，因这种缝线成本低，拉力及坚韧性均较强，耐高压蒸汽灭菌。其缺点为多次灭菌易变脆，用时易断裂。因此，最好使用只经一次灭菌的丝线。灭菌前将丝线缠在线轴或玻璃片上，线缠得不宜过紧过松。缝线可放在贮槽内，手术巾、手术衣包内高压蒸汽灭菌。

4. 橡胶、乳胶和塑料类用品

临床常用的有各种插管和导管、手套、橡胶布、围裙及各种塑料制品等。橡胶类用品可用高压蒸汽灭菌，但多次长期处理易影响橡胶的质量，故也可采用化学消毒液浸泡消毒或煮沸灭菌。乳胶类用品可用高压蒸汽灭菌，一般仅用一次，也可用化学消毒液浸泡消毒，但有些消毒液易引起化学反应，如新洁尔灭可使乳胶手套表面发生一定的黏性（不影响手术）。橡胶、乳胶手套采用高压蒸汽灭菌时，为防止手套粘连，可预先将手套内外撒上滑石粉，并用纱布将每只手套隔开并成对包在一起，以免错乱。目前，这类用品很多都是一次性的，这就减少了消毒工作中的许多烦琐环节，但其费用较高。

塑料类用品如塑料管、塑料薄膜等一般用化学消毒法。有些医疗单位使用环氧乙烷气体灭菌，对细菌、芽孢、立克次氏体、病毒都有杀灭作用，可用于器械、仪器、敷料、橡胶、塑料等的灭菌。

5. 玻璃、瓷和搪瓷类器皿

所有这些用品均应充分清洗干净，易损易碎者用纱布适当包裹保护。一般均采用高压蒸汽灭菌法，也可使用煮沸法和消毒药物浸泡法。玻璃器皿、玻璃注射器如用煮沸法，应在加热前放入，否则玻璃易因聚热而破损。尽管现在普遍使用一次性注射器，但手术中最好使用经高压蒸汽灭菌的玻璃注射器，尤其是在需要用大容量的玻璃注射器时，如 20ml、50ml、100ml 注射器，因一次性注射器一般容量较小。如手术需要玻璃注射器，应将洗净的注射器内栓、外管分别用纱布包好，以免错乱或相互碰撞。较大的搪瓷器皿可使用酒精火焰烧灼灭菌法，即在干净的大型器皿内倒入适量酒精（95%），使其遍布盆底，然后点燃。

二、灭菌与消毒方法

（一）灭菌法

1. 高压蒸汽灭菌法

本法为外科应用最普通、效果最安全可靠的灭菌方法。因而，高压蒸汽灭菌器是现代外科不可少的无菌设备。高压蒸汽灭菌器的型号、形状及加热方式有多种，但它们的主要功能是通过水加热后蒸汽压力增加，来提高温度的一种灭菌方法。当蒸汽压力达到 0.1～0.137MPa（15～20lb（磅）/in^2）时，温度可达到 121～126℃，维持 30min，不但可以杀灭一切细菌，且能杀灭有顽强抵抗能力的细菌芽孢，达到完全灭菌的目的。采用这种灭菌的物品可于两周内使用。高压蒸汽灭菌法用于能耐受高温、高压的物品灭菌，各种物品所需时间、温度和压力，详见表 2-1。

表 2-1　高压蒸汽灭菌的时间、温度及压力

物品种类	所需时间（min）	蒸汽压力（kg/cm^2）	表压（lb/in^2）	饱和蒸汽相对温度（℃）
橡胶类	15	1.06～1.10	15～16	121
器械类	10	1.06～1.40	15～20	121～126
器皿类	15	1.06～1.40	15～20	121～126
瓶装溶液类	20～40	1.06～1.40	15～20	121～126
敷料类	30～45	1.06～1.40	15～20	121～126

大型高压蒸汽灭菌器不应设在手术室内和病房楼内。使用时应有专人负责，严格执行操作规程和灭菌要求。每次灭菌前要注意检查各种部件是否正常、安全阀件是否良好、加热过程中要随时掌握压力和时间，以免压力过高发生爆炸事故。

高压蒸汽灭菌的注意事项：

（1）需要灭菌的包裹不应过大，也不要包的过紧，一般应小于 55cm×22cm×33cm。

（2）放于灭菌器内的包裹不要排的太紧、太密，以免阻碍蒸汽透入，影响灭菌效果。

（3）包裹中间应放入灭菌效果监测剂，进行监测，这一点对不参加灭菌操作的手术人员最为重要。常用监测剂有 1% 新三氮四氯，装于琼脂密封玻璃管中，该物在压力达到 15lb，温度达到 120℃，并维持 15min 时，管内琼脂变为蓝紫色，表示已达到灭菌要求。也有使用硫磺粉纸包放于包裹中间的监测方法，一旦熔化表示达到消毒要求，但因为所用硫磺的品种、纯度不同，多数熔点为 114～116℃，故用此物临测结果并不可靠。

（4）易燃和易爆炸物品如碘仿、苯类等禁用高压蒸汽灭菌法。

（5）锐利器械，如刀、剪等不应用此方法灭菌，以免变钝。

（6）对灭菌物品应做记号，标明时间，以便使用时识别。

2. 煮沸灭菌法

一般细菌在100℃沸水中持续15～20min便可被杀灭，但带有芽孢的细菌至少需1h才能被杀灭。如果在水中加入碳酸氢钠，使之变为2%碱性溶液时，沸点可高达105℃。灭菌时间可缩短10min，并能防止金属生锈。高原地区气压低，水的沸点亦低，煮沸时间应适当延长，一般海拔每高出300m，需延长灭菌时间2min。为了节省时间并保证灭菌质量，可用压力锅进行煮沸灭菌，压力锅的气压一般可达到1.3kg/cm²，锅内水的温度能达到124℃左右，10min即可达到灭菌目的。

煮沸灭菌法适用于耐热、耐湿物品，如金属、玻璃、橡皮类的灭菌。在进行煮沸时，物品必须完全浸没在水中，并严密关闭煮沸器盖，防止其他物品落入，并能保持沸水的温度，灭菌时间应从水沸腾开始计算。如果途中加入其他物品，要重新计算时间。

3. 火燃灭菌法

在急需情况下，金属器械可用此灭菌法，操作时，在搪瓷或金属器皿内，倒入95%酒精少许，点燃后，用长钳夹持灭菌的器械，在火焰上部烧烤，即达到灭菌目的。火燃灭菌对器械的损害大，非紧急情况尽量不用。

4. 流动蒸汽灭菌法（蒸笼灭菌法）

本法只在缺少高压蒸汽灭菌器时使用。操作时将灭菌物品，放在蒸笼的最上格内，并与沸水保持一定距离，以防过潮。时间应从水沸上气开始计算，共蒸1～2h。一般多用于敷料、手术衣、手套的灭菌。

采用流动蒸汽灭菌、温度不易控制，为监则可将熔点为85℃的明矾末，装入玻璃管内密封，然后放在灭菌包内。如蒸后明矾融化成为白色液体，证明达到操作要求。

流动蒸汽灭菌时，带有芽孢的细菌不能一次杀死。需用间歇灭菌法才能杀灭，每次2h，共连续3d，才可达到完全灭菌。

（二）消毒法（抗菌法）

1. 药物浸泡消毒法

对于锐利器械、内窥镜等不适于热力灭菌的物品，可用化学药品液浸泡消毒。常用化学药物消毒剂有以下几种。

（1）新洁尔灭与洗必泰　两者都是新兴的表面活性抗菌剂，皆为阳离子清洁剂，能吸附细菌膜，改变其通透性，使细菌体内重要成分外逸而起到杀菌作用。洗必泰的杀菌作用比新洁尔灭强。两者浸泡消毒的浓度均为0.1%溶液，常用于浸泡刀片、剪刀、针等，浸泡时间为30min，两者对机体细胞均有一定毒性，器械使用时要用无菌生理盐水冲洗干净。另外还要注意这类阳离子表面活性剂与碱、肥皂、碘酊、酒精等多种物质接触后会失效。

（2）酒精　常用浓度为75%，浓度过低则不足以使细菌蛋白凝固变性，减弱杀菌作用；而浓度过高，又使细菌表面蛋白凝固太快、妨碍作用深入。在外科手术中常用于皮肤消毒，并有脱碘作用。消毒锐利器械时，浸泡30min至1h。酒精易蒸发、应每周过滤一次，并核对其浓度是否达到要求。

（3）升汞　常用浓度0.1%～0.5%，用于浸泡膀胱镜、胶质导尿管等，时间为

30min，使用前须用无菌生理盐水冲洗，以预防汞对机体的毒性作用。

（4）甲醛　能使蛋白变性，不仅杀菌力强、且能杀灭细菌芽孢。但有强烈的刺激性气味，并对细胞有损害作用。常用10%甲醛溶液，浸泡塑料管、导尿管和有机玻璃物等，浸泡时间为4～6h，使用时用无菌生理盐水冲洗干净。

（5）来苏儿　可与菌体蛋白结合并发生沉淀而杀灭细菌。不溶于水，易溶于皂液中。故制成5%煤酚皂液备用，浸泡金属器械需1h，使用时应彻底用无菌盐水冲洗干净。

（6）器械溶液（防锈消毒液）　配方是石炭酸20g、甘油266ml、95%酒精26ml、碳酸氢钠10g，加蒸馏水至1 000ml。浸泡锐利器械为30min。

消毒剂浸泡消毒注意事项：应用化学消毒剂浸泡器械物品时，在浸泡前将物品洗净并擦去油脂（有机脂类影响消毒效能），消毒物品须全部浸入溶液内、有轴节器械（如剪刀）、应将轴节张开；空腔管瓶须将空气排净，管腔内外均应有消毒液浸泡。在浸泡消毒中间，如加入物品、应从加入物品时重新计算时间。因化学消毒剂对人体大多有毒性和侵蚀性，故在器械使用前，需用无菌盐水将附着其上的药液冲洗干净，以免组织受到损害。

2. 甲醛蒸汽熏蒸消毒法

用直径24cm的有蒸格铝锅，蒸格下放一量杯，加入高锰酸钾2.5g，再加入40%甲醛5ml，盖紧熏蒸1h，即达到消毒目的。如果部件较大可采用大型熏蒸器，可参照以上比例加大用药量。

使用后的器械和用具等，都必须经过一定的处理后，才能重新进行灭菌、消毒，供下次手术使用。处理方法随物品种类、污染性质和程度不同而定。金属器械、玻璃、搪瓷类物品，使用后都需清洗干净，特别注意沟、槽、轴节等处的去污，金属器械还须擦油、防锈，橡皮和塑料等管道要注意管内冲洗、接触过一些感染的手术用品应作特殊处理。

3. 注意事项

（1）由于化学消毒剂不能进入油脂，不能杀死油脂中的细菌，因此，浸泡前应擦净器械上的油脂。

（2）化学消毒剂一般都具有一定的刺激性，且多有毒性，因此，器械或物品在应用前必须用无菌生理盐水或凉开水反复冲洗、浸泡。

（3）新洁尔灭和洗必泰在水溶液中离解成阳离子活性基团，相反，肥皂水在水溶液中离解成阴离子活件基团，二者相遇会影响效力，所以，凡是接触过肥皂水的器械、物品必须用清水洗净后再进行浸泡消毒。此外，与高锰酸钾、碱类物质等配伍禁忌，应单独使用。

（4）需消毒的一切器械物品，必须全部浸泡在药液内。

（三）无菌物品的保存

1. 设无菌物品室专放无菌物品，所有物品均应注明消毒灭菌日期、名称以及执行者的姓名。

2. 高压灭菌的物品有效期为7d，过期后需重新消毒才能使用。

3. 煮沸消毒和化学消毒有效期为12h，超过有效期限后，必须重新消毒。

4. 已打开的消毒物品只限24h内存放手术间使用。

5. 无菌敷料室应每日擦拭框架和地面1～2次，每日紫外线灯照射1～2次。

6. 无菌敷料室应专人负责，做到三定：定物、定位、定量。

7. 对特殊感染病畜污染的敷料器械应作两次消毒后再放回无菌室。

手术室中的器械经消毒灭菌后还应注意防止再污染。运送灭菌后的手术包、敷料包等，不论从供应室领取或是手术室内周转，均应使用经消毒的推车或托盘，决不可与污染物品混放或混用。手术室内保存的灭菌器材，应双层包装，以防开包时不慎污染。小件器材应包装后进行灭菌处理，连同包装储存。存放无菌器材的房间，应干燥无尘，设通风或紫外线消毒装置，尽量减少人员的出入，并定期进行清洁和消毒处理。

三、外科一次性无菌用品的应用

1. 一次性无菌用品的发展及意义

在 20 世纪 40 年代的第二次世界大战中，首先在军队野战医院的医疗手术中应用了一次性无菌物品。战后，在工业发展的基础上，一些国家在普通医院开始使用。由于无菌的一次性物品使用方便，又安全可靠，因而得到广泛和快速的发展。但到目前为止，还不能完全代替所有传统的手术器械和物品。现用于外科的一次性无菌物品，除注射器、输液管外，还有帽子、口罩、手术衣、手术敷料、粘贴手术膜、不粘敷贴（也叫手术创口垫）、缝合线、吸引器头和连管、药碗和导尿管等。这些物品的使用，无疑可减少无菌物品的准备工作，既方便又安全可靠，在一定程度上促进了外科无菌技术的发展。

2. 一次性无菌物品质量监测要求

一次性无菌物品，由于生产厂家设备及管理水平、原材料使用、制作工艺、包装性能、运输与保存过程等因素，质量有很大差异。购买使用时，不能仅凭商品宣传，而必须符合监测要求，即要严格测定该一次性无菌物品在规定的保存期内，是否真正达到灭菌水平；无毒性、无刺激性；无抗原性、无致敏性；无致癌性；牢固性（包括包装质量）；与机体和其他手术用品（包括药物）接触后是否有突变性等。

3. 一次性无菌物品使用时的注意事项

（1）首先检查有效期是否符合；

（2）检查包装是否受到损害，是否发生漏气；

（3）开包装时要严格执行无菌操作；

（4）开包装后应立即使用；

（5）用完后应立即销毁，以防止再用。

由于我国人民生活水平还没有普遍提高，一次性物品经济上消耗较大，会增加医疗负担，如果处理不好还会带来环境污染。因此，应在不影响医疗质量的前提下，尽量节制使用。

第四节　手术器械的保管

手术器械是进行手术的重要工具，如果使用不当，保管不善或缺少维修、管理，则耗损很大，造成浪费。反之，如能本着勤俭节约的精神，经常给予充分注意，并制定必要的使用保管制度，则能很大程度上增加器械的使用次数，延长其使用年限。

外科器械在使用后，应及时清点和清洗。首先将用过的器械放入冷水中浸泡。有锋刃的锐利器械（如刀、剪等）最好拣出另外处理，以免与其他器械互相碰接，使锋刃变钝。能拆卸的器械（如止血钳、剪等）最好拆开清洗。洗刷时用指刷或纱布块仔细擦净血迹。特别注意止血钳、持针钳、钳齿的齿槽、外科刀柄槽和剪、钳的活动轴，或有螺丝钉固定的地方。清洗后的器械应立即使其干燥。可用纱布擦干或放回热水中加热片刻，乘热捞起拭干则干燥更快些。也可用吹风机吹干或放在干燥箱中烘干。

被脓汁、腐败创液等严重污染过的器械，应浸入纯煤酚皂溶液中 5min，或 2% 煤酚皂溶液 1h，进行初步消毒，然后再清刷干净。

不是经常使用的器械在清洁干燥后，可涂上凡士林或液体石蜡保存。

经清洁的器械应分类整齐排列在器械柜内，不要任意堆放。器械柜内应保持干燥，不得在同柜内贮存药品。尤其碘、汞、酸、碱等腐蚀性药品。

缝针清洗干燥后分类贮于容器内或插在纱布上以免散失。注射器清洗后应及时抽出内芯，成对地放于盘中或用纱布包起。橡胶手套和其他塑料制品用后洗净擦干，并贮存于干燥、阴凉处，避免压挤、折叠、暴晒或沾染松节油、碘等化学药品。手套保存时还必须用滑石粉撒布于内外。被脓汁污染的橡胶制品应先经化学药品初步消毒，再按上法处理。

敷料使用后，一般还可回收利用。污染血液的创布敷料可先放在冷水或 0.5% 氨水内浸泡数小时，然后用肥皂搓洗，最后在清水中漂净、晾干，经灭菌后再用。被碘酊沾染的敷料可拣出，另用 2% 硫代硫酸钠溶液浸泡 1h，使碘褪色后，用清水漂净，拧干，再浸于 0.5% 氨水中，再用水洗涤后晾干。

第五节　手术室的要求与管理

一、手术室的基本要求

手术室的条件与预防手术创的空气尘埃感染关系极为密切。良好的手术室有利于手术人员完成手术任务，所以，根据客观条件的可能，建立一个良好的手术室，也应视为预防手术创外科感染的重要内容之一。手术室的建立需要基本建设和设备投资，应因地制宜，尽可能创造一个比较完善的手术环境。手术室的一般要求如下：

（1）手术室应有一定的面积和空间，一般小动物手术室的面积应不小于 $25m^2$，房间的高度在 2.8~3.0m 之间较为合适，否则活动的空间将受到限制。天花板和墙壁应平整光滑，以便于清洁和消毒；地面应防滑，并有利于排水；墙壁最好砌有釉面砖；固定的顶灯应设在天花板以里，外表应平整。

（2）手术室应有良好的给、排水系统，尤其是排水系统，管道应较粗，便于疏通，在地面应设有排水良好的地漏和排水沉淀池（便于清除污物、被毛等）。如排水不通畅，会给手术的清洁消毒工作带来很大的不便，这点必须充分注意。

（3）室内要有足够的照明设备（不含专用手术灯）。

（4）手术室应有较好的通风系统，在建筑时可考虑设计自然通风或是强制通风，在设计上要合理，使用方便，有条件时可以安装恒温箱换气机。门窗应密封，防尘良好。

（5）手术室内应保持适当的温度，以 20~25℃为宜。有条件时可以安装空调机，最好是冷暖两用机，冬季保温，夏季防暑。

（6）在经济条件允许时，最好分别设置无菌手术室和染菌手术室。如果没有条件设置两种手术室，则一般化脓感染手术最好安排在其他的地方进行，以防交叉感染。如果在室内做过感染化脓手术，必须在术后及时严格消毒。

（7）手术室内仅放置重要的器具，一切不必要的器具或与手术无关的用具，都不得摆放在手术室里。

（8）手术室还需设立必要的附属用房。为了使用上的方便，房间的安排既应毗邻，又要合理。附属用房包括消毒室、准备室（可以洗手、着衣）、洗刷室（清洗手术用品）。最好能有一个单独的器械室（保存器械），当然厕所和沐浴室也是必要的。有条件时可以考虑设置一个更衣室。

（9）比较完善的手术室，可再设置仪器设备的存贮间，用以存放麻醉机、呼吸机以及常用的检测仪器、麻醉药品和急救药品。现代化的仪器设备很多用电脑控制，因此仪器存贮间应防潮，不设上下水系统。

二、手术室工作常规

手术室内的一些规章制度的制定和执行，可以保证手术室发挥最好的作用，使手术创不受感染，保证手术创有良好的转归。首先必须有严格的使用和清洁消毒等规章制度，否则手术室就会成为病原菌聚集的场所，增加手术创感染的机会。特别是平时的清洁卫生制度和消毒制度是绝对必要的。每次手术之后应立即清洗手术台，冲刷手术室地面和墙壁上的污物，擦拭器械台，及时清洗手术的各种用品，并分类整理好摆放在固定位置。手术室被污染的地方，或污染后的器物都要用适宜的消毒液浸洗或擦拭，术后经过清扫冲洗的手术室应及时通风干燥。在施行污染手术后，应及时进行消毒。在制定规章制度之后，更重要的是坚持执行，否则流于形式，就不能保证在清洁和无菌的条件下进行手术，反而使手术室成为感染的重要来源。

三、手术室的消毒

最简单的方法是，使用5%石炭酸或3%来苏儿溶液喷洒，可以收到一定的效果。这些药液都有刺激性，故消毒后必须通风换气，以排除刺激性气味。在消毒手术室之前，应先对手术室进行清洁卫生扫除，再进行消毒。常用的消毒方法包括下述几种：

1. 紫外光灯照射消毒

通过紫外光消毒灯的照射，可以有效地净化空气，可明显减少空气中细菌的数量，同时也可以杀灭物体表面附着的微生物。紫外光的杀菌范围广，可以杀死一切微生物，包括细菌、结核杆菌、病毒、芽孢和真菌等。市售的紫外线消毒灯有 15W 和 30W 两种，即可以悬吊，也可以挂在墙壁上，有的安装在可移动的落地灯架上，使用起来很方便。一般在非手术时间开灯照射2h，有明显的杀菌作用，但光线照射不到之处则无杀菌作用。实验证实，照射距离以 1m 之内最好，超过 1m 则效果减弱。活动支架的消毒灯有很大的优越性，它可以改变照射的方位（不同的侧面）和照射距离，能发挥最好的杀菌效果。紫外光灯是一种人工光源，在使用时应该注意下列事项：

（1）开通电源之后，使灯管中的汞蒸气辐射出紫外光，通电后 20～30min 发出的紫外光量最多。灯管的使用寿命，一般为 2 500h，随着使用时间的延长，其辐射紫外光的量会逐渐减少，甚至会成为无效的装饰品。

（2）要求直接照射，因为紫外光的穿透力很差，只能杀灭物体表面的微生物。

（3）可以用紫外线强度仪来测定杀菌效果，凡低于 $50\mu W \cdot s/cm^2$，则认为不宜使用，需要更换新的灯管。一般新的灯管紫外线辐射强度均达到 $100～120\mu W \cdot s/cm^2$。

（4）灯管要保持干净，要经常擦拭，不可沾有油污等，否则杀菌力下降。

（5）尽量减少频繁地开关，以免影响灯管使用寿命，也容易损坏。

（6）人员不可长时间处于紫外光的照射下，否则可以损害眼睛和皮肤，形成一种轻度灼伤。必要时戴黑色眼镜，以保护眼睛，且照射不宜过近。

2. 化学药物熏蒸消毒

这类方法效果可靠，消毒彻底。手术室清洁扫除后，门窗关闭，做到较好的密封。然后再施以消毒的蒸汽熏蒸。

（1）甲醛熏蒸法　甲醛是一种古老的消毒剂，虽然有不少缺点，但因其杀菌效果好，价格便宜，使用方便，所以至今仍然采用。

a. 福尔马林加热法　含甲醛 40% 的福尔马林是一种液体。在一个抗腐蚀的容器中（多用陶瓷器皿）加入适量的福尔马林，在容器的下方直接用热源加热，使其产生蒸气，持续熏蒸 4h，可杀灭细菌芽孢、细菌繁殖体、病毒和真菌等。因为是蒸发的气体消毒，故消毒彻底可靠。使用时取 40% 甲醛水溶液，每立方米的空间用 2ml，加入等量的常水，就可以加热蒸发。一般在非手术期间进行熏蒸。消毒后，应使手术室通风排气，否则会有很强的刺激性。

b. 福尔马林加氧化剂法　方法基本同福尔马林加热法，只是不再用热源加热蒸发，而是加入氧化剂使其形成甲醛蒸气。按计算量准备好所需的 40% 甲醛溶液，放置于耐腐蚀的容器中，按其毫升数的一半称取高锰酸钾粉。使用时，将高锰酸钾粉直接小心地加入甲醛溶液中，然后人员立刻退出手术室，数秒钟之后便可产生大量烟雾状的甲醛蒸气，消毒持续 4h。

除了福尔马林之外，还有一种多聚甲醛，它是白色固体，粉末状、颗粒或片状，含甲醛 91%～99%。多聚甲醛直接加热会产生大量甲醛蒸气，在运输、贮存和使用上都较方便。

（2）乳酸熏蒸法　乳酸用于消毒室内的空气早已被人们所知。使用乳酸原液 10～20ml/100m^3，加入等量的常水加热蒸发，持续 60min，效果可靠。乳酸的沸点为 122℃，实验证明，乳酸在空气中的浓度为 0.004mg/L 时，持续 40s，可以杀死唾液飞沫中的链球菌，有效率达 99%。但若浓度偏低，小于 0.003mg/L 时，其杀菌的效果显著降低。若浓度偏离，则会有明显的刺激性。此外，空气中的湿度也应注意，以相对湿度为 60%～80% 时为佳，低于 60%，则效果不会太好。

第六节 手术进行中的无菌原则

参加手术人员在手术过程中，必须严格注意无菌操作，否则已建立的无菌环境、已经灭菌的物品及手术区域，仍有受到污染、引起伤口感染的可能，有时可使手术因细菌感染而失败，甚至危及生命。术中如果发现有人违反无菌原则，必须立刻纠正。在整个手术进行中，必须按以下规则施行：

1. 手术进行中，全体人员必须保持严肃认真，注意力集中，避免发生任何失误。

2. 手术人员的手和前臂不能触碰别人的背部、手术台以外物品，手术台以上布单也不能接触。穿灭菌手术衣和戴灭菌手套后，背部、腰以下和肩以上都应该视为有菌地带，不能接触。

3. 不可在手术人员背后传递器械及手术用品，手术人员也不要伸手自取。坠落到手术台平面以下器械物品不准捡回再用。

4. 术中须更换位置时，应背靠背进行交换。出汗较多时，应将头偏向一侧，由其他人代为擦去，以免汗液落于手术区内。

5. 在手术操作中，如果灭菌单湿透，失去隔离作用，应另加无菌单遮盖。发现灭菌手套破损或被污染，应立即更换。衣袖被污染时须更换手术衣，或加戴无菌袖套。

6. 必要的谈话，或偶有咳嗽，不要对向手术区，以防飞沫污染。

7. 手术切口前，戴灭菌手套的手，不要随意触摸消毒水平的皮肤，触时应垫有灭菌纱布，用完丢掉。开皮用的刀、镊，不能再用于深部手术，应更换。

8. 手术开始前要清点器械、敷料，手术结束时，认真核对器械、敷料（尤其是纱布块）。清点无误后，才能关闭切口，以免异物遗留，产生严重后果。

9. 手术进行中，如果台上需加用器械、物品，应由巡回助手用灭菌钳夹持，送器械助手夹送时手不能靠近器械台，并要将台上增加物品数记录，便于术后核对。

10. 切开空腔器官之前，要用纱布垫保护好周围组织，以防止或减少污染。消化管吻合后，要用盐水冲洗手套，该吻合器械一般不能再用于处理其他组织。

11. 参观手术人员不可靠近手术人员或站得过高，尽量减少在室内走动和说话。

12. 手术完毕若连续施行另一手术，倘若手套未破者，术者可不必重新刷手，仅需浸泡酒精等消毒剂 5min 即可；如果用洗必泰消毒，可再用该剂涂擦一遍；然后再穿灭菌手术衣、戴灭菌手套。更衣时要先将手术衣自背部向前反折脱去，手套的腕部随之翻转于手上，用戴手套右手指扯下左手手套至手掌部，再以左手指脱去右手手套、最后用右手指在左手掌部推下左手手套。脱手套时，手套的外面不能接触皮肤，否则需重新刷手。若前一手术为污染手术，连续施行手术前应重新刷手。

第三章　手术的准备

第一节　手术动物和术部的准备

一、手术动物的准备

经术前检查确定手术治疗后，即应做好必要的手术准备工作。

非紧急手术在手术前，根据病畜的病情需要，给予必要的术前治疗，如强心、输液、输血、给氧、抗生素等治疗，使病情缓和，增强体质和抵抗力，以利于更好地耐受手术。

手术前对畜体进行清洁，以减少切口感染的机会，有些手术根据其性质或保定方法（如需长时间仰卧或横卧保定的手术）需要术前禁食半天至一天。有些手术（如在臀部、肛门、外生殖器、会阴及尾部的手术），为了避免施术时粪尿污染术部，可在术前先行灌肠、导尿。为了避免高度充盈的膀胱发生破裂，有时在尿道结石手术前，先行膀胱穿刺排尿。食管阻塞引起大量唾液分泌的病例，施术时注射阿托品抑制其分泌，可预防吸入性肺炎，又可避免手术切开食管时，大量流出的唾液感染术部。对可能流血较多的某些手术，术前采取全身预防性止血措施，例如术前输血或静脉内注入止血敏等。

二、术部的准备

术部准备通常分为 3 个步骤。

1. 术部剃毛

动物的被毛浓密，容易沾染污物，并藏有大量微生物。手术前必须对术部周围大面积的被毛用肥皂清水刷洗。天气寒冷时，为了避免受凉，也可用温消毒水湿润被毛，再用干布拭干。用剪毛剪将术部被毛剪短、剃净，剃毛时避免造成微细创伤，或过度刺激皮肤而引起充血。剃毛时间最好在手术前夕，以便有时间缓解因剃毛引起的皮肤刺激。术部剃毛的范围要超出切口周围 10～15cm 以上，小动物灵活掌握，有时考虑到有延长切口的可能时，则应更大一些。在紧急手术时仅将被毛剃去，用消毒水洗净即可。

在兽医临床上使用脱毛剂以代替剃毛也很方便。配方为：硫化钠 6.0～8.0g，蒸馏水 100.0ml，制成溶液，使用时先将上述溶液以棉球在术部涂擦，约经 5min 左右，当被毛呈糊状时，用纱布轻轻擦去，再用清水洗净即可。通常密毛部硫化钠用量及浓度应大一些，在毛稀、皮薄处浓度用小一些（也可另加入 10g 甘油，保护皮肤）。为了避免脱毛剂流散，也可以配制成糊状，配方为：硫化钡 50.0g，氧化锌 100.0g，淀粉 100.0g，用温水调成糊状。使用时先将预定脱毛区的被毛剪短，然后用水湿润，再将药糊涂一薄层，约经 10min 左右，擦去药物，用水洗净。脱毛剂使用方便，脱毛干净，对皮肤刺激性小，不影响创伤愈合，不破坏毛囊，故术后毛可再生。缺点是有臭味，有时有个体敏感，使用浓度过大或作用时间过长时，对皮肤角质层有损害，有时可使皮肤增厚，使切皮时出血增多。因此，脱毛剂最好也在手术前 1d 使用。

2. 术部消毒

术部的皮肤消毒（图 3-1），最常用的药物是 2% ~5% 碘酊和 75% 酒精。

在涂擦碘酊或酒精时要注意，如系清洁手术，应由手术区的中心部向四周涂擦，如是已感染的创口，则应由较清洁处涂向患处；已经接触污染部位的纱布不要返回清洁处涂擦。涂擦所及的范围要相当于剃毛区。碘酊涂擦后，必须稍待片刻，等其完全干后（此时碘已经浸入皮肤较深，灭菌作用较大），再以 75% 酒精将碘酊擦去，以免碘沾到手和器械上，被带入创内造成不必要的刺激。

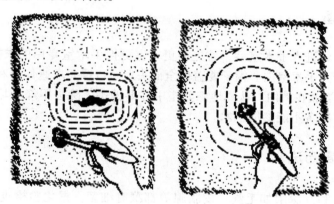

图 3-1 术部皮肤的消毒
1. 感染创口的皮肤消毒 2. 清洁手术的皮肤消毒

有少数动物的皮肤对碘酊敏感，往往涂碘酊后，皮肤变厚，不便手术操作，可改用其他皮肤消毒药，如 1:1 000 的新洁尔灭溶液，0.5% 洗必泰醇（70%）溶液，1:1 000 消毒净醇溶液等涂擦术部。在使用新洁尔灭之前，皮肤上的肥皂必须洗干净，否则会影响新洁尔灭的效能。

对口腔、鼻腔、阴道、肛门等处黏膜的消毒不可使用碘酊，以免灼伤。一般先以水洗去黏液及污染物，可用 1:1 000 新洁尔灭、高锰酸钾、利凡诺溶液洗涤消毒。眼结膜多用 2% ~4% 硼酸溶液消毒。爪部手术，术前用 2% 煤酚皂溶液脚浴。

3. 术部隔离

术部虽经消毒，但不能绝对无菌，而术部周围未经严格消毒的被毛，对手术创更易造成污染的威胁，加上动物在手术时（尤其在全麻的手术时），容易出现挣扎、骚动，易使尘埃、毛屑等落入切口中。因此，必须进行术部隔离。

一般采用有孔手术巾覆盖于术部，仅在中央露出切口部位，使术部与周围完全隔离。有些手术巾中央有预先做好的开口，为了使巾上的口与手术切口大小适合，可预先将巾上的缺口作若干结节缝合，手术时根据需要的大小临时剪开几个缝合结节。也可采用四块小手术巾依次围在切口周围，只露出切口部位。手术巾一般用巾钳固定在身体上，也可用数针缝合代替巾钳。

手术巾要有足够的大小隐蔽非手术区。棉布手术巾或纱布在潮湿或吸收创液后即降低其隔离作用，最好在外面再加上一层非吸湿性的手术巾（例如塑料薄膜或胶布）。手术巾一经铺下后，原则上只许自手术区向外移动，不宜向手术区内移动。此外，在切开皮肤后，还要再用无菌巾沿切口两侧覆盖皮肤。在切开空腔脏器前，应用纱布垫保护四周组织，这些措施都能进一步起到术部隔离的作用。对于四肢，尤其是四肢末端等难于清洗消毒的部位，有些术者采用塑料袋将爪部套住，并将袋口用橡皮筋收紧，必要时还可用特制的塑料袋将整肢套住。

第二节　手术人员的手术前准备

一、一般准备

参加手术人员，进入手术室后，首先在更衣室更换手术室专用的衣裤和鞋帽、口罩，以免将外部灰尘带入手术室内。帽子要盖住全部头发、口罩要求遮住口和鼻，上衣袖口平前臂的上 1/3，下襟放在裤内。认真地修剪指甲并要挫平，除去甲缘积垢。手臂有化脓性感染和患呼吸道感染者不能参加手术。

二、手臂消毒方法

在皮肤皱纹内和其深层如毛囊、皮脂腺等都藏有细菌。据化验检查，$1cm^2$ 手臂皮肤上约 4 万个细菌，1g 甲垢可有 38 亿细菌。手臂消毒后，只能清除皮肤表面的细菌，不能完全消灭藏在皮肤深处的细菌，手术过程中，这些细菌会逐渐移到皮肤表面。因而，在手臂消毒后，还要戴上无菌橡皮手套和穿灭菌手术衣，以防这些细菌污染手术创口。

手术前手臂的消毒方法很多。传统的手臂消毒方法有肥皂刷手后消毒液浸泡法、氨水刷手法和紧急简易手臂消毒法等。氨水刷手已经很少应用。肥皂刷手法在欧美、日本已经不用，但在国内仍普遍采用，其缺点是操作时间长，对手臂皮肤刺激性较大。

随着各类新型灭菌剂问世，新的手臂消毒方法应运而生，它不仅减轻了手术人员手臂消毒的烦琐过程，而且增加了手臂消毒的可靠性。现将几种手臂消毒方法分别介绍如下：

1. 肥皂刷手消毒液浸泡法

该法分两步。第一步主要是刷洗，参加手术人员先用肥皂做一般清洗手臂，可初步除去油垢皮脂，继用无菌毛刷蘸上消毒肥皂液，从指尖开始刷洗，渐次手掌、手背、前臂内侧、前臂外侧直至肘上 10cm 处。刷洗时要均匀并适当用力，特别注意甲沟、甲缘、指间、手掌纹等处的重点刷洗。每刷一次 3min 左右，用流水冲洗一次，冲洗时从手指开始，始终保持肘低位，免得水逆流至手部。这样反复刷洗三遍，时间约 10min。然后用灭菌巾依次由手部向上臂擦干，擦干过程也不能逆行。第二步用化学消毒液浸泡 5min，常用的消毒液有 75% 酒精、0.1% 新洁尔灭或 0.1% 洗必泰。用泡桶内小毛巾轻轻擦洗手臂，使药液充分发挥作用，应泡至肘上 6cm，浸泡 5min。泡手后手要保持拱手姿势，即手要远离胸部 30cm 以外，向上不能高于下颌下缘，向下不能低于剑突。不能再接触非消毒物品，否则要重新刷手。

2. 洗必泰制剂手臂消毒法

是国内新兴的一种方法。其制剂有灭菌王、术必泰等，内含 1.5%、1.8% 不等的洗必泰（双氯苯双胍己烷）。4% 洗必泰是最有效的刷手配方，可按常规刷手 3min，用流水将手冲洗干净、用无菌毛巾擦干后，再取此液浸纱布由手部向上涂擦至肘上 6cm。亦有使用灭菌王、术必泰等，方法基本相同、效果亦佳。

3. 络合碘手臂消毒法

本法在欧美、日本应用很普遍，并用于手术区皮肤消毒。络合碘又称 PVP - 碘（聚乙烯吡咯酮 - 碘），它能克服碘酊对皮肤的强烈刺激而又具有碘的强烈杀菌作用。其商品名目前在国内很多，有络合碘、碘伏、碘附、碘优、碘络酮、威力碘、强力碘、强力消毒碘等。由于它的杀菌是游离碘起作用，所以不管商品名和原液如何，使用前必须了解其有效浓度。文献报道有效浓度为 0.1% ~ 0.5%，PVP - 碘的浓度越高，碘与 PVP 的结合越紧密，游离碘的含量与抗菌活性反而下降。可先用肥皂常规刷手 3min，流水冲洗干净，用无菌巾擦干后，取浸透 PVP - 碘纱布，涂擦手臂，然后穿手术衣，戴手套，进行手术。

以上不难看出洗必泰制剂和络合碘手臂消毒，使用方法得当均可获良好效果。一般认为 PVP - 碘优于洗必泰，因为目前国内市场出售的灭菌王、术必泰等含双氯苯双肌己烷的成分、作为清洁剂刷手浓度偏低，有的甚至没有标明有效期；另外洗必泰是阳离子表而活性剂，与碱类、肥皂、碘酊、酒精等许多物质接触后失效，因而应用不当易出现问题。

4. 紧急重危病例手术手臂消毒法

在情况重危来不及按常规进行手臂消毒情况下，可按以下方法进行手臂处理：

（1）不进行手臂消毒，先戴一副无菌手套，穿无菌手术衣后，再戴一副手套，即可进行手术。

（2）用 3% ~ 5% 碘酊涂擦手及前臂后，稍干，再用 70% ~ 75% 酒精纱布涂擦脱碘，后即穿手术衣，戴手套，做手术。

三、穿手术衣、戴手套法

手术衣和手套都是高压蒸汽灭菌物品，而手术人员手臂则是消毒水平，在操作时要严格按规程进行，不可马虎，操作原则是要切实保护好手术衣和手套的灭菌水平。

1. 无菌手术衣的穿法

应首先进行病例手术区消毒和敷盖后，再穿无菌手术衣而后戴手套。

穿衣时，先拿起反叠的手术衣领，在较宽敞的地方将手术衣轻轻抖开，注意切勿触及周围人员和物品。一种方法是提起衣领两角，稍向上掷，顺势将两手插入袖内，两臂前伸，由他人帮助向后拉拢，最后两臂交叉提起衣带，注意手不能碰及衣面（图 3 - 2），由别人在身后将衣带系紧。另一种方法是一手抓住衣领，一手先插入同侧袖筒，由助手帮助拉紧后，再用穿衣的手提衣领，将另一只手插入另一个袖筒，以下操作同上。后一种方法能防止上掷插袖过程的失误。

图3-2　穿手术衣的步骤

2. 无菌手套的戴法

穿好无菌手术衣后，取出手套包内无菌滑石粉，轻轻敷擦双手，使之光滑。用左手从手套包内捏住手套套口翻折部，将手套取出，紧捏套口将右手插入手套内戴好，再用戴手套的右手插入左手手套的翻折部内，协助左手插入手套内，最后分别将手套翻部翻回、盖住手术衣袖口（图3-3）。

图3-3　戴手套的步骤

通过以上操作，手术人员的手臂与身体前外侧部完全被灭菌物品盖住。操作的关键是消毒水平的手臂不能接触到灭菌水平的衣面和手套面。

第四章 穿 刺 手 术

第一节 胸部穿刺术

一、心包液穿刺术

心包液穿刺术是用针或者套管针横穿胸廓进入心包，用于收集或排出液体以作诊断或治疗。

[适应症]

通过引流心包腔内积液，降低心包腔内压，是急性心包填塞症的急救措施；通过穿刺抽取心包积液，作生化测定，涂片寻找细菌和病理细胞、做结核杆菌或其他细菌培养，以鉴别诊断各种性质的心包疾病；通过心包穿刺，注射抗生素等药物进行治疗。

X线造影检查：心包内给予阳性或阴性造影剂，提高X线照相的对比度。以便更清晰地显示心包内结构。

[保定]

机械保定可采用侧卧保定、仰卧保定或站立保定。有时可采用少量镇定剂，如安定（Valium）0.2~0.6mg/kg，静脉注射。

[操作技术]

于胸骨到胸中线和从第二到第八肋间隙的右侧胸区域做一矩形术野，并作消毒处理。理论上，可用胸超声波来检查进针部位。如果不能使用胸超声波，进针部位的选择可以基于背腹部和侧胸，X射线复查以便于评估心包轮廓。通常第四、第五、第六肋间隙部位最好；右侧更可取，因为在心切迹部分不存在肺组织（大约在第四肋间隙部位）；选择胸骨和肋软骨汇合处的1/4处，这个区域减少了冠状动脉被穿刺针刺破的危险。

进针前穿刺处的皮肤和皮下组织以及脉间组织使用局部麻醉剂进行浸润麻醉。安置带穿刺针的静脉导管（19号针），针穿过皮肤、皮下组织和肋间肌肉直至心包区；撤去穿刺针，安置一个三通管和无菌注射器（10ml或者20ml）；吸出积液，积液抽干后，可以抽出导管，如果没有液体，一边进行间歇性抽吸，同时缓慢地抽出导管；将抽出液转移到加了EDTA的管中，进行细胞学研究或者接种到相应的培养基进行细菌学分析。

[并发症]

血液采集后很快凝固说明冠状动脉破裂；冠状动脉破裂能够导致大出血和心包充盈，

对采集后很快凝固的血液进行分析可以确定冠状动脉破裂，在腹部（靠近心尖）进行针刺或者在 X 线检查或超声波扫描的监视下，可以减少这种并发症发生的可能性。

二、胸腔穿刺术

胸腔穿刺术是用穿刺针穿入胸腔排出胸腔的液体或气体，以作诊断和治疗的一种方法。

[适应症]

胸腔积液，获取分析用的液体样本，排出液体，减轻呼吸困难。

[保定]

动物俯卧以便于胸腔内液体可由重力作用而位于胸腔的腹侧面，而气体则位于胸腔背面。配合的患畜可用手来保定。暴躁或者不安的动物可以用镇静剂使其安静：猫，0.1ml克它命静注；犬：0.05 ~ 0.15ml 乙酰丙嗪静注；环丁甲二羟吗喃（butorphanol），0.2 ~ 0.4mg/kg 静注（可以结合苯甲二氢 0.2mg/kg 静注或咪达唑仑（速眠安 midazolam）0.1 ~ 0.2mg/kg 静注，以增强镇定效果）。

[操作技术]

1. 对穿刺部位的皮肤进行剪毛，且无菌操作。

空气：吸出脊背部在第七到第九肋间的空气。

液体：吸出胸部在第七到第八肋间的液体，避免心跳过速。

2. 吸空气或者液体时使用合适的器械。

空气：20 或 22 号注射针头，三通开关，12 ~ 20ml 注射器。

液体：17 或 19 号注射针头，静注导管接头，三通开关，12 ~ 20ml 注射器。

用针穿过皮肤、肋间肌肉和腔壁胸膜进入胸膜腔。如果使用一个静脉注射导管，导管穿入胸腔大约几英寸然后抽出穿刺针。在开口位置的三向管开关处应用负压进行注射。

[并发症]

一般没有并发症。

三、胸导管的放置

放置胸导管是指插入一个内置的胸导管用于治疗胸膜腔疾病。

[适应症]

胸导管留置于胸膜腔内，可以重复利用，随时抽出胸膜内的液体；可以不断排出气体，以防止出现严重或紧张性气胸；有利于连接外在装置并且有利于胸腔内抗生素和灌洗溶液的排出。

[保定]

为了确保胸导管插入，动物须侧卧保定，也可人工保定，但需要少量镇静剂镇定。一旦胸导管插入并且固定了，可在胸部任何有利于排出液体或气体的部位抽吸。

[操作技术]

进行剪毛，无菌操作。如果时间允许，对穿刺点 1 ~ 2 个肋骨后缘处的皮肤和肌肉组织进行局部浸润麻醉。穿刺点位置的选择与胸腔穿刺术相似，空气，脊背第七到第八肋间隙；液体，胸部第六到第八肋间隙；一个或者多个导管从一侧或两侧同时插入。

胸导管插入处的皮肤用手术刀切开，将带套管针的胸导管从皮肤切口插入，沿皮下向头侧伸到所需部位，用力插入肋间肌肉进入胸腔（图4-1）。将套管针移开，导管用夹子夹住，末端与三向管单向瓣膜或者连续抽吸泵相连。松开夹子，确保导管不闭合，并且对导管置留处的皮肤缝合，非水溶性软膏涂抹在出口位置。通过蝶状缝合将导管固定在胸部，轻轻包扎胸部防止导管移动。

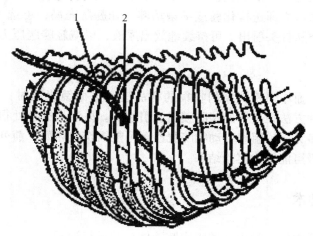

图4-1 胸导管安装技术
1. 皮肤切口 2. 胸膜穿孔

[并发症]

肋间、胸廓内或者心脏血管撕裂，移走套管针时意外造成气胸。在插入胸导管的几天内，要密切监控，必须确保胸导管置留明显，并且所有可移动部分必须确保黏性物自由排出；胸腔内导管的位置正确，并且不能来回活动；所有连接部位紧密，不能使空气进入胸腔；所有入口部位防止细菌污染。

第二节 腹部穿刺术

一、膀胱穿刺

膀胱穿刺指通过腹部穿刺膀胱收集尿液，这种尿液不含下泌尿道和生殖道细胞及碎屑和细菌。

[适应症]

在尿路可能感染的病例，采尿进行总量、显微镜、化学、物理和微生物化验。鉴别分类尿中的细胞、结晶和细菌，有助于选择特效治疗方法。有助于鉴别肾脏感染或膀胱疾病与阴道、前列腺或尿道感染。有助于鉴别血尿的原发部位（如前列腺和肾脏出血）。

此外还有治疗作用，如下泌尿道阻塞的动物可暂时排出尿液，在尿道结石取出前采用水冲压法（在被尿道污染前收集样品，在使用水冲压法给予大量液体前减轻膀胱压力）。

[保定]

一般不需化学保定。后肢向背侧伸展，侧卧（猫和小型犬）。也可使用站位保定。

[操作方法]

动物前躯侧卧，后躯半仰卧保定。术部剪毛、消毒，0.5%盐酸普鲁卡因溶液局部浸润麻醉。膀胱不充满时，操作者一手隔着腹壁固定膀胱，另一手持接有7～9号针头的注射器，其针头与皮肤呈45°角向骨盆方向刺入膀胱，回抽注射器活塞，如有尿液，证明针头在膀胱内。并将尿液立即送检化验或细菌培养。如膀胱充满，可选12～14号针头，当刺入膀胱时，尿液便从针头射出。可持续地放出尿液，以减轻膀胱压力。穿刺完毕，拔下针头消毒术部。

[并发症]

可能出现暂时的血尿。膀胱穿刺收集的样品进行显微镜化验时，红细胞数量变化较大，可能是因为这种方法在进针处膀胱膜出血引起的。尿液从进针处很少会渗漏到腹腔内导致腹膜炎。而且多见尿道阻塞，动物膀胱血管可能损伤或坏死。前列腺肿大或前列腺囊肿或血肿的草率抽吸可能干扰实验结果。

二、腹腔穿刺术

腹腔穿刺指穿透腹壁，排出或抽吸腹腔液体，并进行诊断。

[适应症]

多用于腹水症，减轻腹内压。也可通过穿刺，确定其穿刺液性质（渗出液或漏出液），进行细胞学和细菌学诊断，以及腹腔输液、给药和腹腔麻醉等。

[保定]

动物站立或侧卧保定。

[操作技术]

1. 穿刺部位：在耻骨前缘腹白线一侧2～4cm处。

2. 穿刺方法：术部剪毛消毒，先用0.5%盐酸利多卡因溶液局部浸润麻醉，先将皮肤稍微拉紧，再用套管针或14号针头垂直刺入腹壁，深度2～3cm。如有腹水经针头流出，使动物站起，以利于液体排出或抽吸。术毕，拔下针头，碘酊消毒。

[并发症]

一般没有并发症。

第三节　其他常用穿刺术

一、脑脊液收集

使用脑脊液（CSF）管通过透皮针在蛛网膜下腔抽吸采集CSF。

[适应症]

当中枢神经系统器官损伤时采集CSF进行检查。近期有神经症状病史，检查到神经缺陷。向蛛网膜下腔注入造影剂，通过 X 射线有助于对脊髓损伤进行定位。

［保定］

犬、猫 CSF 穿刺常进行全身麻醉，进针时正确定位十分关键。池状穿刺，动物侧卧保定使头向胸部弯曲以打开环枕间隙。耳朵前拉以紧张皮肤。可在头下放一毛巾或沙袋稳定脊柱与桌面的距离。腰部穿刺，动物俯卧，一助手将后腿拉向头侧以打开腰尾椎骨的关节间隙，脊柱必须保持直线。

［操作技术］

1. 池状穿刺

（1）距嘴 2cm 处从枕部隆起到第三颈椎的横突间的背颈部，剪毛，皮肤消毒。

（2）术者用左手触诊枕部隆起和环椎横翼。用食指触压三者的凹陷处。凹陷处为进针部位（图 4－2）。

（3）透过皮肤、皮下组织和肌肉，慢慢刺入带探针的脊髓针。

大型犬：20 号 8.89cm 针头。小型犬和猫：22 号 3.81 或 7.62cm 针头。

（4）穿刺硬脑膜和蛛网膜：针头每刺入一层膜便抽出一次探针检查有无液体，在深推针头时要重置探针（小动物不使用探针，所以总会有液体）。

（5）当针头出现液体时，立刻装上三向阀门的脊髓压力计：压力计应该垂直于针头纵轴，并打开阀门使 CSF 流入压力计中。当压力计中液面稳定后读数（cm）。当测压时应确保身体各部位没有外压力，而且一定不能压迫颈静脉。

（6）将 3ml 的注射器接于三向阀门末端并小心轻轻抽吸收集 CSF：在测压和收集液体时不可移动针头。将压力计中的液体抽吸到注射器中以增加样品量。小动物（<7kg）的 CSF 量比较少会影响测压操作。因此，注射器应直接接于针头或将 CSF 滴注到无菌收集管中。

收集脑脊液的量：大型犬：1.0～3.5ml；小型犬，猫：0.5～1.5ml。

（7）需要的话，可以注入造影剂进行脊髓造影。

（8）小心轻轻地拔出针头。

将液体保存在无菌管中以便进行显微镜、化学和微生物化验。

2. 腰髓穿刺

（1）对背腰椎皮肤进行消毒。

（2）触诊腰椎的背脊柱，收集 CSF 的最佳位置位于 L4L5 或 L5L6 间隙（图 4－3）。

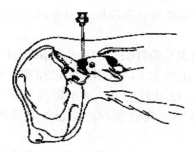

图 4－2 小脑延髓池穿刺收集脑脊液
和/或脊髓造影时注入造影剂

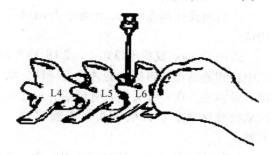

图 4－3 在第五至第六腰椎间的关节空隙
进行腰脊柱穿刺放液

（3）在刺入点的尾侧面紧靠脊柱的背脊柱刺入20号或22号8.89cm的脊髓针：针头向脊髓管刺入直到遇到脊柱板状面，针头应保持与脊柱平行。沿板状面前后移动直到其刺入关节间隙。后肢或尾巴的轻微抽动暗示进针正确。

（4）抽出探针，将注射器接于针头并轻轻抽吸直到出现液体，在抽吸过程中，针头进针深度应做轻微调整。腰部蛛网膜下腔间隙较小，而且仅可抽出少量液体（0.5~2.5ml）。

（5）在该部位若需要脊髓造影可以注入造影剂。

（6）抽出针头并将液体保存于无菌试管中进行显微镜、化学和微生物检查。

[并发症]

若进针不小心或控制不当，可能造成脑脊髓软组织被针刺伤。医源性出血使实验室结果无法解释。若发生了血液污染应考虑以下纠正方法：每500个红细胞与1个白细胞，1 000个红细胞可增加CSF约为1mg/dl。

二、骨髓活组织检查

通过用骨髓针抽吸或用环钻穿孔活检（髓心活组织检查）获得骨髓样本。

[适应症]

抽吸或髓心活组织检查：非再生性贫血，骨髓疾病（如脊髓或红细胞抑制或肿瘤），某种凝血疾病，特别是血小板。

髓心活组织检查：研究骨髓结构，当无法进行抽吸活组织检查时，寻找转移性或隐蔽性肿瘤时，骨的代谢性疾病。

[保定]

（1）大多数骨髓活组织检查需要使用局部麻醉，或用轻度镇静剂。

（2）组织检查位置决定了保定位置。

a. 髂骨翼　大型犬：站立或俯卧；小型犬或猫：后肢伸向腹侧，俯卧。

b. 股骨近端　仰卧。

c. 肋骨　俯卧或仰卧。

d. 肱骨近端　仰卧。

e. 其他少用部位　坐骨结节和胸骨。

[操作技术]

活组织检查部位剃毛、消毒，并用局部麻醉剂浸润麻醉。在皮肤上用解剖刀片做一小切口。

选用Osgood或罗申塔尔16或18号3.81cm活组织检查针头。该针头带探针插入软组织中直到遇到骨的阻挡。旋转针头将针头刺入骨内。阻挡力下降说明针头已经穿透骨外层进入骨髓腔。在将针头刺入骨髓后，取走探针，接上12ml注射器。注射器为负压，抽吸时动物有疼痛症状说明针头在骨髓腔内。当注射器中出现骨髓时，停止抽吸并拆掉注射器。

过分抽吸会导致样品混有外周血液。在玻片上快速涂片，并在福尔马林中保存所有凝结块，进行组织检查。样品也可送去进行培养。获得足够样品后，拔出针头。皮肤切口可缝合也可任其自愈。

选用髓心活组织检查设备（如詹姆斯底骨髓针），针头带有探针，穿透软组织并在压力和来回旋转下刺入骨内。一旦穿过外层，取走探针，并将环钻推进骨髓内。推进 1 ~ 2cm 接着绕其长轴旋转。取走针头，用加长探针获得骨髓样品并在福尔马林中保存。

[并发症]

可能对周围组织造成损害，针头在转接窝内位置不当可能对坐骨神经造成损伤；肋骨活组织检查偶见气胸或肋骨间脉管破裂。

转接窝用局部麻醉剂浸润可造成坐骨神经暂时麻醉。

三、关节穿刺术

关节穿刺术指用针头经皮穿入滑膜腔收集滑液以进行实验室检查。

[适应症]

有助于诊断关节感染，对滑液进行分析有助于鉴别腐败性或感染性关节炎、免疫介导性关节炎、关节积血和外伤性滑液渗出。

注入造影剂进行 X 光拍照检查。

滑液内治疗方法的使用。

[保定]

根据动物性情可能需要使用局部麻醉剂和轻度化学镇静剂，对膝关节、跗关节、肘和肩关节进行穿刺多用仰卧保定，对腕关节进行穿刺使用仰卧或腹卧皆可。

[操作技术]

对患病关节部位的皮肤进行消毒。

在穿刺前触诊肿胀的关节囊或确定关节间隙。

膝关节部分屈曲，可见膝盖的末梢边缘和胫骨结节的近端边缘。在两者之间通路的约 1/3 的位点进入关节。侧向平行于韧带，稍微偏向两股骨骨节中间的地方将针刺入关节之间。

跗关节部分屈曲，穿刺针在脚底侧踝关节下侧向刺入胫跗关节。注意避免刺入侧位隐静脉后支。

腕骨部分屈曲，通过正中面的桡腕关节或任何可触摸到的腕间位置刺入穿刺针进行抽吸。

接有 3ml 或 6ml 注射器的 22 号针头缓慢刺入皮肤、皮下组织、关节周围组织和滑液囊组织，进入滑液囊腔。抽吸注射器收集滑液。收集到足够的滑液后停止抽吸，拔出针头。

将液体置于 EDTA 管中进行细胞学分析，并装于可移动培养基中或巯基乙酸盐肉汤中进行微生物检查。准备薄片涂片并风干。准备玻片时可检查液体黏性。

怀疑为多发性关节炎的病例应抽吸多个关节的滑液。

[并发症]

皮肤准备工作不充分会使关节内引入细菌或污染样品。若操作不规范，针头造成的滑液囊外伤可能导致关节积血或关节软骨磨损。若忽视解剖学知识可能造成针头对关节周围血管的直接损害。医源性出血造成的样品污染，可能需要从其他关节穿刺或在 48h 后在同一关节穿刺。

四、眼角膜穿刺术（眼前房穿刺术）

[适应症]

外伤性前房积血超过瞳孔下缘。

[麻醉]

眼神经传导麻醉，表面麻醉。

[术前准备]

眼结膜囊注入生理盐水青霉素溶液，固定上、下眼睑和瞬膜。

[穿刺方法]

一般位于角膜缘下方位置，穿刺器与虹膜平面呈 90°角。以小指为支点，用腕部力量刺入前房。然后将针放平，与虹膜平行，放出前房的积液和血液，取出穿刺针。

[注意事项]

（1）穿刺针要锋利，术者用拇指和食指固定好针尖，以小指为支点，防止刺入过深；

（2）创口不能过大，防止虹膜脱出；

（3）术后防止眼内感染，应用抗生素和可的松溶液眼内注射，抗生素溶液点眼。

第五章 麻 醉 术

良好的麻醉是使外科手术得以顺利进行的重要环节，因此麻醉是外科手术的基本技术之一。

麻醉术的目的在于安全有效的消除手术疼痛，确保人和动物安全，使动物失去反抗能力，为顺利手术创造良好的条件。

麻醉具有下列的意义：

1. 简化保定方法，节省保定人力。

2. 便于手术的操作（例如麻醉可减免腹腔手术时的内脏膨出，使肌肉松弛便于缝合，术部的安定便于某些细微的手术操作等）。

3. 为无菌手术操作创造有利条件（因动物骚动时易造成污染）。

4. 避免手术的不良刺激，防止外伤性休克。

5. 在手术过程中避免人、畜的意外损伤，保证手术的安全顺利进行。

但麻醉药用之不当，也可能给动物机体带来不良的后果（尤其在全身麻醉），麻醉效果也往往关系着手术的成败。这就要求对麻醉技术切实掌握好。采用麻醉时必须对具体事物做具体分析，不同种类的动物和不同的手术，是否需要麻醉，或采用何种麻醉方法都应认真斟酌选择。一般能用局部麻醉达到目的的不用全身麻醉。对孕畜采用全身麻醉时要特别慎重，尽可能避免影响胎儿。对老弱病畜、全身情况危重的病畜采用全身麻醉时也应特别慎重。对后躯（如肛门、直肠、外生殖器官、尾部等手术）可选用硬膜外麻醉或其他局部麻醉方法。即使某些必须用全身麻醉的病例也常采用浅度的全身麻醉，配以局部麻醉进行。只有在某些复杂的大手术或对异常凶猛的动物，为了保证手术效果和安全，有时才不得不采用较深度的全身麻醉。

在麻醉前，应对患畜做常规检查。例如，最后一次进食时间、可视黏膜颜色、毛细血管再充盈时间、皮肤弹性、体温、肺部和心脏听诊、脉搏及呼吸数，根据条件，还可做常规的实验室检查。参照美国麻醉师协会（简称 ASA）的分类，兽医麻醉风险分为以下 5 类（表 5-1）。

表 5-1　兽医麻醉风险分类

分类	体况	年龄	举例
ASA I	无器官损伤	6 周至 5 岁	去势术，结扎术等
ASA II	轻度器官损伤	3~6 周、5~8 岁	年幼、年长、肥胖、骨折无休克、轻度糖尿病等

（续表 5 - 1）

分类	体况	年龄	举例
ASA Ⅲ	患严重系统疾病、活动受限但未妨碍	3d 至 3 周、8～10 岁	贫血、厌食、中度脱水、轻度肾病、轻度心脏病、中度发烧等
ASA Ⅳ	活动受限、生命危险	3d 以下、10 岁以上	严重脱水、休克、贫血、尿中毒、中毒症、高烧、中度心脏病等
ASA Ⅴ	濒死期，难于耐过 24h		持久性心、肺、肝、肾或内分泌性疾病，中度休克、颅部大损伤、严重外伤、肺栓塞等

现今兽医临床麻醉大体分为 3 类，即全身麻醉、局部麻醉和电针麻醉。小动物临床上多用全身麻醉，局部麻醉较少用。

第一节　局部麻醉

局部麻醉是借助局部麻醉药的作用，选择性地作用于感觉神经纤维或感觉神经末梢，产生暂时的可逆性的感觉消失，从而达到无痛手术的目的。局部麻醉简便、安全，适用范围广，可在不少手术上应用。

局部麻醉具有许多优点，因而得到广泛的应用。在局部麻醉下，全身生理的干扰轻微，麻醉并发症和后遗症很少，所以是一种比较安全的麻醉方法。此外，局部麻醉的设备简单、操作方便、费用经济，可用于全身各部位的许多手术。目前，许多包括腹腔在内的手术也都可在局部麻醉下进行。对于患有心、肺、肝或肾等疾病的动物，局部麻醉因对全身影响少，也提供了较好的手术条件。但是，在局部麻醉下，因病畜仍保持神志清醒状态，手术时应特别注意保定，或在必要时配合应用镇静剂。某些局部麻醉方法，要求熟悉局部解剖知识和熟练的操作技术，否则，不易收到确实的麻醉效果。

使用局部麻醉药应该了解它们的药理性能，如该药的组织渗透性、作用显效时间、作用维持时间及毒性等，这样就可正确选择，表面麻醉要用渗透性好的药物；局部浸润麻醉用药量较大，宜用毒性低的药物，并配成最低有效浓度；传导麻醉应选用渗透性好、显效快、作用时间长的药物等。一般说来，同一局部麻醉药，其浓度愈高，作用时间愈长，则渗透性愈强，显效愈快，但毒性也愈高。

此外，不同的神经纤维对局部麻醉药也有不同的敏感性。由于各种神经纤维的粗细，分布的深浅，以及有无髓鞘等不同的原因，往往也出现不同的麻醉效果。例如，感觉神经纤维最细，多分布在神经干的表面，大多无髓鞘，因此，最先受药液影响而麻痹，感觉中痛觉首先消失，温觉、触觉次之，而交感神经往往在感觉神经麻痹后才受影响；运动神经纤维较粗，分布在神经干深部，而且多有髓鞘，故受影响最迟，但最后也可被麻痹。

一、局部麻醉药

局部麻醉药的种类很多，常用的有盐酸普鲁卡因、盐酸利多卡因和盐酸丁卡因 3 种，它们的特点比较见表 5 - 2。

1. 盐酸普鲁卡因（奴佛卡因）

本品是临床上最常用的局部麻醉药，使用安全。药效迅速，注入组织 1~3min 即可出现麻醉作用。但药物易被各种组织中的脂酶水解而作用消失，所以作用时间较短，一次量可维持 0.5~1h。此外，因本品穿透黏膜能力很弱，故不宜用于表面麻醉。如必须采用作为黏膜麻醉时则需将溶液浓度提高至 5% 以上，临床上最多用做浸润麻醉剂，使用药液浓度为 0.5%~1%，传导麻醉一般采用 2%~5% 溶液，脊髓麻醉用 2%~3% 溶液，关节内麻醉可用 4%~5% 溶液。

为了延长局部麻醉作用的时间，减少出血量并减低因吸收药物过多、过速而引起中毒的可能，在临床应用上，常在本品溶液中按每 250~500ml，加入 1ml 的 0.1% 肾上腺素溶液。

盐酸普鲁卡因用量过大能产生中毒。中毒时一般症状轻微，短时间内能自行耐过，一般无须特殊处理。严重者表现兴奋、狂躁、呼吸困难、脉搏增数、大出汗，甚至惊厥，后期由兴奋转为抑制和呼吸麻痹而死亡。中毒的解救应在兴奋期给以小剂量中枢神经抑制药，同时注意呼吸、循环变化，必要时采用吸氧、强心、输液等措施，如已进入抑制期则不能再用兴奋药解救。

本制剂煮沸灭菌，但不耐高压灭菌，遇碱类、氧化剂能分解，遇酸性盐减低药效。

2. 盐酸利多卡因

本品局部麻醉强度和毒性在 1% 浓度以下时，与普鲁卡因相似，但在 2% 浓度以上时，局部麻醉强度可增强至 2 倍，并有较强的穿透性和扩散性，作用出现时间快、持久，一次用药量可维持 1h 以上。本品的毒性较普鲁卡因稍大，但对组织无刺激性，用于多种局部麻醉方法。

用作表面麻醉时，溶液浓度须提高至 3%~5%，传导麻醉为 2% 溶液，浸润麻醉为 0.25%~0.5% 溶液，硬膜外麻醉为 2% 溶液。

本品溶液性质稳定，可耐反复高压灭菌和酸碱的作用。

3. 盐酸丁卡因

本品的局部麻醉作用强，作用迅速，并具有较强的穿透力，常用于表面麻醉。本品的毒性较普鲁卡因强 12~13 倍，而麻醉强度则强 10 倍。表面麻醉的强度较可卡因强 10 倍，而且点眼时不散大瞳孔，不妨碍角膜愈合。因此，近年来在角膜麻醉的应用上已取代了可卡因，常用浓度为 0.5% 溶液。

本品因毒性大，不适于浸润麻醉。作为鼻、喉、口腔等黏膜表面麻醉，可用 1%~2% 溶液。

3 种常用局部麻醉药的特点比较见表 5-2。

表 5-2　3 种常用局部麻醉药的特点比较

特点	普鲁卡因	利多卡因	丁卡因
组织渗透性	差	好	中等
作用显效时间	中等	快	慢
作用维持时间	短	中等	长
毒性	低	中等	较高
用途	多用于浸润麻醉，也可用于传导麻醉，脊髓麻醉，较少用于表面麻醉	宜做传导麻醉，也可做浸润麻醉，脊髓麻醉和表面麻醉	最多用于表面麻醉，不宜做浸润麻醉

二、局部麻醉的方法

1. 表面麻醉

将药液滴、涂或喷洒于黏膜表面，让药液透过黏膜，使黏膜下感觉神经末梢感觉消失。一般选用穿透力较强的局麻药，如1%～2%丁卡因（常用于眼部手术）、2%利多卡因（常用于猫气管插管前的咽喉表面麻醉）等。该方法广泛用于眼、鼻、口腔、阴道黏膜的麻醉。

2. 浸润麻醉

沿手术切口线皮下注射或深部分层注射麻醉药，阻滞神经末梢，称局部浸润麻醉，常用麻醉剂为0.25%～1%盐酸普鲁卡因溶液。为了防止将麻醉药直接注入血管中产生毒性反应，应该在每次注药前回抽注射器。一般是先将针头插至所需深度，然后边抽退针头，边注入药液。有时在一个刺入点可向相反方向注射两次药液。局部浸润麻醉的方式有多种，如直线浸润、菱形浸润、扇形浸润、基部浸润和分层浸润等，可根据手术需要选用。为了保证深层组织麻醉作用完全，也为了减少单位时间内组织中麻醉药液的过多积聚和吸收，可采用逐层浸润麻醉法。即用低浓度（0.25%）和较大量的麻醉药液浸润一层随即切开一层的方法将组织逐层切开。由于这种麻醉药液浓度很小，部分药液随切口流出或在手术过程中被纱布吸走，故使用较大剂量药液也不易引起中毒。

此外，为了减少药物吸收的毒副作用，延长麻醉时间，常在药物中加入适量0.1%的盐酸肾上腺素。

3. 传导麻醉

将药液注入神经干周围，使该神经干所支配的区域产生麻醉作用，又称神经干阻滞麻醉。其优点是用药量少，麻醉的范围广。常用2%～3%普鲁卡因或1%～2%利多卡因溶液。可用于睑神经、臂神经丛等的传导麻醉。

（1）犬眶下神经传导麻醉

犬的眶下神经支配同侧所有上齿。进针部位有两种：

一是在眶下神经进入眶下管的入口（上颌孔）处，即翼突与腭的凹陷地方。一般犬在眼外角的下方大约2.5cm，在颧骨前方和下颚冠状突后方之间，用5cm长的20号针，对准凹陷处，慢慢刺入，一直到穿过颧骨线为止，然后将针指向上门齿，在3～3.5cm深处会遇到上颌孔。注射2%盐酸普鲁卡因2ml，同侧上齿被麻醉。

另外，也可从最后白齿的后方，用3～4cm长的针进行该神经的传导麻醉。

二是通过眶下孔进入眶下管。翻起犬上唇，在背侧到白齿1/3处，通过触摸其边沿找到眶下孔，该处正好在唇黏膜折为齿龈的地方，对齿龈常规处理后，将针刺入眶下管内约1～2cm，并注射2%盐酸普鲁卡因1～2ml，同侧的门齿、犬齿和1～2白齿感觉即变为迟钝。

（2）犬下颌神经传导麻醉

a. 下颌管　在下颌骨角突的前面，可摸到凹陷。用3cm长的22号针，在下颌的腹侧缘，垂直刺入，其深度约1～2cm。在此处注射2%盐酸普鲁卡因溶液2ml，则同侧下颌的牙齿均被麻醉。

也有人主张在口腔内第六臼齿的内侧将针斜向下颌刺入。

b. 颏孔　共有前、中、后 3 个颏孔，常以中颏孔作为注射点，该孔位于下颌第二前臼齿前面的基部，约在下颌骨背侧与腹侧缘的中间，其孔口用手触摸不到，必须用针尖进行探诊，将针刺入该孔内少许，并向下颌管内注射 2% 盐酸普鲁卡因溶液 1ml，则门齿、犬齿和 1~2 臼齿都受到麻醉。

犬的 3 个颏孔在形态方面有许多变化。另外，两侧下颌间有吻合情况，因此，在给药之后，所有门齿都处于麻醉状态。而给药的同侧其他部位，不发生麻醉作用。

（3）犬睑神经传导麻醉

睑神经是耳睑神经的分支，又是面神经的分支。在颧骨弓的背面最外侧，将 1ml 麻醉剂注射到皮下 1cm 深处即可达到麻醉。除了眼睑提肌之外，所有眼睑肌肉都将呈现麻醉。这对应用 β 射线治疗角膜或者在眼外科中都是有益的。如果不进行全身麻醉，眼睑不会合拢，而眼球仍然转动和收缩。为了防止角膜干燥，应当使用眼软膏。

4. 脊髓麻醉

是将局部麻醉药注射到椎管内，阻滞脊神经的传导，使其所支配的区域无痛，称为脊髓麻醉。根据局部麻醉药液注入椎管内的部位不同，又可分为硬膜外腔麻醉和蛛网膜下腔麻醉两种。在兽医临床上，目前仍多采用硬膜外腔麻醉，很少采用蛛网膜下腔麻醉。掌握脊髓麻醉技术，要求熟悉椎管及脊髓的局部解剖，以及由于脊神经阻滞所致的生理干扰。

椎管局部解剖：脊柱由很多椎骨连接而成，各个椎骨的椎孔贯连构成椎管，脊髓位于椎管之中。在两个椎骨连接处的两侧各有一孔称椎间孔，为脊神经通出的地方。脊髓外被 3 层膜包裹，外层为脊硬膜，厚而坚韧；中层为脊蛛网膜，薄而透明；内层为脊软膜，有丰富的血管。在脊硬膜与椎管的骨膜之间有一较宽的间隙称为硬膜外腔，内含疏松结缔组织、静脉和大量脂肪，两侧脊神经即在此经过，向腔内注入麻醉药液，可阻滞若干对脊神经；脊硬膜与脊蛛网膜之间有一狭窄的腔，称为硬膜下腔，此腔往往紧贴一处故不能做脊髓麻醉之用；脊蛛网膜与脊软膜之间形成一较大腔隙，称为蛛网膜下腔，内含脑脊髓液，向前与脑蛛网膜下腔相通，麻醉药注入此腔可向前、后阻滞若干对在此经过的脊神经根。

（1）硬膜外腔麻醉

即将局麻药注入硬膜外腔。本法可用于不适宜全身麻醉的腹后部、尿道直肠或后肢的手术及断趾、断尾等。尤其适用于剖腹产。动物麻醉前用药镇静后，多施右侧卧保定（也有人习惯站立或背紧靠诊疗台缘，背充分屈曲，增大椎间间隙，胸卧保定）。麻醉部位是最后腰椎与荐椎之间的正中凹陷处，大型犬的断尾可在第一至第二尾椎间实施。选择髂骨突起连线和最后腰椎棘突的交叉点，局部剪毛、消毒，皮肤先小范围麻醉。用 4~5cm 长的注射针在交叉点上慢慢刺入，在皮下 2~4cm 深度刺通弓间韧带时，有"扑哧"的感觉。若无此感觉，则是刺到骨上，可拔出针，改变方向重新刺入。如有脊髓液从针头流出，是刺入蛛网膜下腔所致，把针稍稍拔出至不流出脊髓液的深度即可，注入局部麻醉药，2% 普鲁卡因，0.5ml/kg 体重，用于骨折的整复；0.25ml/kg 体重，用于尾部、阴道、肛门的手术。

猫腰荐硬膜外麻醉：将猫用绳子保定在手术台上，腹部向下，左手的拇指和中指压放在左右两髂骨外角，间食指在中线上触压腰荐凹窝。局部剪毛消毒，左手食指为正确定位的标记，右手持针，在凹窝处将针以垂直方向刺进凹窝。针通过坚韧的弓间韧带时，通常有"砰"的一声感觉，而且针通过后阻力消失。应用反回压以确保无血液流出，用含有肾上腺素的 2.5% 盐酸普鲁卡因 2～3ml，当针正确定位后便可开始注射，注射时的速度要缓慢。此时猫的尾巴通常也随之出现肌纤维颤动，这是针位置正确标志。松弛几乎是立即开始，在 5～10min 内完全达到阻滞的效果，持续 20～30min。该麻醉用于睾丸摘除术、子宫切开术、子宫切除术和尿道结石等手术。

（2）蛛网膜下腔麻醉

即将局麻药注入蛛网膜下腔，麻醉脊髓背根和腹根的麻醉方法。腰椎穿刺点位于腰荐结合最凹陷处。腰椎穿刺时，针头经过的层次分别为皮肤、皮下组织、棘上韧带、棘间韧带和黄韧带时会出现第一个阻力减退感觉。继续缓慢推进针头，待针头穿过硬脊膜和蛛网膜时，可出现穿刺过程中的第二个阻力减退感觉。拔下针栓，即见有脑脊液从针孔中流出。当判定穿刺正确后，接以吸有 2% 普鲁卡因的注射器，缓慢注入 5～10ml，然后再回吸脑脊液，若能畅通抽出，针头可一起拔下。经 3～10min，便可进行腹部、会阴、四肢及尾部所有手术。

（3）脊髓麻醉的注意事项

要注意注射药液的温度和注射速度。一次快速注入大量冷药液可引起呼吸紧迫，角弓反张或猝倒等严重反应。

注入大量药液时要保持动物前高后低的体位，防止药液向前扩散，阻滞胸段的交感神经，使血管扩张，血压下降；或阻滞胸部神经引起呼吸困难或窒息。此外，还应该注意到侧卧保定的家畜，其下侧的麻醉效果往往较上侧为好。

脊髓麻醉，尤其是蛛网膜下腔麻醉，要求严密消毒，否则有可能引起脑脊髓的感染。在腰椎领域穿刺，即所谓的腰麻，广泛被应用。而在动物脊髓的尾侧端和蛛膜下腔非常接近，安全部位不易选择，而棘间隙穿刺又很困难。进针操作要谨慎，防止损伤脊髓，导致尾麻痹或截瘫等后遗症。

第二节　全身麻醉

全身麻醉（general anesthesia）是指用药物使中枢神经系统产生广泛的抑制，暂时使动物机体的意识感觉、反射活动和肌肉张力减弱和完全消失，但仍保持延髓生命中枢的功能，主要用于外科手术。

一、全身麻醉的分期

全身麻醉药通常开始先抑制大脑皮层功能，随着剂量增大，逐渐抑制间脑、中脑、桥脑和脊髓，最后可抑制延髓。随着不同部位的中枢神经系统的抑制，会有一定的体征表现，根据这些表现可分成数个时期，借以判断麻醉的深度。但应指出，麻醉的分期通常是参照对于人的乙醚麻醉典型经过来描述的，而在动物往往并无如此明显的划分，况且不同的畜种、个体或不同的药物也有不同的表现。但了解人为的麻醉分期（特别是在吸入麻醉）仍然有助于识别麻醉的过程，掌握麻醉的深度和防止麻醉事故。麻醉通常可分为四期。

第Ⅰ期（朦胧期或随意运动期）　是由麻醉开始至意识完全丧失而转入第Ⅱ期。此期主要是大脑皮层的功能逐渐被抑制。动物焦躁或静卧，对疼痛刺激反应减弱，但仍然存在。瞳孔开始放大，各种反射灵活，站立的动物则平衡失调。

第Ⅱ期（兴奋期或不随意运动期）　是由意识完全丧失至深而规则的自动呼吸开始时止。此时大脑皮层功能完全受抑制，皮层下中枢释放，家畜反射功能亢进，出现不由自主运动，肌肉紧张性增加，血压升高，脉搏加快，瞳孔散大，呼吸不规则，眼球出现震颤。在猫科动物常分泌大量唾液，猫、狗可能出现呕吐。此时如果不受外界干扰，动物仍可安静度过，如受到外来刺激或过早进行手术，可出现强力挣扎、四肢划动、排粪尿等明显兴奋现象。在第Ⅱ期转入第Ⅲ期时兴奋现象逐渐减弱，眼球震颤变慢，但眼球震颤不能作为可靠的麻醉深度的指征，因为不同个体间的差异较大。

第Ⅲ期（外科麻醉期）　此期是深而规则的呼吸开始至呼吸停止前阶段。外科手术主要在此期的前、中阶段进行。本期按其麻醉深度又分为4级，即：

Ⅲ/1（Ⅲ期1级）　痛觉开始消失，但麻醉仍较浅，因而骨膜、腹膜及皮肤等3种敏感的组织仍略有感觉。此时动物呼吸规则，瞳孔开始缩小（如以阿托品作为术前用药则例外），眼睑、角膜及肛门反射仍然存在，眼球颤动缓慢。

Ⅲ/2（Ⅲ期2级）　眼睑反射由迟钝至消失，角膜反射略呈迟钝，眼球颤动停止，瞳孔继续缩小，呼吸深而规则，肌肉出现松弛。

Ⅲ/3（Ⅲ期3级）　角膜反射由迟钝渐趋消失，肋间肌开始麻痹（浅而略慢带痉挛性的胸式呼吸），瞳孔由于睫状肌的麻痹而逐渐放大。此时麻醉已深，血压开始下降，脉搏快而弱，肌肉完全松弛。第三眼睑脱出。

Ⅲ/4（Ⅲ期4级）　是本期麻醉最深的一级，实际上已是麻醉过量，进入危险边缘，因此，在临床上不应达到这一深度。此时动物因呼吸中枢麻痹，呼吸浅且无规则，带有痉挛性并渐趋停止，血压下降，脉搏快而弱。括约肌松弛，有时尿失禁（尤其母畜）。瞳孔放大，对光反射渐消失。可视黏膜发绀，创口血液淤黑。进入此级，应立即停止麻醉，并采取急救措施。

第Ⅳ期（延髓麻痹期）　进入此期，麻醉已严重过度，故临床上严禁出现此期。此时呼吸终于停止，瞳孔全部放大，心脏因缺氧而逐渐停止跳功，脉搏和全部反射完全消失，必须立即抢救，否则死亡瞬即来临。

如果麻醉未进入第Ⅳ期前停止麻醉，或有时进入第Ⅳ期后抢救有效，则动物可沿相反的顺序而逐渐苏醒和恢复。

全身麻醉的分期完全是人为的，其区分的指征又受到诸如年龄、体质、品种以及个体的差异等因素影响。不同药物产生的机体反应有很大区别，例如，氯仿、巴比妥钠和水合氯醛等很少引起兴奋现象。麻醉前用药的种类也影响着麻醉的指征，如阿托品可使瞳孔扩大，而肌松剂则使眼球比较固定，眼部变化不够灵敏等。因此，我们判断麻醉的深度很难根据某一指征做出结论。比较合理的做法应该是综合呼吸、循环、反射、肌肉张力、眼部变化等，前后加以对比，并考虑其他因素的影响来判断麻醉的深度。

二、麻醉前给药

给予动物神经安定药或安定－镇痛药，其作用是：

（1）使动物安静，以消除麻醉诱导时的恐惧和挣扎；

（2）手术前镇痛；

（3）作为局部或区域麻醉的补充，以限制自主活动；

（4）减少全麻药的用量，从而减少麻醉的副作用，提高麻醉的安全性；

（5）使麻醉苏醒过程平稳。

抗胆碱药（如阿托品）主要作用，是可明显减少呼吸道和唾液腺的分泌，使呼吸道保持通畅；降低胃肠道蠕动，防止在麻醉时呕吐；阻断迷走神经反射，预防反射性心率减慢或骤停。

常用的麻醉前用药主要有：

（1）安定　肌肉注射给药 45min 后，静脉注射 5min 后，产生安静、催眠和肌松作用。犬、猫 $0.66 \sim 1.1 \text{mg/kg} \cdot \text{bw}$。

（2）乙酰丙嗪　犬 $1 \sim 3 \text{mg/kg} \cdot \text{bw}$，猫 $1 \sim 2 \text{mg/kg} \cdot \text{bw}$。

（3）吗啡　本品对犬、兔效果较好，犬 $2 \text{mg/kg} \cdot \text{bw}$ 皮下或肌肉注射；兔和啮齿类 $3 \sim 5 \text{mg/kg} \cdot \text{bw}$。

（4）阿托品　犬 $0.5 \sim 5 \text{mg}$，猫 1mg，皮下或肌肉注射。

三、常用的全身麻醉方法

根据麻醉药物种类和麻醉目的，给药途径有吸入、注射（皮下、肌肉、静脉、腹腔内）、口服、直肠内注入等多种。全身麻醉时，单用一种麻醉药效果不理想，应采用两种以上药物合并麻醉。常用全身麻醉方法有以下几种。

（一）吸入麻醉

用挥发性较强的液态麻醉药剂（如乙醚、氯仿及氟烷等）或气体麻醉剂（如氧化亚氮、环丙烷等）通过呼吸道以蒸气或气体状态吸入肺内，经微血管进入血液以产生麻醉的方法，称为吸入麻醉。如果利用气管插管直接将麻醉气体送入气管，称为气管内麻醉。吸入麻醉是有较长历史的麻醉方法，其优点是较容易和迅速地控制麻醉深度和较快的终止麻醉，但缺点是操作较复杂；而且往往需要专用的麻醉装置。

1. 常用吸入麻醉药

（1）乙醚　为无色透明液体，有特殊气味，易挥发（沸点 35℃），较空气重 2.6 倍，其蒸气易燃，甚至可能爆炸。在光和空气作用下乙醚可产生有毒的乙醛及过氧化物，故乙醚应装入有色瓶内，在阴凉处避光贮存。乙醚对呼吸道黏膜有强烈刺激性，可使其分泌增多，如随唾液进入胃内可引起呕吐。在麻醉前使用阿托品可减少分泌。乙醚也可能引起胃肠道平滑肌的紧张性降低，有时导致胃扩张或肠蠕动的减弱。施行乙醚麻醉时，因其对心脏、肝脏无毒性，对肾脏刺激作用也很弱，同时外科麻醉所需浓度与呼吸麻痹浓度约相差

3倍,安全范围是比较广的,肌肉松弛也良好,但麻醉诱导期较长。此外,容易发生乙醚燃烧、爆炸等意外事故;麻醉初期由于呼吸道受刺激而引起反射性的呼吸频数,随着麻醉的发生,呼吸中枢兴奋性降低,呼吸数逐渐减少,呼吸深度增加;乙醚达到中毒浓度时呼吸变浅和无节律,并发生缺氧现象。目前已被淘汰,但可用于啮齿类动物麻醉。

(2) 氟烷 为一种氟类液体挥发性麻醉药。本药无色透明,有水果样香味,无刺激性,易被动物吸入,不易燃易爆。在光作用下缓慢分解,生成氯化氢、溴化氢和光气。该药麻醉性能强、诱导和苏醒均快,对呼吸道黏膜无刺激性,对肝肾功能无损害,是兽医临床最常用的吸入麻醉药。该药因麻醉性能强,对心肺有抑制作用,故在麻醉中严格控制麻醉深度。为减少麻醉用药量,吸入麻醉前,需要麻醉前用药和麻醉诱导(多用25%硫贲妥钠溶液)。临床上常与氧化亚氮或其他非吸入性麻醉药合并使用。

(3) 安氟醚 为一种氟类吸入麻醉药,无色、透明,具有愉快的乙醚样气味,动物乐于接受。麻醉性能强(麻醉浓度犬,猫分别为2.2%和1.2%),但比氟烷、异氟醚弱。诱导和苏醒均迅速。南京农业大学动物医院在临床上犬的安氟醚麻醉已应用多年,麻醉效果较好。如果没有精制安氟醚挥发器,也可用乙醚麻醉机挥发器替代。麻醉时,去除其挥发器内棉芯,注入5~10ml安氟醚。

(4) 异氟醚 是一种新的氟类吸入麻醉药。有轻度刺激性气味,但不会引起动物屏息和咳嗽。麻醉性能强,其麻醉浓度犬、猫分别为1.28%、1.63%。血压下降与氟烷、安氟醚相同,不过心率增加,心输出量和心搏动减少低于氟烷。对心肌抑制作用较其他氟类吸入麻醉药轻,不引起心律失常。本药对呼吸抑制明显,苏醒均比其他氟类吸入麻醉药快,更易控制麻醉深度。异氟醚在体内代谢很少,故对肝、肾影响更小。

2. 吸入麻醉需要的材料与设备

(1) 气管插管 通常由橡胶或塑料制成,是一个弯曲的末端为斜面并与麻醉环路相结合的管子。要根据动物个体的大小,选择合适的气管插管。选择气管插管时尽量使用口径较大的。

(2) 套囊 是防止漏气的装置,附着在气管插管壁距开口斜面2~5cm处,长4~5cm不等。套囊接有30~40cm长的细乳胶管。当气管插管插入气管后,用空注射器连接细乳胶管的另一端并注入空气,使套囊充气,使套囊与气管壁可紧密接触,而不漏气。

(3) 牙垫 为一硬塑料管,管的内径略大于气管插管的外径。当气管插管经口腔插入后,将牙垫从气管插管的一端套入,送入口腔内达最后臼齿处,另一端在口腔外固定。

(4) 喉镜 将喉镜叶片插入口腔,暴露声门裂,进行明视插管。

(5) 麻醉机装置

氧气瓶 内装高压液化氧气,经减压器与高压胶管进入流量表。

流量表 气化氧经流量表进入呼吸囊内。每分钟放出的氧气流量可直接从流量表上读出。

氧气快速阀门 是呼吸囊充气的快速阀门,开放后便有大量氧气不经流量表直接进入呼吸囊内。

呼吸囊 可通过挤压该囊控制呼吸,也可贮存气体。呼吸囊随动物自发呼吸而起伏。呼吸囊的大小应与动物个体大小成正比。

3. 插管方法

插管前应进行麻醉前给药（阿托品、镇静、镇痛药等）和诱导麻醉（静脉注射硫贲妥钠）。

（1）明视插管　犬正常的头部位置为口腔轴与气管轴成90°角，将犬嘴上举可使两轴的角度趋近180°。这时，把喉头下压，舌稍拉向前，易将气管插管插入气管。犬气管内插管时，主要取胸卧位，如操作者熟练，也可取侧卧位或仰卧位。在助手帮助下，头仰起，头颈伸直，打开口腔，操作者一手拉出舌头，另一手持喉镜柄，并将喉镜叶片伸入口腔压住舌基部和会厌软骨，暴露声门。选择适宜气管插管，在其末端涂润滑剂后，沿喉镜弧缘插入喉部，并经声门裂，将其插入气管。气管插管插至胸腔入口处为宜。其插管后端套入牙垫或用纱布绷带固定在上颌或下颌犬齿后方，以防滑脱。如咽喉部敏感妨碍插管，可用2%利多卡因溶液或追加硫喷妥钠，再插入。轻压胸侧壁，如气流从气管插管喷出，或触摸颈部仅一个硬质索状物，提示插管通过，调整挥发器档次，控制麻醉深度。

（2）气管切开插管　如上、下颌骨折、口腔手术，不能经口腔气管插管时，可做气管切开插管。其优点是减少呼吸阻力，又能较顺利地排除气管内分泌物。

（二）非吸入全身麻醉

非吸入全身麻醉有许多优点，如操作简便，一般不需要特殊的麻醉装置，不出现兴奋期，也不严格要求掌握麻醉的深度等，故目前仍为重要的麻醉方法。但这种麻醉的缺点是不易灵活掌握用药剂量、麻醉深度和麻醉时间，因而要求更准确地了解药物的特性、个体的反应情况并在施行麻醉时认真地进行操作。

非吸入麻醉剂的输入途径有多种，如静脉内注射、皮下注射、肌肉注射、腹腔内注射、口服以及直肠灌注等，其中静脉注射麻醉法因作用迅速、确实，在兽医临床上占重要地位。但在静脉注射有困难时，也可根据药物的性质，选择其他投药途径。

非吸入麻醉药因动物种属的不同，在使用上各有其本身的特点。除了应考虑到种属之间的差异外，有时还应考虑到个体之间对药物耐受性的不同，即所谓个体间的差异。在临床使用上，应针对动物的种类选择相宜的药物。用药的剂量，因给药的途径不同而有所差别。剂量过小，则常达不到理想的麻醉效果，追加给药比较麻烦，且多次追加还有蓄积中毒之忧；剂量过大，一旦药物进入体内，则很难消除其持续的效应作用，故应慎重。对某些安全范围狭窄的药物尤应注意。

1. 常用的非吸入麻醉药

动物常用的非吸入性全身麻醉药，包括巴比妥和非巴比妥两大类。

（1）常用的非巴比妥类非吸入性麻醉药

a. 隆朋　在我国生产的商品名叫麻保静。其化学名称为2，6 - 二甲苯胺噻嗪。盐酸盐作为注射药供临床应用。1962年，由拜耳公司首先合成，之后相继广泛用于临床。我国于1986年也合成该药，并有2%注射剂型供临床应用。它具有中枢性镇静、镇痛和肌松作用。该药现已广泛用于马、牛、羊、犬、猫等多种动物，同时也有效地用于各种野生动物，做临床检查及各种手术，也用于许多动物的保定、运输等。

隆朋为白色结晶体，易溶于氯仿、乙醚、苯，难溶于石油、醚和水。临床上常以其盐酸盐配成2% ~10%水溶液供肌肉注射、皮下注射或静脉注射用。

隆朋根据使用剂量的不同，可出现镇静、镇痛、肌肉松弛或麻醉作用。但增加剂量时对镇静作用的加深往往不如镇静时间的延长显著。本品用作麻醉药物，在一般使用剂量下，实际上并不能使动物达到完全的全身麻醉程度，而仅能使动物精神沉郁、嗜睡或呈熟睡状态。动物对外界刺激虽然反应迟钝，但仍能保持防卫能力和清醒的意识。但在大剂量使用时，也能使动物进入深麻醉状态，此时则往往会出现不良反应。本品用药后通常出现心跳和呼吸次数减少，静脉注射时常出现短暂的血压升高，静脉注射后出现一过性房室传导阻滞，随即下降至较正常稍低的水平。为了预防房室传导阻滞的出现，可于用药前注射适量阿托品。

隆朋作用出现的时间，一般肌肉注射后在 10～15min，静脉注射在 3～5min，通常镇静可维持 1～2h，而镇痛作用的延续则为 15～30min。由于用药后动物一般仍处于清醒状态，而且其镇静作用较肌肉松弛作用出现得早，消失得迟，因此在动物卧倒与恢复站立期间不致有挣扎、摔伤的危险。

隆朋的安全范围较大，毒性低，无蓄积作用。可以作为麻前给药，再施以吸入麻醉，本品是 α_2 肾上腺受体激动剂，它作用于 α_2 受体。而 α_2 受体颉颃剂有颉颃其药理作用的效能，如 1% 苯噁唑溶液（回苏 3 号），以及育亨宾等均有逆转隆朋药效的作用，这给使用上带来了一些方便，并有了安全保证。

b. 氯胺酮　本品是一种较新的、快速作用的非巴比妥类静脉内注射麻醉药，注射后对大脑中枢的丘脑 - 新皮质系统产生抑制，故镇痛作用较强，但对中枢的某些部位则产生兴奋。注射后虽然有镇静作用，但受惊扰仍能醒觉并表现有意识的反应，这种特殊的麻醉状态叫作"分离麻醉"。本品根据使用剂量大小的不同，可产生镇静、催眠、麻醉作用，在兽医临床上已用于马、猪、羊、犬、猫及多种野生动物的化学保定、基础麻醉和全身麻醉药。

由于氯胺酮对循环系统具有兴奋作用，可使心率增快 38%，心排量增加 74%，血压升高 26%，中心静脉压升高 66%，外周阻力降低 26%，因此，静脉注射时速度要缓慢。本品对呼吸只有轻微抑制，对肝、肾功能未见不良影响，对唾液分泌有增强现象，事先注入少量阿托品可加以抑制。

根据国内资料，以本品肌肉注射与芬太尼（0.02～0.04mg/kg·bw）配伍应用，可收到良好的保定和麻醉效果。

c. 噻胺酮注射液（复方氯胺酮注射液）　是我国自行复合的一种新的动物用麻醉药，近年来已在临床被广泛应用，对犬、猫等均可应用。本药是一个复合型的药物，其有效成分包括氯胺酮、隆朋，还有苯乙哌酯（类阿托品样药）。肌肉注射给药较为方便，给药后动物进入麻醉状态时比较稳定，由站立而自行倒卧，无明显的兴奋期，在麻醉期间体温下降，肌松良好，对呼吸有一定的抑制作用，应用剂量较大时对循环系统也有影响。本药的恢复期较长，且有复睡现象。复方噻胺酮给药方便，安全剂量的范围较宽，起效迅速，诱导和恢复都平稳，连续给药不蓄积，无耐受。

d. 其他非巴比妥类非吸入性麻醉药　α_2 肾上腺素受体激动剂底托嘧啶和咪底托嘧啶、舒泰等新药。舒泰对于呼吸的抑制很小，麻醉效果确实。

（2）巴比妥类常用麻醉药

1927 年前后，已有人使用巴比妥类的药物，严格来讲，这类药物属于催眠药物。这类药物很多，都是巴比妥酸（丙酰脲）的衍生物，而巴比妥酸本身并无该类药物的作用。巴比妥类药物口服、直肠给药都容易吸收，其钠盐的溶解度好，可作为注射剂使用，其注射剂做肌肉注射给药吸收也很好。吸收后进入身体内的药物分布在所有的组织和体液中，且容易通过胎盘屏障影响胎儿。巴比妥类药物的作用，是阻碍兴奋冲动传至大脑皮层，从而对中枢神经系统起到抑制作用。药物进入脑组织的速度与该药物本身脂溶性的高低有密切关系。脂溶性比较低的如苯巴比妥钠进入脑组织的速度甚慢，甚至静脉给药也需经过10多分钟才能呈现中枢的抑制作用。而脂溶性高者如硫贲妥钠极易透过血脑屏障，发生作用较快，静注后30s就产生作用。但是很快又从脑中和血液中移向骨骼肌，最后又多进入脂肪，从而脑中的浓度又会很快下降。所以一次给药作用持续的时间很短，仅仅十几分钟。巴比妥是一大类常用的麻醉药。在催眠剂量时很少影响呼吸系统，但在麻醉剂量时则明显抑制呼吸中枢，过量时常可招致呼吸麻痹而死亡，必须充分给予注意，使用时应小心。麻醉剂量时也会抑制循环系统，导致血压降低。催眠剂量很少影响基础代谢，而在麻醉剂量时则可抑制基础代谢，使体温降低。

巴比妥类的药物在体内由肝细胞微粒体的药物代谢酶氧化失效，其氧化物可以呈游离状态排泄（经肾）或是与硫酸基结合后由尿中排泄。有的可以以原形由肾脏排泄。排泄较慢的药物在使用时应注意防止蓄积中毒，如苯巴比妥钠。临床所用巴比妥类药物根据其作用时限不同，可以分成四大类别，即长、中、短和超短时作用型4种。长及中时作用型的巴比妥类药物多作为镇静、催眠或抗痉药用。而作为临床麻醉剂使用的则多属于短或超短时作用型的。在兽医临床上与神经安定药或其他麻醉药协同用作复合麻醉的有硫贲妥钠、硫戊巴比妥钠和戊巴比妥钠等。短和超短时作用型的巴比妥类药物可以少量多次给药，作为维持麻醉之用。但因其有较强的抑制呼吸中枢和抑制心肌的作用，故在临床应用时应慎重计算用量，严防过量导致动物死亡。

a. 硫贲妥钠　本品是淡黄色粉末，味苦，有洋葱样气味，易潮解，在水中的溶解度尚好。但水溶液很不稳定，呈强碱性，pH约为10。市售者为硫贲妥钠粉（含稳定剂）密封于安瓿中，用时现配制成不同浓度的溶液。本品粉剂吸潮变质后增加其毒性，故在安瓿有裂痕或粉末结块而不易溶解时不宜再使用。硫贲妥钠静脉注射的麻醉诱导和麻醉持续时间以及苏醒时间均较短，一次用药后的持续时间可以从2~3min到25~30min不等。这与剂量和注射速度密切相关，麻醉的深度与注射速度有关系，注射愈快麻醉愈深，维持时间愈短，所以在用药时要特别注意注射的速度，当然还应严格准确计算所用药量。在静脉注射时，应将全量的1/2~2/3在30s内迅速注入，然后停注30~60s，并进行观察。如果体征显示麻醉的深度不够，再将剩余量在1min左右的时间里注入，同时边注边观察动物的麻醉体征，尤应注意呼吸的变化，一经达到所需麻醉程度即停止给药。以硫贲妥钠作为维持麻醉，可在动物有觉醒表现时，如呼吸加快、体动，再追加给药，在追加时也密切注意以观察动物麻醉体征的变化，即达到所需麻醉的深度时，应及时停止由静脉注入。硫贲妥钠除用作全麻外，还可以用作吸入麻醉的诱导，以静注方式给药，使动物达到浅麻醉，随之尽快做气管内插管，并连接吸入麻醉机进行吸入麻醉，用此方法可以消除吸入麻醉药在诱导期的不良的反应，使麻醉进行得平稳安全。此外，如果采用静脉滴注，则可以维持较长时间的麻醉也很安全可靠。

b. 戊巴比妥钠　戊巴比妥钠是临床常用的一种药物。它是白色的粉末（或结晶颗粒），易溶于水，无臭。其代谢产物由尿中排出，而经由胆汁、粪便和唾液排泄则很少。肝功能不全的家畜应慎用。实验结果提示幼畜和饥饿的动物应使用较小的剂量。本品易透过胎盘影响胎儿，甚至会造成胎儿死亡，故在孕畜或行剖腹产手术时不能用本品做麻醉。

作为麻醉剂量会对呼吸有明显的抑制现象，同时也影响循环系统，减少心排量。故此在静注戊巴比妥钠时速度宜慢。当动物进入浅麻醉之后应稍暂停注射，并仔细观察呼吸和循环的变化，然后再决定是否继续给药。临床给犬静脉注射戊巴比妥钠进行麻醉时，在苏醒阶段不可静注葡萄糖溶液（因有些病例需要术后输液），因为有的犬在给静注糖后又重新进入麻醉状态，即所谓"葡萄糖反应"，有的甚至造成休克死亡。本药的麻醉平均持续时间在30min，犬为1~2h，猫的持续时间较长，可达72h，故应慎重。为了减少用量和减轻其副作用（苏醒期兴奋），可以在给本药之前注射氯丙嗪以强化麻醉。使用戊巴比妥钠也可采用下列处方：

Nembutal 麻醉液：

戊巴比妥钠　　　5.0ml

1，3-丙二醇　　40.0ml

酒精（96%）　　10.5ml

蒸馏水加至　　　100ml，做静脉注射。

用于犬、猫、兔、大鼠的麻醉，其剂量是0.5ml/kg·bw，在使用时也应注意对呼吸的抑制。

c. 异戊巴比妥钠　白色结晶粉末，味苦，无异臭，易溶于水。进入体内的本品在肝脏中被氧化，然后经过肾脏从尿中排出，也有不经代谢以原形由尿中排出。主要用作镇静和基础麻醉。由静脉注射给药，和戊巴比妥类似，在苏醒期也有兴奋现象，临床应用相对较少。此外，本品还可以用作鱼的麻醉剂，1%~2%溶液做腹腔注射，其剂量为30mg/kg·bw。

d. 环己丙烯硫巴比妥钠　本品为淡黄色粉末或结晶，易溶于水，水溶液呈碱性，比较稳定。其临床作用和作用持续时间与硫贲妥钠相似。为短时作用型的巴比妥类药物，具有催眠和麻醉作用，对呼吸的抑制较硫贲妥钠轻。出现作用快，维持时间亦短。动物被麻醉后，呼吸变慢变深而均匀，同时伴有良好的肌松作用。比戊巴比妥钠的麻醉效应快，苏醒也快（可伴有轻度兴奋）。用本品麻醉时，麻前应给予阿托品，以减少唾液腺体的分泌。犬、猫均可应用，其毒性不大，比较安全。

e. 硫戊巴比妥钠　淡黄色结晶，易溶于水，呈黄色透明液体，具有硫或大蒜样气味。本品属于超短时作用型的巴比妥类，用作短时间的静脉麻醉，它是硫代巴比妥类的同系物。其作用类似于硫贲妥钠，使用剂量稍低于硫贲妥钠。快速静脉注射显著抑制呼吸，但对心脏的影响则较轻，蓄积作用也较小。常用剂量时对肝、肾的影响不大，但肝功能不正常时则可增强其毒性，是因为它主要在肝脏内代谢后排出。静注给药30s可产生麻醉效应，根据用量的不同，可维持10~30min，常用4%溶液给小动物做静脉麻醉之用。

2. 犬的非吸入全身麻醉

（1）吗啡　吗啡对犬是比较好的麻醉剂。麻前应给予阿托品0.03~0.05mg/kg·bw，皮下注射。20min后皮下注射吗啡，剂量1mg/kg·bw，给药之后经过15~30min逐渐进入麻醉状态，可持续1~3h不等。给药后犬会表现不安，继而行动蹒跚迟钝，并有流涎、呕吐及排便、排尿等兴奋现象。然后对外界的反应淡漠，卧地不起，沉睡并进入麻醉状态，痛觉和知觉消失，而听觉的抑制稍差。注意，个体间的差异会使给药量有所不同。

（2）硫贲妥钠　静脉给药25mg/kg·bw，通常将硫贲妥钠稀释成2.5%的溶液，按体重折算总药量。先将1/2或是2/3以较快的速度静注，大约为1ml/s。在注射过程中，动物即很快呈现肌松，全身松弱无力，眼睑反射减弱，呼吸均匀平稳，瞳孔缩小。剩余量需较慢给药，并密切注意观察动物在麻醉后的临床表现，当达所需要的深度时，应停止给药。如果静注给药过快，或是剂量偏大，会严重抑制呼吸，甚至会使呼吸停止。故为防止意外，应准备好呼吸兴奋剂以及人工呼吸装置。一旦发生呼吸抑制，人工支持呼吸比用呼吸兴奋药物更有实际意义。通常如上述一次麻醉给药，可以持续15～25min，其恢复期稍长，可达2～3h。在临床具体应用时，有时为了延长麻醉的时间，常把静脉注射针（头皮针，因有连续软管较为方便）留置在静脉内（注意应固定好），当动物有所觉醒、骚动或有叫声时，再从静脉适量推入，当然还要观察动物体反应以决定给药的多少，用这种反复多次给药的方式，则可以延长所需的麻醉时间，能更好地配合完成手术。

（3）氯胺酮　用药前常规给予注射阿托品，防止流涎。注射阿托品后15min，肌肉注射氯胺酮10～15mg/kg·bw，5min后产生药效，一般可有30min的麻醉持续时间，适当地增加用量也可相应延长麻醉持续时间。但是如果给药过多，可能出现全身性强直痉挛，如不能自动消失时，可静注1～2mg/kg·bw的安定。临床上又常常将氯胺酮与其他神经安定药混用以改善麻醉状况，例如：

a. 氯丙嗪＋氯胺酮　麻前给予阿托品，以氯丙嗪3～4mg/kg·bw肌注给药，15min后再给予氯胺酮5～9mg/kg·bw肌注，麻醉平稳，持续30min。

b. 隆朋＋氯胺酮　麻前给予阿托品，先肌注隆朋（麻保静）1～2mg/kg·bw，15min后肌注氯胺酮5～15mg/kg·bw，持续20～30min，这种方法许多兽医工作者愿意采用。

c. 安定＋氯胺酮　安定1～2mg/kg·bw肌注，之后约经15min再肌注氯胺酮也能产生平稳的全身麻醉。

（4）戊巴比妥钠　由静脉给药，临时配制成5%葡萄糖水溶液，剂量为25～30mg/kg·bw。以全量的1/2～2/3快速由静脉给药，动物不会表现出明显的兴奋而进入麻醉状态。随后则应减慢给药，在注射给药的同时，注意观察动物的反应，直到达到预定麻醉的深度为止。当动物进入较深的麻醉时表现出肌肉松弛，腹肌亦松弛，开口时无抵抗力，眼睑反射消失。瞳孔缩小，对光反射变弱，脉搏强而稍快，呼吸变慢而均匀。麻醉持续时间与给药的剂量有关，一般能持续40～60min，恢复期较长，需要数小时，术后应给予保护，注意有复睡现象。

（5）安定镇痛类药物麻醉　对犬用安定镇痛的效果是肯定的，如速眠新、保定1号、保定2号等都有满意的效果。此外，兽医临床有不少人使用噻胺酮做犬的全身麻醉，效果亦好。

3. 猫的非吸入全身麻醉

（1）氯胺酮　给猫肌肉注射10～30mg/kg·bw，可使猫产生麻醉，持续30min左右。我国在数年前多用此药做猫的全身麻醉，给药后，猫表现瞳孔扩大，肌松不全，流涎，运动失调而后倒卧，意识丧失，无痛。有的猫可能出现痉挛症状，若较长时间不缓解，可静注戊巴比妥钠对抗之。若要制止流涎，可在麻醉前皮下注射阿托品，剂量为

0.03～0.05mg/kg·bw。此药在注射部位有刺激性疼痛。猫的手术常仰卧保定，要小心防止舌根下沉而阻塞呼吸道，用舌钳将舌拉出固定于口腔外，若能插入合适的气管内插管则更为安全可靠。鉴于氯胺酮在单独使用时的某些不足之处，可以复合其他药物应用，例如：

a. 隆朋 + 氯胺酮　麻前给予阿托品，这对猫很重要，15min后首先肌注隆朋1～2mg/kg·bw，再经5min，肌注氯胺酮5～15mg/kg·bw。给予不同的剂量可使麻醉期长短不一。有报道，以隆朋2.2mg/kg·bw和氯胺酮4.4mg/kg·bw的比例给猫做麻醉。

b. 氯丙嗪 + 氯胺酮　首先以盐酸氯丙嗪肌肉注射给药，剂量为1mg/kg·bw，15min后再肌肉注射氯胺酮15～20mg/kg·bw。

（2）巴比妥类　这类药物中的硫贲妥钠和戊巴比妥钠较常用。用量大约为25mg/kg·bw，由静脉注射给药。必要时可以追加用药，一般追加量为第一次用药量的1/3是安全的。硫贲妥钠可以维持20min左右，而戊巴比妥钠则可长达60min之久。使用时应注意，这类药物有明显的抑制呼吸作用，对患有心、肺、肝、肾疾病的猫要慎用，或是改用其他麻醉方法。

（3）噻胺酮（复方氯胺酮）　使用本品不表现流涎（因含有苯乙哌酯）。猫对噻胺酮有较好的耐受性，一般临床用量为3～5mg/kg·bw，肌肉注射。而实验证明，2～10mg/kg·bw的范围都是安全的。给药后3～5min产生药效，可持续50～60min，个别猫恢复期较长。本品对猫比较平稳、安全、可靠。

（4）速眠新　剂量为0.1ml/kg·bw，肌肉注射给药。个别猫需要加大剂量达0.2～0.3ml/kg·bw，并且表现进入麻醉延时，苏醒期也较长，但麻醉期间的肌松和镇痛效果均好。且配有苏醒灵4号以作为催醒之用，这就减少了麻醉苏醒期持续延长所带来的很多麻烦。

4. 犬、猫常用的麻前给药药物

（1）乙酰普吗嗪（2mg/ml注射液）　当单独使用时，不是一个特别有效的镇静药物或麻前药物，剂量为0.012 5～0.1mg/kg·bw，慢速静注、肌注或皮下注射。在拳师犬和巨型犬，剂量不要大于0.025mg/kg·bw，因为可以导致昏厥或虚脱。通常与其他药物联合应用。主要用于犬，因为用于猫可以导致兴奋，偶见犬有攻击行为的报道。

（2）安定止痛药　与ACP和吗啡类（阿片类）止痛药结合应用可降低各自的使用剂量。剂量为ACP 0.012 5～0.05mg/kg·bw，与以下药物中的一种结合使用：哌替啶（杜冷丁），2～10mg/kg·bw，肌注；吗啡，0.1～1mg/kg·bw，肌注；丁丙诺啡（Buprenorphine），0.005～0.01mg/kg·bw，静注、肌注；布托啡诺（Butorphanol），0.1～0.3mg/kg·bw，静注、肌注。

（3）阿托品　剂量为0.045mg/kg·bw肌注、皮下注射或0.02mg/kg·bw静注。一般与ACP合用，有助于消除ACP的心颤作用（心搏徐缓）；用于牙科治疗，可以减少流涎。

（4）α_2肾上腺素受体激动剂　咪底托嘧啶（1mg/kg），剂量为0.1～0.2mg/kg·bw，肌注（静注剂量更低，为0.05mg/kg·bw）。根据使用剂量的多少，可以产生镇静、肌松和明显的止痛作用。剂量为0.8mg/kg·bw时，可以产生深度的镇静与止痛效果。其作用可以被颉颃剂阿替美唑（Atipamezole），5倍于咪底托嘧啶剂量所逆转（在猫是2倍）。由于可以抑制呼吸和心跳，因此不用于衰弱、老龄动物。

（5）隆朋（20mg/kg） 使用剂量为 1～3mg/kg·bw，肌注。也可以被阿替美唑所颉颃。

（6）α₂肾上腺素受体激动剂/阿片类受体混合物 这种结合可以降低药物的使用剂量而取得预想的镇静效果，限制 α₂ 肾上腺素受体激动剂对心肺功能的严重影响。只用于健康动物。剂量为咪底托嘧啶（0.005～0.01mg/kg·bw）或隆朋（1mg/kg·bw），结合以下药物中的一种：杜冷丁，2mg/kg·bw，肌注；丁丙诺啡（0.3mg/ml），0.005～0.01mg/kg·bw，缓慢静注或肌注；布托啡诺（10mg/ml），0.1～0.2mg/kg·bw，静注或肌注。

（7）ACP/α₂肾上腺素受体激动剂/阿片类受体混合物 ACP 的剂量为 0.1mg/kg·bw。与 α₂ 肾上腺素受体激动剂/阿片类受体混合物联合应用于大型犬、有危险进攻性犬的镇静或麻前给药。

（8）苯并安定（Benzodiazepine） 单独应用时并不可靠，因为可以导致对动物的刺激，包括运动性增强到兴奋，可以引起患病动物的高度镇静。

（9）安定（5mg/kg 注射液） 使骨骼肌松弛并刺激食欲。剂量为 0.1～0.25mg/kg·bw，静注。

（10）苯并安定/阿片类受体混合物 效果确实，对患病动物相对安全。首先给予阿片类受体混合物，20～30min 后给予苯并安定。剂量：安定 0.25mg/kg·bw 或者 Midazolam 0.25mg/kg·bw，均为缓慢静注。

四、神经安定镇痛

为了减轻某些麻醉药物对机体的不良影响，尽量减少对中枢神经系统的过度抑制，在临床实践中逐步形成了神经安定镇痛的应用技术，它适用于某些不能接受深麻醉的动物，特别是原有心肺功能不全或肝肾机能差的动物。这种方法是将神经安定药和镇痛药合并应用，药量小，镇痛、镇静的效果均好，意识和反射所受的抑制比较轻，有时会使动物处于一种精神淡漠的清醒状态，但可以经受手术。20 世纪 50 年代初，就提出将某些药物作用互补，互相强化。近年来在兽医临床也应用了神经安定镇痛技术，取得了满意的效果，同时也促进了兽医麻醉学的新发展。

1. 速眠新注射液（846 合剂）

按 846 合剂的组成，它应属于神经安定镇痛剂。它的主要成分是双氢埃托啡复合保定宁和氟哌啶醇，故有良好的镇静、镇痛和肌松作用。近年来，本药逐渐用于临床药物制动或手术麻醉，本药对小动物应用的效果较好，在犬、猫的应用已较广泛。其使用剂量：犬 0.1～0.15ml/kg·bw，猫、兔 0.2～0.3ml/kg·bw，鼠 0.5～1ml/kg·bw。注意本品与氯胺酮、巴比妥类药物有明显的协同作用，复合应用时要特别注意。对动物的心血管和呼吸系统有一定的抑制作用（阿托品、东莨菪碱有缓解作用），特效的解救药为苏醒灵 4 号，以 1:（0.5～1）（容量比）由静脉注射给药，可以很快逆转 846 合剂的作用。注意本品在某些个体会造成长时间持续的麻醉状态，或是苏醒期过长，例如，有的犬可长达 48h 以上。最好能在术后及时给予苏醒灵 4 号使动物尽快复苏。苏醒灵 4 号具有兴奋中枢、改善心血管功能、促进胃肠蠕动功能恢复的作用，可用于保定、麻醉后的催醒和过量中毒的解救，按说明书所示剂量给予，向静脉内缓慢推注。

2. 舒泰（Zoletil）

是意识分离型麻醉药，由 Zolazepam（Benzodiazepine 的衍生物，肌松效果好，有镇静作用）和分离型麻醉剂 Tiletamine（止痛，制动作用）组成。这两个药物在药物动力学上有互补作用。

使用舒泰麻醉动物，被麻醉的动物呈熟睡状态，肌肉松弛作用好，止痛效果强，苏醒快。舒泰不抑制呼吸，不引起癫痫，但是会暂时引起动物体温降低。虽然舒泰对肝肾无毒性，但是喉头、面部、咽部反射依然存在。使用舒泰时要考虑动物的全身状态，根据需要（镇定、镇静、短时麻醉和较长时间的手术）而选择麻醉药的剂量。与临床上使用其他麻醉药相似，使用舒泰时也要考虑动物的年龄、性别、是否妊娠、全身状况（如肥胖等）、患病与否。老龄犬的使用剂量低于成年犬。

舒泰的产品剂量有 50mg/ml、100mg/ml、200mg/ml 3 种。常规的使用步骤是首先按照 0.1mg/kg·bw 的剂量皮下注射阿托品，15min 后注射舒泰。犬用舒泰的使用剂量见表 5-3。

表 5-3 犬用舒泰的使用剂量

临床要求	肌肉注射 mg/kg·bw	静脉注射 mg/kg	追加剂量 mg/kg·bw
镇静	7~10	2~5	—
小手术（小于 30min）	4	7	—
小手术（大于 30min）	7	10	—
大手术（健康犬）	5（麻前给药）	5	5
大手术（老龄犬）	—	2.5（麻前给药），5	2.5
气管插管（诱导麻醉）	—	2	

临床上猫使用舒泰时，首先按照 0.05mg/kg·bw 的剂量皮下注射阿托品，15min 后肌肉注射舒泰。猫的临床体检、疾病诊断、制动时的舒泰剂量是 5mg/kg·bw 肌注，小手术（绝育手术）的剂量是 7~10mg/kg·bw 肌注，追加剂量是 2~5mg/kg·bw 肌注；大手术（矫形手术等）的剂量是 10~15mg/kg·bw 肌注，追加剂量是 5~7mg/kg·bw 肌注。

建议在使用舒泰前 12h 动物禁食，使用舒泰时注意动物的体温，使用眼药水避免眼睛干燥。舒泰不与吩噻嗪类麻前镇静药（如 Chlorpromazine，Acepromazine）一起应用，因为容易使体温过低，抑制心功能；也不与氯霉素合用，因为其使舒泰的排出延迟。使用舒泰后 30~120min 内动物苏醒，苏醒后动物的肌肉协调性恢复快。舒泰可用于患癫痫病的动物、糖尿病患畜和心脏功能不佳的动物的麻醉。

五、全身麻醉的监护与抢救

（一）手术动物的监护

手术动物的麻醉事故，与患畜的年龄与健康状况、麻醉方法和外科手术等有关，但监护疏忽是致死性麻醉事故的最常见原因。

手术期间，对患畜的监护范围很广。手术期间的主要关注点是手术过程，而麻醉监护常处于次要地位。如无辅助人员在场，外科医生也能成功进行手术，这是因为麻醉人员和术者通常是同一人。在很多情况下，麻醉监护由助手进行，仅偶尔由第二位兽医师负责。现代化的仪器设备，如麻醉监测系统和生理监测系统可快速客观反映出机体在麻醉下的总体状况，但这些设备需要很大的经济投资，由于条件的限制，麻醉监护以临床观察为主。

在生命指征消失之前，通常存在一些征兆，及早发觉这些异常，是成功救治的关键。因此，麻醉监护的目的是及早发觉机体生理平衡异常，以便能及时治疗。麻醉监护是借助人的感官和特定监护仪器观察、检查、记录器官的功能改变。由于麻醉监护是治疗的基础，因而麻醉监护需按系统进行，其结果才可靠。

特别要注意患畜在诱导麻醉与手术准备期间的监护。因剪毛和动物摆放的工作令人注意力分散，许多麻醉事故就出现在这个时期。在诱导麻醉期，由于麻醉药的作用，存在呼吸抑制及随后氧不足与高碳酸血的危险。此时期的监护应检查脉搏，观察黏膜颜色，指压齿根黏膜观察毛细血管再充盈时间、呼吸深度与频率等。

手术期间的患畜监护重点是中枢神经系统、呼吸系统、心血管系统、体温和肾功能。监护的程度最好视麻醉前检查结果和手术的种类与持续时间而定。通常兽医人员和仪器设备有限，但借助简单的手段如视诊、触诊和听诊，也能及时发觉大多数麻醉并发症。

1. 麻醉深度

麻醉深度取决于手术引起的疼痛刺激。应通过眼睑反射、眼球位置和咬肌紧张度来判断麻醉深度。呼吸频率和血压的变化也是重要的表现。如出现动物的眼球不再偏转而是处于中间的位置，且凝视不动，又瞳孔放大，对光反射微弱，甚至消失，乃是高深度抑制的表现，表示麻醉已过深。

2. 呼吸

几乎所有的麻醉药均抑制呼吸，因而监护呼吸具有特别的意义。必须确保呼吸的正常功能，即患畜相应的吸入氧气和排出二氧化碳的需求。其前提是充足的每分钟通气量。首先应注意观察呼吸的通畅度。吸入麻醉时麻醉机的呼吸通路、气管内插管或是吸入面罩，会影响呼吸的通畅度。如果麻醉技术不当，会人为地影响动物的呼吸通畅度，继而呼吸的频率和幅度也会随之发生变化。故呼吸的通畅度、呼吸频率和呼吸的幅度都是观察的重点。若是呼吸道通畅度不好，甚至发生不同程度的阻塞时，则动物会表现呼吸困难，胸廓的呼吸动作加强，鼻孔的开张度加大，甚至黏膜发绀。观察胸廓的呼吸动作如同应用呼吸监视器那样，仅限于确定呼吸频率。借助听诊器听诊是一简单的方法，可确定呼吸频率和呼吸杂音。

还可以应用潮气量表做较为准确的潮气量测量。呼吸变深、变浅和频率增快等，都是呼吸功能不全的表现。如果发现潮气量锐减，继之很快会发生低血氧症。潮气量的减少，多是深麻醉时呼吸重度抑制的表现。从潮气量表可以比较精确地知道潮气量减少的程度，并可测知每分钟通气量的变化。

可视黏膜的颜色可提供有关患畜的氧气供应和外周循环功能情况。这可通过齿龈以及舌部的黏膜颜色来判断。动脉血的氧饱和度降低表现为黏膜发绀。借助这种方法可粗略地判断缺氧的程度，因为观察可视黏膜的颜色受周围环境光线的颜色与亮度的影响。此外，当血红蛋白降低至 5g/dl 时也可出现黏膜发绀。但在贫血动物因氧饱和度极低，则不会明显见到黏膜发绀。观察可视黏膜的颜色为最基本的监护，应在手术期间定期进行。

有条件者可做动脉采血进行血气分析。它可提供氧气和二氧化碳分压资料，判断吸入氧气和排出二氧化碳是否满足患畜的需求。又可测定血液 pH 和碳酸氢根以及电解质浓度，监测机体水、电解质和酸碱平衡。

二氧化碳监测仪可连续不断地测定呼出气体的二氧化碳浓度与分压。其原理是以二氧化碳吸收红外线为基础，可通过侧气流或主气流来测定呼气末二氧化碳浓度。呼气末二氧化碳浓度取决于体内代谢、二氧化碳输送至肺和通气状况。监测呼气末二氧化碳浓度变化，就能记录体内这些功能的变化。所测出的呼气末二氧化碳浓度应介于 4% ~ 5% 之间。如呼气末二氧化碳浓度升高，则表示每分钟通气量不足。其结果是二氧化碳积聚于血液中，导致呼吸性酸中毒。这可影响心肌功能、中枢神经系统、血红蛋白与氧的结合以及电解质平衡。监测呼气末二氧化碳浓度有助于减少血气分析次数，甚至取代之。

在吸入麻醉时，连续不断地监测吸入的氧气浓度，可以确保患畜的氧气供给，因为吸入气体混合物的组成，只取决于麻醉机的功能和麻醉助手的调节。它可避免由于机器和麻醉失误导致吸入氧气浓度降至 21% 以下。

近年来，脉搏血氧饱和度仪亦应用于兽医临床。它依据光电比色原理，能无创伤连续监测动脉血红蛋白的氧饱和度。脉搏血氧饱和度的意义在于早期发觉手术期间出现的低氧症，也可用于评价氧气疗法和人工通气疗法的有效性。脉搏血氧饱和度在医学常规麻醉中属于最低监护。

3. 循环系统

对血液循环系统的监控，主要是应用无创伤方法如摸脉搏、确定毛细血管再充盈时间和心脏听诊。有条件者，可应用心电图仪监护。

摸脉搏是一项最古老、最可靠和最有说服力的监测方法，可从心率、节律及动脉充盈状况评价心脏效率。可在后肢的股动脉或麻醉下的舌动脉摸脉搏。

指压齿根黏膜，观察毛细血管再充盈时间。犬毛细血管再充盈时间应不超过 1 ~ 2s。当休克或明显脱水时，毛细血管再充盈时间则明显推迟。

心区的听诊是简便易行的方法，可用听诊器在胸壁心区听诊，也可借助食道内听诊器听诊。首先应该注意的是心跳的频率，心音的强弱（收缩力），判断有无异常变化。血压是心脏功能的一个重要指标，但在动物测量血压有一定的困难，在犬可以测量后肢的股动脉。当然用动脉穿刺导入压力传感器的方法也可以精确测知血压，但会造成损伤，操作方法也烦琐，还需要一定特殊设备，在临床上比较少用。对外周循环的观察，可注意结膜和口色的变化以及毛细血管再充盈时间。在手术中，如果发现脉搏频数，心音如奔马音，结膜苍白，血管的充盈度很差，是休克的表现，多由于手术中出血过多，循环的体液和血容量不足，或是由于脱水等原因造成。而由于麻醉的过量过深，反射性血压下降，多表现心搏无力，心动过缓。心电图的监测，可以了解生理活动的状态、心律的变化、传导状况的变化等。

4. 全身状态

对动物全身状态的观察，应注意神志的变化，对痛觉的反应以及其他一些反射，如眼睑反射、角膜反射、眼球位置等。动物处于休克状态时，神志反应很淡漠，甚至昏迷。

5. 体温变化

由于麻醉使动物的基础代谢下降，一般都会使体温下降，下降 1 ~ 2℃ 或 3 ~ 4℃ 不等。

但动物的应激反应强烈或对某些药物的不适应（氟烷）可以发生高热现象。体温的测定以直肠内测量为好。

（二）心肺复苏

心肺复苏（简称CPR）是指当突然发生心跳呼吸停止时，对其迅速采取的一切有效抢救措施。心肺复苏能否成功，取决于快速有效地实施急救措施。每位临床兽医师均应熟悉心肺复苏的过程，并在临床上定期训练。

心跳停止的后果是停止外周氧气供应。机体首先能对细胞缺氧做代偿。血液中剩余的氧气用于维持器官功能。这样短暂的时间间隔，对大脑来说仅有10s。然后就无氧气供应，不能满足细胞能量需求。在这种情况下，无氧糖原分解，产生能量，以维持细胞结构，但器官功能受限。因此心跳停止后10s，患畜的意识丧失是中枢神经系统功能障碍的信号。

尽管如此，如果没有不可逆性损伤，器官可在一定的时间内恢复其功能。这一复活时间对不同器官而言，其长短不一。复活时间取决于器官的氧气供应、血流灌注量和器官损伤状况，以及体温、年龄和代谢强度等。对于大脑而言，它仅持续4～6min。

如果患畜在复活时间内能成功复活，经一定的康复期后，器官可完全恢复其功能。康复期的长短与缺氧的长短成正比。如复活时间内不能复活，那么就会出现不可逆性的细胞形态损伤，导致惊厥、不可逆性昏迷或脑死亡等后果。

只有迅速实施急救，复活才能成功。实施基础生命支持越早，成活率就越高。在复活时间内开始实施急救是患畜完全康复的重要先决条件，如果错过这一时间，通常意味着患畜死亡。

1. 基本检查

在开始实施急救措施前，应对患畜做一快速基本检查，如呼吸、脉搏、可视黏膜颜色、毛细血管再充盈时间、意识、眼睑反射、角膜反射、瞳孔大小、瞳孔对光反射等，以便评价动物的状况。这种快速基本检查最好在1min内完成。

在兽医临床上，多是对麻醉患畜实施心肺复苏，因此，不可能评价患畜意识状态。眼部反射的定向检查可提示患畜的神经状况。深度意识丧失或麻醉的征象为眼睑反射和角膜反射消失。此外，瞳孔对光无反射是脑内氧气供应不足的表现。心肺复苏时，脑内氧气供应改善表现为瞳孔缩小，重新出现瞳孔对光的反射。

做快速基本检查时，主要是评价呼吸功能和血液循环功能。如在麻醉中有心电图记录，则是诊断心律失常和心跳停止的可靠方法。但必须排除由于电极接触不良所致的无心跳或期外收缩等技术失误。即使在心肺复苏时，也必须定期做基本检查以便评价治疗效果。

2. 心肺复苏技术

心肺复苏技术和时间因素决定心肺复苏能否成功。为了在紧急情况下正确、顺利地实施心肺复苏，应遵循一定的模式，所有参与人员必须了解心肺复苏过程，并各尽其职。只有一支训练有素的急救队伍，才可能成功进行心肺复苏。

心肺复苏可分为3个不同阶段：基础生命支持、继续生命支持和成功复苏后的后期复苏处理。通常这样的基本计划就足以急救成功，即呼吸道畅通、人工通气、建立人工循环、药物治疗。

（1）呼吸道畅通　首先必须检查呼吸道，并使呼吸道畅通。清除口咽部的异物、呕吐物、分泌物等。为使呼吸通畅和通气充分，必须做一气管内插管。因呼吸面罩不合适，对犬、猫经面罩做人工呼吸常不充分。如无法进行气管内插管，则需尽快做气管切开术。

（2）人工通气　在气管内插管之前，可作嘴－鼻人工呼吸。只有气管内插管可确保吹入气体不进入食道而进入肺中。气管内插管后，可方便地做嘴－气管插管人工呼吸。另外使用呼吸囊进行人工呼吸，也是简单而有效的方法。尽可能使用 100% 氧气做人工呼吸，频率为 8~10 次/min。每分呼吸量约为 150ml/kg·bw。每 5 次胸外心脏挤压，应做 1 次人工呼吸。有条件者，可接人工通气机。

（3）建立人工循环　为不损害患畜，只有在无脉搏存在时，才可进行心脏按压。仅在心跳停止的最初 1min 内，可施行一次性心前区叩击做心肺复苏。如心脏起搏无效，则应立即进行胸外心脏按压。患畜尽可能右侧卧，在胸外壁第四到第六肋骨间进行胸外心脏按压，按压频率 60~100 次/min。可通过外周摸脉检查心脏按压的效果。心脏按压有效的标志是外周动脉处可扪及搏动、紫绀消失、散大的瞳孔开始缩小，甚至出现自主呼吸。如在胸腔或腹腔手术期间出现心跳停止，则可采用胸内心脏按压。

（4）药物治疗　药物治疗是属于继续生命支持阶段。在心肺复苏期间，应一直静脉给药，勿皮下或肌肉注射给药。如果无静脉通道，肾上腺素、阿托品等药物也可经气管内施药。不应盲目做心腔内注射给药，这是心肺复苏时的最后一条给药途径。心肺复苏时所用药物见表 5-4。

表 5-4　心肺复苏时所用药物

适应症	治疗措施
心跳停止	肾上腺素，0.005~0.01mg/kg·bw 静注或气管内给药
补充血容量	全血 40~60ml/kg·bw 静注
期外收缩、心室纤颤、心动过速	利多卡因，1~2mg/kg·bw 静注或气管内给药
心动缓慢、低血压	阿托品，0.05mg/kg·bw 静注或气管内给药
代谢性酸中毒	$NaHCO_3$，1mmol/kg·bw 静注

（5）后期复苏处理　除了基础生命支持和继续生命支持措施外，成功复苏后的后期复苏处理有着重要作用。后期复苏处理包括进一步支持脑、循环和呼吸功能，防止肾功能衰竭，纠正水、电解质及酸碱平衡紊乱，防治脑水肿、脑缺氧，防治感染等。如果患畜的状况允许，尽快做胸部 X 线摄影，以排除急救过程中所发生的气胸、肋骨骨折等损伤。通过输液使血容量、血比容、血清电解质和 pH 恢复正常。犬的平均动脉血压应达到约 12kPa（90mmHg），做好体温监控。

3. 预后

心肺复苏能否成功主要取决于时间。生命指征的消失并非没有异常征兆，因此可通过仔细的监控，在出现呼吸、心跳停止之前，及早识别异常征兆，及早实施心肺复苏。除了心肺复苏技术外，心肺复苏的成功率还取决于患畜的疾病。心肺复苏成功后，应做好重症监控，防止复发。

第六章 手术基本操作

在外科治疗中，手术和非手术疗法是互相补充的，但是手术是外科综合治疗中重要的手段和组成部分，而手术基本操作技术又是手术过程中重要的一环，尽管外科手术种类繁多，手术的范围、大小和复杂程度不同，但就手术操作本身来说，其基本技术，如组织分割、止血、打结、缝合等还是相同的，只是由于所处的解剖部位不同和病理变化不一，在处理方法上有所差异而已，因此，可以把外科手术基本操作，理解为是一切手术的共性和基础。在外科临床中，手术能否顺利地完成，在一定意义上，取决于对基本操作的熟练程度及其理论的掌握。为此，在学习中要重视每一过程，每一步骤的操作，认真锻炼这方面基本功，逐步做到操作时动作稳重、敏捷、准确、轻柔，这样才能缩短手术时间，提高手术治愈率，减少术后并发症的发生。

第一节 常用的外科手术器械及其使用

外科手术器械是施行手术的必须工具。手术器械的种类、样式和名称虽然很多，但其中有一些是各类手术都必须使用的基本器械。熟练地掌握这些器械的使用方法，对于保证手术基本操作的正确性关系很大，是外科手术的基本功。

一、基本手术器械及使用方法

常用的基本手术器械有手术刀、手术剪、手术镊、止血钳、持针钳、缝针、巾钳、肠钳、牵开器、有沟探针等，现分述如下。

1. 手术刀

主要用于切开和分离组织。有固定刀柄和活动刀柄两种，前者目前已少用，后者由刀柄和刀片两部分构成，手术时根据实际需要，选择长短不同的刀柄及不同大小和形状的刀片（图6-1）。装刀方法是用止血钳或持针钳夹持刀片，装置于刀柄前端的槽缝内（图6-2）。

在手术过程中，不论选用何种大小和外形的刀片，都必须有锐利的刀刃，才能迅速而顺利地切开组织，而不引起组织过多的损伤。为此，必须注意保护刀刃，避免碰撞，消毒前宜用纱布包裹。使用手术刀的关键在于锻炼稳重而精确的动作，执刀方法必须正确，动

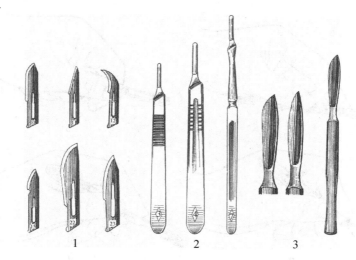

图 6 - 1　外科手术刀

1. 不同形状的刀片　2. 不同形状的刀柄　3. 固定刀柄型手术刀

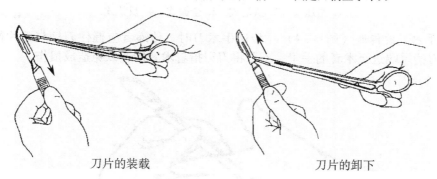

刀片的装载　　　　　　　　　　　　刀片的卸下

图 6 - 2　正确的安置和卸下刀片方法

作力量要适当。执刀的姿势和动作的力量根据不同的需要有下列几种（图 6 - 3）：

（1）指压式（卓刀式）　为常用一种执刀法。以手指按刀背后 1/3 处，用腕与手指力量切割。适用于切开皮肤、腹腔及切断钳夹组织。

（2）执笔式　如同执钢笔。动作涉及腕部，力量主要在手指，适用于小力量短距离精细操作，用于切割短小切口，分离血管、神经等。

（3）全握式（抓持式）　力量在手腕。用于切割范围广，用力较大的切开，如切开较长的皮肤切口、筋膜、慢性增生组织等。

（4）反挑式（挑起式）　即刀刃由组织内向外面挑开，以免损伤深部组织，如腹膜切开。

根据手术种类和性质，虽有不同的执刀方式，但不论采用何种执刀方式，拇指均应放在刀柄的横纹或纵槽处，食指稍在其他指的近刀片端，以稳住刀柄并控制刀片的方向和力量，握刀柄的位置高低要适当，过低会妨碍视线，影响操作，过高会控制不稳。在切开或分离组织时，除特殊情况外，一般要用刀刃突出部分，避免用刀尖插入看不见的深层组织内，以免误伤重要的组织和器官。在手术操作时，要根据不同部位的解剖，适当地控制力量和深度，否则容易造成意外的组织损伤。

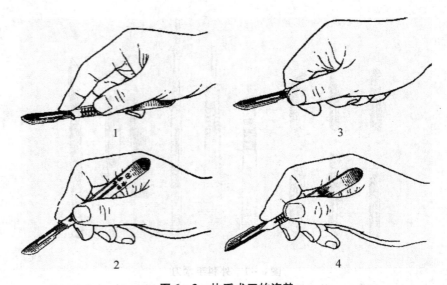

图6-3 执手术刀的姿势
1. 指压式　2. 执笔式　3. 全握式　4. 反挑式

（5）手术刀的传递（图6-4）　传递手术刀时，传递者应握住刀柄与刀片衔接处的背部，将刀柄尾端送至术者的手里，不可将刀刃指着术者传递以免造成损伤。

图6-4　手术刀的传递方法

2. 手术剪

依据用途可将手术剪分为两种，一种是用于组织间隙分离和剪断组织的，称为组织剪；另一种是用于剪断缝线，称为剪线剪（图6-5）。出于不同的用途，手术剪结构和要求的标准也有所差异。组织剪的尖端较薄，剪刃要求锐利而精细。为了适应不同性质和部位的手术，组织剪分大小、长短和弯直几种，直剪用于浅部手术操作，弯剪用于深部组织分离，使手和剪柄不妨碍视线，从而达到安全操作之目的。剪线剪的头钝而直，刃较厚，在质量和形式上的要求不如组织剪严格，但也应足够锋利，有时也用于剪断较硬或较厚的组织。

正确的执剪法是以拇指和无名指插入剪柄的两环内，但不宜插入过深，食指轻压在剪柄和剪刀交界的关节处，中指放在无名指环的前外方柄上，准确地控制剪的方向和剪开的长度（图6-6，图6-7）。

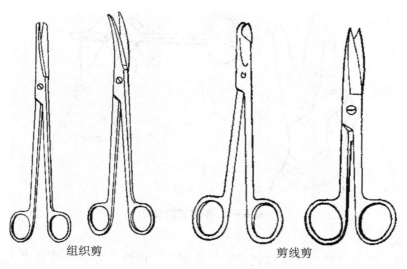

组织剪　　　　　　　　　　剪线剪

图6-5　组织剪与剪线剪

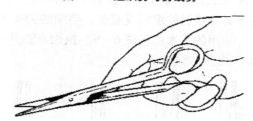

图6-6　执手术剪的正确姿势

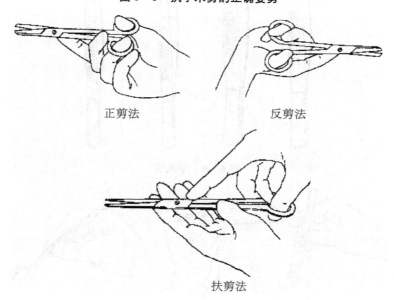

正剪法　　　　　　　　　　反剪法

扶剪法

图6-7　持剪操作方法

剪刀的传递：术者食指、中指伸直，并作内收、外展的"剪开"动作，其余手指屈曲对握（图6-8）。

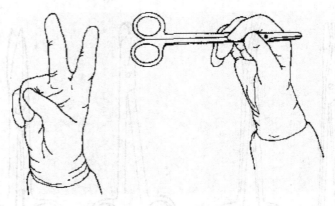

图 6 – 8　手术剪的传递

3. 手术镊

用于夹持、稳定或提起组织以利于切开及缝合。镊的尖端分为有齿及无齿（平镊），又有短型与长型，尖头与钝头之别，可按需要选择。有齿镊损伤性大，用于夹持坚硬组织。无齿镊损伤性小，用于夹持脆弱的组织及脏器。精细的尖头平镊对组织损伤较轻，用于血管、神经、黏膜手术。常用的手术镊见图 6 – 9。执镊方法是用拇指对食指和中指夹持镊的中部（图 6 – 10），执夹力量应适中。

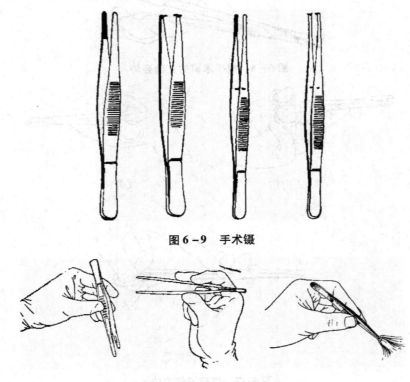

图 6 – 9　手术镊

图 6 – 10　执手术镊的姿势

4. 止血钳

又叫血管钳，主要用于夹住出血部位的血管或出血点，以达到直接钳夹止血，有时也用于分离组织、牵引缝线。一般有弯、直两种，并分大、中、小等型。直钳用于浅表组织和皮下止血，弯钳用于深部止血，最小的蚊式止血钳用于眼科及精细组织的止血；用于血管手术的止血钳，齿槽的齿较细、浅，弹性较好，对组织压榨作用和对血管壁及其内膜的损伤亦轻，称"无损伤"血管钳。止血钳尖端带齿的，叫有齿止血钳，多用于夹持较厚的坚韧组织（图6-11）。骨手术的钳夹止血亦多用有齿止血钳。

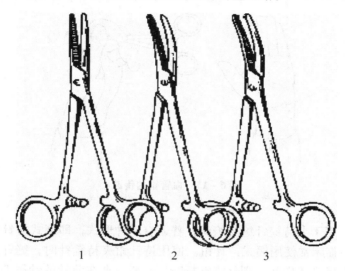

图6-11　各种类型止血钳

1. 直止血钳　2. 弯止血钳　3. 有齿止血钳

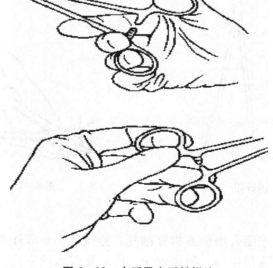

图6-12　右手及左手松钳法

外科临床上选用止血钳时，应尽可能选择尖端窄小的，以避免不必要地钳夹过多组织。在结扎止血除去止血钳时，应按正规执拿方法慢慢松开锁扣。在浅部手术及一般组织止血时，可不必将手指插入柄环内，而以右手拇指、中指央住内侧柄环，食指推动外侧两环使锁扣松开，这样动作较快，可以节约时间。

任何止血钳对组织都有压榨作用，只是程度不同，所以不宜用于夹持皮肤、脏器及脆弱组织。执拿止血钳的方式与手术剪相同。松钳方法：用右手时，将拇指及第四指插入柄环内捏紧使扣分开，再将拇指内旋即可；用左手时，拇指及食指持一柄环，第三、第四指顶住另一柄环，二者相对用力，即可松开（图6-12）。

止血钳的传递见图6-13。

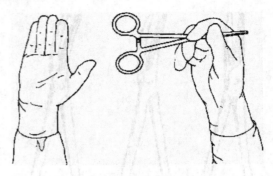

图6-13 血管钳的传递

5. 持针钳

也叫持针器，用于夹持缝针缝合组织，普通有两种形式，即握式持针钳和钳式持针钳（图6-14），外科临床常使用握式持针钳。使用持针钳夹持缝针时，缝针应夹在靠近持针钳的尖端，若夹在齿槽床中间，则易将针折断。一般应夹在缝针的针尾1/3处，缝线应重叠1/3，以便操作（图6-15）。

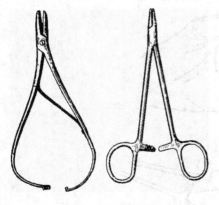

图6-14 持针钳

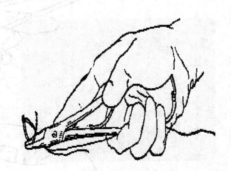

图6-15 执持针钳法

6. 缝合针

简称缝针，主要用于闭合组织或贯穿结扎。分直针、半弯针及弯针，圆针和三棱针等。直针较长，可用于直接操作，动作较快，但需要较大的空间，适用于表面组织的缝合。弯针有一定的弧度，不需太大的空间，适用于深部组织的缝合，需用持针器操作，费时较长。圆针尖端呈圆锥形，尖部细，体部渐粗，穿过组织时可将附近血管或组织纤维推向一旁，损伤较轻，留下的孔道较小，适合大多数软组织如肠壁、血管、神经的缝合。三棱针前半部为三棱形，较锋利，用于缝合皮肤、软骨、韧带以及瘢痕较多的坚韧组织，损伤较大。

有一种缝针称带线缝针，缝线已包在针尾部，针尾较细，仅单股缝线穿过组织，使缝合孔道最小，因此对组织损伤小，又称为"无损伤缝针"。这种缝合针有特定包装，保证无菌，可以直接利用。多用于血管、肠管缝合。

另一种是有眼缝合针，这种缝合针能多次再利用，比带线缝合针便宜。有眼缝合针以针孔不同分为两种：一种为穿线孔缝合针，缝线由针孔穿进；另一种为弹机孔缝合针，针孔有裂槽，缝线由裂槽压入针眼内，穿线方便、快速。缝合针由不锈钢丝制成。缝合针的长度和直径是缝合针规格的重要部分，缝合针长度需要穿过切口两侧，缝合针直径较大，对组织损伤严重，缝合针的长度和直径比率不应超过 8 : 1，否则针体易弯曲。

缝合针规格分为直型、1/2 弧型、3/8 弧型和半弯型（图 6 - 16）。缝合针尖端分为圆锥形和三角形。三角形针有锐利的刃缘，能穿过较厚致密组织。三角形针分为传统弯缝合针，针切缘刃沿针体凹面；翻转弯缝合针切缘刃沿针体凸面，这种缝合针比传统弯缝合针有两个优点，即对组织损伤较小，针体强度增加。

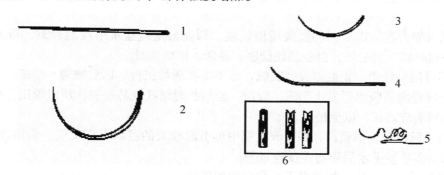

图 6 - 16 缝合针的种类

1. 直针　2. 1/2 弧形针　3. 3/8 弧形针　4. 半弯形针　5. 无损伤缝针　6. 弹机孔针尾构造

应结合所缝合的组织、器官的特点及不同缝针的特点选用适当的缝针做缝合。选用缝针时需注意以下各点：

（1）针尖与缝合组织阻力有关，三角针有三角形锐缘，能穿透较坚硬的组织，但损伤较大，留下的针眼较大；

（2）圆针细而无锐缘，用于缝合一般软组织；

（3）针的弧度与缝合的深度成正比，弧度越大越便于缝合深部组织；

（4）针的长短（弦卡）与缝合的宽度有关；

（5）直针的选用取决于所缝合的组织及部位。

7. 缝线

用于闭合组织和结扎血管。理想缝线的条件是：容易处理，而且可以用最小的打结牢牢地扎紧伤口；缝线的直径小，但是在伤口愈合的过程中要能维持其抗拉强度；只会引起最轻微的异物反应；可以完全被吸收，在有感染存在的情况下，只有较轻的反应。

一般缝线分为吸收和不吸收两大类，每类又按不同的原料，制作方法和直径等加以区分。

（1）可吸收缝线　可吸收缝线分动物源的和合成的两类，前者是胶原异性移植物，包括肠线、胶原线、袋鼠腱和筋膜条等；后者为聚乙醇酸线是近年来被推荐的一种可吸收缝合材料。

聚乙醇酸线 是由聚乙醇酸压挤成很细的丝，由多股丝织成不同粗细的线。这种缝线具有丝线的操持特性和合成线的张力，聚乙醇酸线的张力开始比铬制肠线约强25%，在活体上第六天末，其张力可相等，但组织反应与肠线相比则明显减小。聚乙醇酸线粗细均匀，完全吸收需40～60d以上，不足之处和肠线一样打结时易滑脱，为此第一次打结时应绕两次，然后再打成三叠结或多叠结，其适应与禁忌和肠线相同。

肠线 系由羊的小肠黏膜下层制成，主要为结缔组织和少量弹力纤维，一般是用化学灭菌，储存于无菌玻璃或塑料管内。肠线分普通肠线（素肠线）和铬制肠线两类，主要用于中空器官的缝合，在感染创中使用肠线缝合，可减少不吸收缝线所造成的难以愈合的窦道。

由于肠线属于异种蛋白质，又有毛细管作用，所以在吸收过程中组织反应较重，吸收水分后打结容易松开，所以打结时宜用三叠结，断端也应留长些。使用肠线时应注意下列问题：

a. 从玻管贮存液内取出的肠线质地较硬，须在温生理盐水中浸泡片刻，待柔软后再用，但浸泡时间不宜过长，以免肠线膨胀、易断、影响质量。

b. 不可用持针钳、止血钳夹持肠线，也不要将肠线扭折，以致皱裂，易断。

c. 肠线经浸泡吸水后发生膨胀，较滑，当结扎时结扎处易松脱，所以须用三叠结，剪断后留的线头应较长，以免松脱。

d. 由于肠线是异体蛋白，在吸收过程中可引起较大的组织炎症反应。采用连续缝合，以免线结太多致使手术后异物性反应显著。

e. 在不影响手术效果的前提下，尽量选用肠线。

（2）不吸收缝线 有非金属和金属线两种。非金属线如丝线、棉线、尼龙线等，常用者为丝线。金属线也有多种，最常用者为不锈钢丝，此外尚有铅丝、铜丝，但较少用。

丝线 在外科手术中最常用，它的优点是富有柔韧性，组织反应小，质软不滑，打结方便，来源容易，价格低廉，拉力较好。

丝线有白色和黑色两种，使用丝线应注意以下几点：

a. 丝线反应虽小，但不能被吸收，在组织内为永久性异物，所以在不影响手术效果的前提下，尽量选用丝线。

b. 消毒灭菌不当，如高压蒸汽灭菌时间过长、温度及压力过高或重复灭菌等，易使丝线变脆，拉力减小。煮沸消毒虽对丝线拉力影响较小，但煮沸时间过久，或重复煮沸消毒也能使丝线效力减弱，因此在第一次消毒后，未用完的丝线应及时浸泡在95%酒精内保存，待下次手术时直接取出使用。

c. 丝线用于缝合子宫黏膜，常引起顽固性子宫内膜炎和不孕，用于膀胱和尿道缝合时，易导致结石的形成，应予以足够的重视。

d. 已感染的伤口，除皮肤外，不宜用丝线缝合，否则常形成窦道，延迟愈合。

e. 使用时浸湿，增加张力便于结扎与缝合。

棉线 棉线的组织反应较丝线小，价格也较丝线低，便于打结，但拉力远不如丝线。用途及注意事项与丝线基本相同。

尼龙线　组织反应小，且可制成很细的线，多用于血管缝合。缺点是线结易松脱，且结扎过紧时易在线结处折断，不宜用于张力较大的深部组织缝合。

金属线　多用不锈钢丝，消毒简便，刺激性小，拉力大，在污染伤口应用可减少感染的发生，缺点是不易打结，并有割断或嵌入组织的可能性，且价格较贵。不锈钢丝一般用于骨的固定，筋膜或肌腱缝合，有时也用于减张缝合。较粗的不锈钢丝，用于减张缝合或骨的固定。用于减张缝合时，线间应垫以剖开的橡皮管，以防钢丝割入皮肤，用扭紧代替打结。

（3）选择缝线的原则

当伤口恢复其最高强度时，就不再需要缝线了，因此，对于皮肤、筋膜及肌腱这些愈合较慢的组织来说，通常都应以不吸收性缝线缝合，而愈合较快的胃、十二指肠、结肠、膀胱等组织，则用吸收性缝线来缝合。在有潜在污染可能的组织中，异物会使污染变为感染，因此，多股缝线可能会使污染性伤口变为感染性伤口，此类伤口选用缝线时，使用单股或可吸收性缝线。在美容效果较为重要的部位，伤口必须要有长时间的紧密结合，避免受到刺激，这样才能获得最佳效果，因此，应使用最纤细而且不起化学作用的单股缝线材料，如尼龙缝线或聚丙烯缝线类，避免作为皮肤缝线使用，尽可能做表皮下缝合。在某些情况下，为了使皮肤的边缘结合牢固，也可使用皮肤拉合胶布。在晶体浓度很高的液体中，异物可能会成为沉淀及结石的原因，因此，在泌尿道及胆道手术时，应使用快速吸收的缝线。

关于选择缝线的粗细，一般认为使用与组织的自然强度相当的最细缝线，即在进行外科手术时，缝线需要有足够的抗张强度，不过缝线的强度通常不应该超过被缝合的组织。若患畜术后在沿缝线上可能会产生突然张力，则要用张力缝线来加强伤口的缝合。

总之，缝合材料的选用不应根据一成不变的公式，或是因"别的外科医生总是使用这种材料"。缝线的选择应该根据对材料的物理及生物性质的了解，依据对不同组织及器官愈合速度的了解，依据具体情况的特殊性，来选择一种或几种可供组合的材料。

8. 牵开器

或称拉钩（图6-17），用于牵开术部表面组织，加强深部组织的显露，以利于手术操作。根据需要有各种不同的类型，总的可以分为手持牵开器和固定牵开器两种。手持牵开器，由牵开片和机柄两部分组成，按手术部位和深度的需要，牵开片有不同的形状、长短和宽窄。

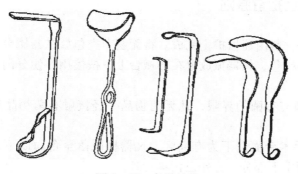

图6-17　各种拉钩

目前，使用较多的手持牵开器，其牵开片为平滑钩状的，对组织损伤较小。耙状牵开器，因容易损伤组织，现已不常使用。

手持牵开器的优点，是可随手术操作的需要灵活地改变牵引的部位、方向和力量。缺点是手术持续时间较久时，助手容易疲劳。

固定牵开器，也有不同类型，用于牵开力量大，手术人员不足，或显露不需要改变的手术区。使用牵开器时，拉力应均匀，不能突然用力或用力过大，以免损伤组织。必要时用纱布垫将拉钩与组织隔开，以减少不必要的损伤。

9. 巾钳

用以固定手术巾，有多种样式，普通常用的巾钳如图 6 - 18。使用方法是连同手术巾一起夹住皮肤，防止手术巾移动，以及避免手或器械与术部接触。

10. 肠钳

用于肠管手术，以阻断肠内容物的移动、溢出或肠壁出血。肠钳结构上的特点是齿槽薄，弹性好，对组织损伤小，使用时须外套乳胶管，以减少对组织的损伤（图 6 - 19）。

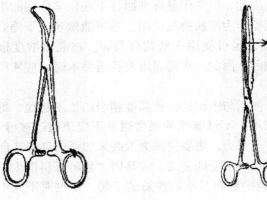
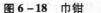
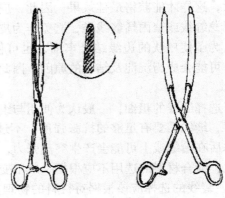

图 6 - 18 巾钳   图 6 - 19 肠钳

11. 探针

分普通探针和有沟探针两种。用于探查窦道，借以引导进行窦道及瘘管的切除或切开。在腹腔手术中，常用有沟探针引导切开腹膜。

二、手术器械台摆置原则

手术器械台准备一般由器械护士完成。将无菌布类包放在器械台上，打开外面的双层包布，再打开手术器械包，将器械放置在器械台上，按使用方便分门别类排列整齐。其原则有：

1. 严格分清无菌与有菌的界限，凡无菌物品一经接触有菌物品后即为污染，不得再作为无菌物品使用。

2. 器械台面和手术台面以下为有菌区，凡器械脱落至台面以下，即使未曾着地亦不可再用，缝线自台面垂下部分，亦作已污染处理。

3. 保持无菌布类干燥。铺无菌巾单时，器械台与手术切口周围应存 4 层以上以保持适当厚度。

4. 台面保持干燥、整洁，器械安放有条不紊。将最常用的器械放在紧靠手术台的升降器械托盘上，以便随取随用。对用过的器械必须及时收回，揩净，安放在一定的位置，排列整齐；暂时不用的放置器械台的一角，不要混杂。

三、手术器械保养

爱护手术器械是外科工作者必备的素养之一，为此，除了正确而合理的使用外，还必须十分注意爱护和保养，器械保养方法如下：

（1）利刃和精密器械要与普通器械分开存放，以免相互碰撞而损伤。

（2）使用和洗刷器械不可用力过猛或投掷。在洗刷止血钳时要特别注意洗净齿床内的凝血块和组织碎片，不允许用止血钳夹持坚、厚物品，更不允许用止血钳夹碘酊棉球等消毒药棉。刀、剪、注射针头等应专物专用，以免影响锐利度。

（3）手术后要及时将所用器械用清水洗净，擦干涂油、保存，不常用或库存器械要放在干燥处，放干燥剂，定期检查涂油。胶制品应晾干，敷以适量滑石粉，妥善保存。

（4）金属器械，在非紧急情况，禁止用火焰灭菌。

第二节　组织切开

组织切开又叫组织分割，是指利用机械方法，根据手术部位解剖生理的特点，把原来完整的组织切开与分离，以形成手术通路。切口的选择应考虑两个问题，一是切口应尽量靠近病变，以便能通过最短的途径显露患处，并根据动物的体型、病变的深浅、手术难度及麻醉条件等决定切口的大小；二是选择切口时，应注意不损伤重要的解剖结构，不影响该部位的生理功能，不留影响外观的瘢痕，以及需要时便于延伸。

根据组织性质，组织分割分为软组织（皮肤、筋膜、肌肉、腱）和硬组织（软骨、骨、角质）分割。软组织的分割又分为锐性分割与钝性分割两种。锐性分割还常称为切开，钝性分割通常称为分离，前者系用手术刀或手术剪作细致的割剪，必须非常熟悉局部解剖并要求在直视下进行，动作要准确和精细，一般用于皮肤、肌肉、筋膜、浆膜、黏膜、腱及厚肌肉组织的分割。后者是用手术刀柄、止血钳、钝头手术剪或手指进行，往往用于粘连或不涉及重要血管、神经，如扁平肌肉、组织间隙、肿瘤摘除、囊肿包膜外疏松结缔组织的剥离。钝性分离的优点是可以预防对神经和血管的意外损伤，避免组织过度开张，减少组织机能的破坏等。在手术过程中，锐性切开和钝性分离常是结合应用的。

作切口时，操作中必须稳持刀柄，保持刀刃与切开的组织垂直，用力均匀，以便一次切开能达到预期的层次，切口保持整齐；其次刀片的大小形状，要与切口长短及手术目的相一致，不偏不斜，一次切开皮肤及筋膜，不可用不锋利的刀，以免出现拉锯似的切开，造成切口的不规整、不必要的组织损伤及切口愈合后瘢痕的不整齐。做腹部的切口可以一次切开皮肤及皮下，深至腹外肌腱膜或腹直肌鞘前层。其他部位也可以一次切开，达到深层组织。对于欲切开部位的局部解剖层次一定要清楚。切开时操作要一次完成，不得出现拉锯似的切割。切开皮肤应用电刀或氩气电刀进入深层组织时，控制要得当，做到既能使切开的组织充分止血，还要防止组织过分"焦化"，造成不利创口愈合的后果，诸如遗留大块"焦化"硬结、感染等。

一、软组织切开

1. 皮肤切开法

（1）紧张切开　由于皮肤的活动性比较大，切开时易造成皮肤和皮下组织切口不一致，所以较大的皮肤开口应由术者与助手用手在切口两旁或上、下将皮肤展开固定，或由术者用拇指及食指在切口两旁将皮肤撑紧固定，刀刃与皮肤垂直，用力均匀地一次切开所需长度和深度皮肤及皮下组织切口（图6－20），必要时也可补充运刀，但要避免多次切割，重复刀痕，以免切口边缘参差不齐，出现锯齿状的切口，影响创缘对合和愈合。

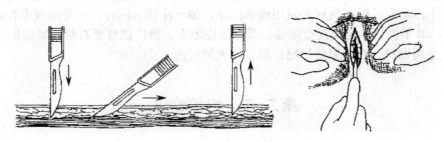

图6－20　正确的皮肤切开法

（2）皱襞切开　在切口的下面有大血管、大神经、分泌管和重要器官，而皮下组织甚为疏松，为了使皮肤切口位置正确且不误伤其下部组织，术者和助手应在预定切线的两侧，用手指或镊子提拉皮肤呈垂直皱襞，并进行垂直切开（图6－21）。

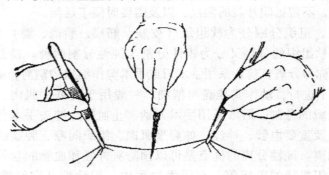

图6－21　皮肤的皱襞切开法

在施行手术时，皮肤切开最常用的是直线切口，既方便操作，又利于愈合，但根据手术的具体需要，也可作下列几种形状的切口：

梭形切开：主要用于切除病理组织（如肿瘤、瘘管）和过多的皮肤。

"丁"字形及"十"字形切开：多用于需要将深部组织充分显露和摘除时。

2. 皮下组织及其他组织的切开

切开皮肤后组织的分割宜用逐层切开的方法，以便识别组织，避免或减少对大血管、大神经的损伤，只有当切开浅层脓肿时，才采用一层切开的方法。

（1）皮下疏松结缔组织的切开　皮下结缔组织内分布有许多小血管，故多用钝性分离。方法是先将组织刺破，再用手术刀柄、止血钳或手指进行剥离。

（2）筋膜和腱膜的切开　用刀在其中央作一小切口，然后用弯止血钳在切口上、下将筋膜下组织与筋膜分开，沿分开线剪开筋膜。筋膜的切口应与皮肤切口等长。若筋膜下有神经血管，则用手术镊将筋膜提起，用反挑式执刀法作一小孔，插入有沟探针，沿针沟外向切开。

（3）肌肉的分离与切开　一般是沿肌纤维方向作钝性分离（图6-22）。方法是顺肌纤维方向用刀柄、止血钳或手指扩大到所需要的长度，但在紧急情况下，或肌肉较厚并含有大量胶质时，为了使手术通路广阔和排液方便也可横断切开。横过切口的血管用止血钳钳夹，或用细缝线从两端结扎后，从中间将血管切断。

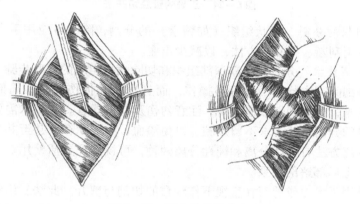

图6-22　肌肉的钝性分离

（4）腹膜的切开　腹膜切开时，为了避免伤及内脏，可用组织钳或止血钳提起腹膜作一小切口，利用食指和中指或带沟探针引导，再用手术刀或剪分割（图6-23）。

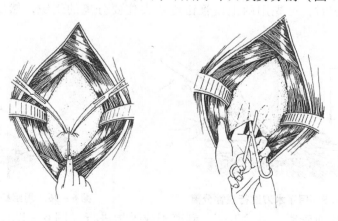

图6-23　腹膜切开法

（5）管腔切开　胃、肠、胆管和输尿管等管腔切开时，因管腔内可能存在污染物或感染性液体，须用纱布保护准备切开脏器或组织部位的四周，在拟作切口的两侧各缝一牵引线并保持张力，逐层用手术刀或电刀切开，出血点用细丝线结扎或电凝止血。可边切开，边由助手用吸引器吸出腔内液体以免手术野污染（图6－24）。

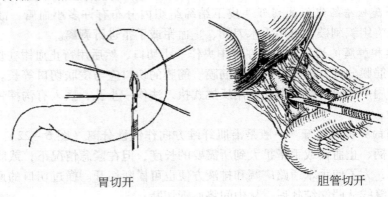

胃切开   胆管切开

图6－24 正确的管腔切开法

（6）索状组织的分割 索状组织（如精索）的分割，除了可应用手术刀（剪）作锐性切割外，尚可用刮断、拧断等方法，以减少出血。

（7）组织分离技术 分离是显露深部组织和切除病变组织的重要步骤。一般按照正常组织层次，沿解剖间隙进行，不仅容易操作，而且出血和损伤较少。局部有炎症或瘢痕时，分离比较困难，要特别细致地分离，注意勿伤及邻近器官。按手术需要进行分离，避免过多和不必要的分离，并力求不留残腔，以免渗血、渗液积存，甚至并发感染，影响组织愈合。常用分离方法有锐性分离和钝性分离两种，可视情况灵活使用。不论采用哪种方法，首先必须熟悉局部解剖关系。

锐性分离是用手术刀或剪刀在直视下作细致的切割与剪开。此法对组织损伤最小，适用于精细的解剖和分离致密组织。用刀分离时先将组织向两侧拉开使之紧张，再用刀沿组织间隙作垂直、短距离的切割（图6－25）。用剪分离时先将剪尖伸入组织间隙内，不宜过深，然后张开剪柄分离组织，看清楚后再予以剪开（图6－26）。分离较坚韧的组织或带较大血管的组织时，可先用两把血管钳逐步夹住要分离的组织，然后在两把血管钳间切断。

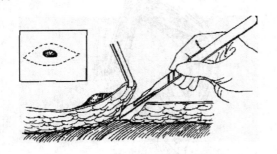

图6－25 用手术刀进行锐性分离

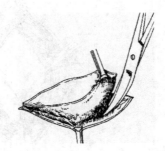

图6－26 用组织剪进行锐性分离

钝性分离是用血管钳、手术刀柄、剥离子或手指进行（图6－27）。此法对组织损伤大，但较为完全，适用于疏松结缔组织、器官间隙、正常肌肉、肿瘤包膜等部位的分离。钝性分离方法是将这些钝性器械伸入疏松的组织间隙，用适当力量轻轻地逐步推开周围组织，但切忌粗暴，防止重要组织结构的损伤和撕裂；手指分离可在非直视情况下进行，借助于手指的"感觉"来分离病变周围的组织。

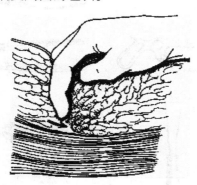

图 6 − 27 用手指进行钝性分离

解剖分离是外科手术中一重要技术，熟练与否，对组织器官的损害程度、出血多少、手术时间长短等，均有密切关系。手术操作时应注意如下两点，一是术者应熟悉局部解剖及辨认病变性质，锐性与钝性剥离，应根据情况结合使用。在进行解剖剥离时，须弄清楚左右前后及周围关系，以防发生意外，在未辨清组织以前，不要轻易剪、割或钳夹，以免损伤重要组织或器官；二是手术操作要轻柔细致准确，使某些疏松的粘连自然分离，显出解剖间隙。对于因炎症等原因使正常解剖界限不清楚的病例，更要细心与耐心的轻柔细致与准确。

二、硬组织的分割

骨组织的分割，首先应分离骨膜，然后再分离骨组织。分离骨膜时应尽可能完善地保存健康部分，以利骨组织愈合，因为骨膜内层的成纤维细胞在损伤或病理情况下，可变为骨细胞参与骨伤的修复过程。

分离骨膜时，先用手术刀切开骨膜（切成"十"字形或"工"字形），然后用骨膜分离器分离骨膜。骨组织的分离一般是用骨剪剪断或骨锯锯断，当锯（剪）断骨组织时，不应损伤骨膜。为了防止骨的断端损伤软组织，应使用骨锉锉平断端锐缘，并清除骨片，以免遗留在手术创内引起不良反应和障碍愈合。

分离骨组织常用的器械有圆锯、线锯、骨钻、骨凿、骨钳、骨剪、骨匙及骨膜剥离器等（图 6 − 28）。

三、组织合理切开的原则

1. 切口的长度要适当并应靠近病变，以能通过最短的途径达到手术区，显露病变组织或病变器官。

2. 切开组织必须整齐，力求一次切开。手术刀必须与皮肤、肌肉垂直，防止斜切或多次在同一平面上切割，造成不必要的组织损伤。

3. 为了避免损伤大的神经（特别是运动神经）、血管和腺体导管，减少手术中的出

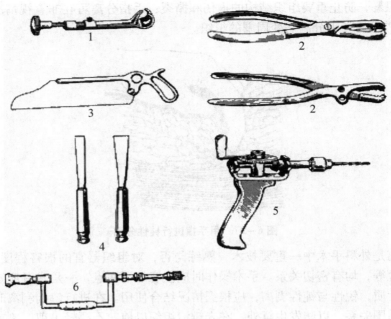

图 6 - 28 骨科常用手术器械

1. 三抓持骨器 2. 狮牙持骨器 3. 骨锯 4. 骨凿 5. 骨钻 6. 圆锯

血,便于分离和缝合,为组织愈合创造条件。在软组织切开时,要尽可能按被皮的毛流方向和肌纤维方向分层切开,并沿组织间隙分离,但如果肌纤维的走向与神经、血管、腺体导管的方向不一致时,可不考虑肌纤维的方向,以免影响手术部位的生理功能。

4. 有利于创液的排出,特别是脓汁的流出。

5. 在分割骨组织前,先要分离骨膜,尽可能地保存其健康部分,以利骨组织愈合。在手术操作过程中要避免引起骨裂。

根据上述原则,在体侧、颈侧以垂直于地面或斜行的切口为好,体背、颈背和腹下沿体正中线或靠近正中线的矢状线的纵行切口比较合理。在头区进行切开时要特别注意神经、血管或腺导管。管状器官切开时要注意防止管腔狭窄并考虑神经、血管分布状态。当厌氧菌感染,希望得到宽畅创口时,可对肌纤维进行横切。

四、手术野的显露

手术野的充分显露是保证手术顺利进行的重要条件。显露不充分,特别是深部手术,将造成手术操作困难,不利于判别病变性质,甚至因此误伤重要组织或器官,导致大出血或其他严重后果。

为确保最佳的显露,以下的各种因素必须注意。

（一）选择合适的麻醉

合适的麻醉,使患畜有良好的肌肉松弛,才能获得良好的显露,特别是深部手术,否则术野狭窄,操作困难,手术很难顺利完成,甚至造成不应发生的副损伤。

（二）合理的切口选择

选择合理正确的切口是显露病灶或组织器官的重要决定性因素之一。对切口的选择，需要全面考虑。确定切口应注意以下两点：

1. 切口应在最容易暴露病灶的部位

即在距病灶最近的部位作切口。切口的长度需根据手术的需要来确定。切口过长将造成组织不必要的损伤，过短则不易显露病灶，轻则给手术带来不便，重则易造成手术的副损伤。所以，切口的长短，要既能保证术野的充分显露，为手术的顺利进行提供良好的条件，又要避免不必要的组织损伤。要防止以切口的长短来评价医生医疗手术水平的错误观点。

2. 切口不得损伤重要的解剖结构，防止术后影响组织器官的生理功能

切口应选合理并顾及操作方便的部位，必要时可延长切口。最好避免在负重部位作切口。在关节部位作切口要以术后瘢痕收缩不影响功能为原则，因此在屈曲面作切口应与肢体的横径一致。

（三）合理的体位选择

合适的体位，常可使深部手术获得较好的显露。一般是根据切口、手术的性质与需要，选择合适的体位，但同时考虑体位对病畜局部或全身的影响。

（四）充分的拉开

拉钩或牵开器，是显露中最常用的器械，充分应用，可增加显露的范围，保证术野充分显露。牵拉时应注意以下各项：

1. 正确使用拉钩

拉钩的作用是牵开伤口及附近脏器或组织，以显露深部组织或病变。将附近脏器或组织牵开时，拉钩下方应以湿盐水纱布为垫，以增加拉钩的作用，便于阻止附近脏器如肠、胃等涌入手术区域，妨碍手术野的显露及操作，同时也可以保护周围器官或组织免受损伤。在使用中正确的方法一般是手心朝上，而不是手心向下。如果手心向下，负责牵拉的助手多难以持久地保持恒定的位置，以致经常移动，妨碍手术野的显露及操作。

2. 助手应了解手术进程

若助手不知道手术的进程及手术者的意图，则不能很好地主动配合、及时调整拉钩的位置。故手术前详细的讨论及手术中必要的交换意见是很重要的。

3. 牵拉动作要轻柔

在牵拉过程中，因为在局部浸润麻醉、针刺麻醉或硬膜外腔阻滞麻醉时，内脏神经敏感仍存在，牵拉或刺激内脏过重时，可能引起反射性疼痛、肌肉紧张、恶心、呕吐等，致内脏涌入手术野，妨碍操作、遇此情况，除牵拉动作及手术操作，应尽量轻柔以减少对内脏的刺激外，必要时，用0.5%普鲁卡因进行肠系膜根或内脏神经丛封闭，可减轻或消除上述现象，改善显露情况。

（五）良好的照明

采用多孔无影灯、子母无影灯、冷光源额灯等。

第三节 止 血

止血是手术过程中自始至终经常遇到，而又必须立即处理的基本操作技术。手术中完善的止血，可以预防出血的危险和保证术部良好的显露，有利于争取手术时间，避免误伤重要器官，直接关系到施术动物的健康，切口的愈合和预防并发症的发生等。因此，要求手术中的止血必须迅速而可靠，并在手术前采取积极有效的预防性止血措施，以减少手术出血。

一、出血种类

血液自血管中流出的现象，称为出血。在手术过程中或意外损伤血管时，即伴随出血的发生。

（一）按照受伤血管的不同，出血的种类有以下 4 种

1. 动脉出血

由于动脉管壁含有大量的弹力纤维，动脉压力大，血液含氧量丰富，所以动脉内血的特征为：血液鲜红，呈喷射状流出，喷射线出现规律性起伏并与心脏搏动一致。动脉出血一般自血管断端的近心端流出，指压动脉管断端的近心端，则搏动性血流立即停止，反之则出血状况无改变。具有吻合支的小动脉管破裂时，近心端及远心端均能出血。大动脉的出血须立即采取有效止血措施，否则可导致出血性休克，甚至引起死亡。

2. 静脉出血

血液以较缓慢的速度从血管中不断地均匀呈泉涌状流出，颜色为暗红或紫红。一般血管远心端的出血较近心端多，指压出血静脉管的远心端，则出血停止，反之出血加剧。

静脉出血的转归不同，小静脉出血一般能自行停止，或经压迫、填塞后停止出血，但若深部大静脉受损如腔静脉、股静脉、髂静脉、门静脉等出血，则常由于迅速大量失血，结果引起动物死亡。体表大静脉受损，可因大失血或空气栓塞而死亡。

3. 毛细血管出血

其色泽介于动、静脉血液之间，多呈渗出性点状出血。一般可自行止血或稍加压迫即可止血。

4. 实质出血

见于实质器官、骨松质及海绵组织的损伤，为混合性出血，即血液自小动脉与小静脉内流出，血液颜色和静脉血相似。由于实质器官中含有丰富的血窦，而血管的断端又不能自行缩入组织内，因此不易形成断端的血栓，而易产生大失血威胁生命，故应予以高度重视。

（二）按血管出血后血液流至的部位不同，又可分为外出血和内出血

外出血：当组织受损后，血液由创伤或天然孔流到体外时称外出血。

内出血：血管受损出血后，血液积聚在组织内或体腔中，例如胸腔、腹腔、关节腔等处，称内出血。

（三）按照出血的次数和时间，可分为初次、二次、重复和延期出血

1. 初次出血

直接发生在组织受到创伤之后。

2. 二次出血

主要发生在动脉，极少发生在静脉，因为静脉内压低，血流慢且易形成血栓，血栓形成后一般不因为血压的关系而脱落。造成二次出血的原因一般认为有以下几点：

（1）血管断端结扎止血不确实，结扎线松脱。

（2）某种原因使血栓脱落，如血压增高、钳夹止血钳的力量和时间不足、手术后过早运动而使血栓脱落。

（3）未结扎的血管中的血栓，由于化脓或使用某些药物而溶解。

（4）粗暴地更换敷料或填塞，将血管扯伤。

3. 重复出血

多次重复出血，可见于破溃的肿瘤。

4. 延期出血

受伤当时并未出血，经若干时间后发生出血，称之为延期出血。延期出血的原因：

（1）手术中使用肾上腺素，当药物作用消失后血管扩张而出血。

（2）骨折固定不良，骨折断端锐缘刺破血管。

（3）血管受到挫伤时，血管的内层及中层受到破坏，血液积聚在血管外膜的下面，当时虽未出血，但如果血栓受到感染、血管壁遭受破坏，则可发生延期出血。

（4）在感染区，血管受到侵害而发生破裂。

二、术中失血量的推算

手术中准确地推算失血量并及时予以补充，是防止发生手术休克的重要措施。

对手术中失血量的推算，目前尚缺乏十分准确的方法。血容量的测定既不实际，也不准确。临床上常用的推算失血量的简便方法有：

1. 称纱布法

虽然简单易行，但未能包括术野的体液蒸发和毛细血管断面在止血过程中形成血栓的消耗，所以得到的失血量常较实际的失血量少，误差在20% ~30% 。

计算方法：失血量 =（血纱布重量 - 干纱布重量）+ 吸引瓶中血量。

手术前先称干纱布重量，吸血时用干纱布，而不用盐水纱布，吸血瓶中的血量注意减除可能的盐水或其他液体量，重量单位为克（g），每毫升血液以1g 计算。

2. 根据临床征象推算

失血的临床征象有兴奋不安，呼吸深快、浅快，尿量减少或无尿，静脉萎陷，毛细血管充盈迟缓，皮温发凉，眼结膜苍白，意识模糊等。但手术时，有许多临床征象不易觉察或表现不出来，因此，多根据脉搏、脉压、静脉及毛细血管充盈情况来估计。

注意事项：

（1）上述的方法均有误差及不足之处，故在推算失血量时，应全面考虑，最好两种方法合并使用，不可单凭某一征象而作判断。

（2）实际失血量的推算常与血容量不一致，一般早期由于机体的代偿期作用，组织间液向血管内转移，致使血容量的减少较实际失血量低。而时间较长的复杂手术，血浆、体液向损伤部位组织间隙渗出，使实际血容量的减少比推算者为高。

（3）在手术刺激下，抗利尿素增多，不可要求每小时尿量达到正常水平。注意这方面的因素则可避免输血输液过多。

三、常用的止血方法

（一）全身预防性止血法

是在手术前给动物注射增高血液凝固性的药物和同类型血液，借以提高机体抗出血的能力，减少手术过程中的出血。常用下列几种方法。

1. 输血

目的在于增高施术动物血液的凝固性，刺激血管运动中枢反射性地引起血管的痉挛性收缩，以减少手术中的出血。

2. 注射增高血液凝固性以及血管收缩的药物

（1）肌肉注射维生素 K 注射液，以促进血液凝固，增加凝血酶原。

（2）肌肉注射安络血注射液，以增强毛细血管的收缩力，降低毛细血管渗透性。

（3）肌肉注射止血敏注射液，以增强血小板机能及粘合力，减少毛细血管渗透性。

（4）肌注或静注对羧基苄胺（抗血纤溶芳酸），以颉颃血纤维蛋白的溶解，抑制纤维蛋白原的激活因子，使纤维蛋白溶酶原不能转变成纤维蛋白溶解酶，从而减少纤维蛋白的溶解而发挥止血作用。对于手术中的出血及渗血、尿血、消化道出血有较好的止血效果。使用时可加葡萄糖注射液或生理盐水注射，注射时宜缓慢。

（二）局部预防性止血法

1. 肾上腺素止血

应用肾上腺素作局部预防性止血，常配合局部麻醉进行。一般是在每 1 000ml 普鲁卡因溶液中加入 0.1% 肾上腺素溶液 2ml，利用肾上腺素收缩血管的作用，达到减少手术局部出血的目的，其作用可维持 20min 至 2h。但手术局部有炎症病灶时，因高度的酸性反应可以减弱肾上腺素的作用，此外，肾上腺素作用消失后，小动脉管扩张，如若血管内血栓形成不牢固，可能发生二次出血。

2. 止血带止血

适用于四肢、阴茎和尾部手术。可暂时阻断血流，减少于术中的失血，有利于手术操作。用橡皮管止血带或其代用品，如绳索、绷带，局部应垫以纱布或手术巾，以防损伤软组织、血管及神经。

　　橡皮管止血带的装置方法是：用足够的压力（以止血带远侧端的脉搏将消失为度），于手术部位上 1/3 处缠绕数周固定之，其保留时间不得超过 2～3h，冬季不超过 40～60min，在此时间内若手术未完成，可将止血带临时松开 10～20s，再重新缠扎。松开止血带时，要多次"松、紧、松、紧"，严禁一次松开。

　　（三）手术过程中止血法

　　1. 机械止血法

　　（1）压迫止血　是用纱布或泡沫塑料压迫出血的部位，以清除术部的血液，弄清组织和出血径路及出血点，以便进行止血。在毛细血管渗血和小血管出血时，如果机体凝血机能正常，压迫片刻，出血即可自行停止。为了提高压迫止血的效果，可选用温生理盐水、1%～2%麻黄素、0.1%肾上腺素、2%氯化钙溶液浸湿后扭干的纱布块作压迫止血。在止血时，必须是按压，不可擦拭，以免损伤组织或使血栓脱落。

　　（2）钳夹止血　利用止血钳最前端夹住血管的断端，钳夹方向应尽量与血管垂直，钳住的组织要少，切不可作大面积钳夹。

　　（3）钳夹扭转止血　用止血钳夹住血管断端，扭转止血钳 1～2 周，轻轻去钳，则断端闭合止血。如经钳夹扭转不能止血时，则应予以结扎，此法适用于小血管出血。

　　（4）钳夹结扎止血　是常用而可靠的基本止血法，多用于明显而较大血管出血的止血。其方法有两种：

　　a. 单纯结扎止血　用丝线绕过止血钳所夹住的血管及少量组织而结扎（图 6－29）。在结扎结扣的同时，由助手放开止血钳，于结扣收紧时，即可完全放松，过早放松，血管可能脱出，过晚放松则结扎住钳头不能收紧。结扎时所用的力量也要大小适当，结扎止血法，适用于一般部位的止血。

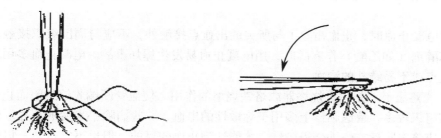

图 6－29　单纯结扎止血

　　b. 贯穿结扎止血　将结扎线用缝针穿过所钳夹组织（勿穿透血管）后进行结扎。常用的方法有"8"字缝合结扎及单纯贯穿结扎两种（图 6－30）。其优点是结扎线不易脱落，适用于大血管或重要部分的止血。在不易用止血钳夹住的出血点，不可用单纯结扎止血，而宜采用贯穿结扎止血的方法。

　　（5）创内留钳止血　用止血钳夹住创伤深部血管断端，并将止血钳留在创伤内 24～48h。为了防止止血钳移动，可用绷带固定止血钳的柄环部挂在体躯上。多用于去势后继

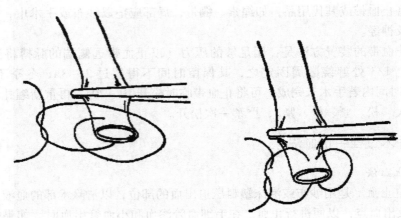

图 6 - 30　贯穿结扎止血

发精索内动脉大出血。

（6）填塞止血　本法是在深部大血管出血，一时找不到血管断端，钳夹或结扎止血困难时，而用灭菌纱布紧塞于出血的创腔或解剖腔内，压迫血管断端以达到止血之目的。在填入纱布时，必须将创腔填满，以便有足够的压力压迫血管断端。填塞止血留置的敷料通常是在 12 ~ 48h 后取出。

2. 电凝及烧烙止血法

（1）电凝止血　利用高频电流凝固组织的作用达到止血的目的。使用方法是用止血钳夹住血管断端，向上轻轻提起，擦干血液，将电凝器与止血钳接触，待局部发烟即可。电凝时间不宜过长否则烧伤范围过大，影响切口愈合。在空腔脏器、大血管附近及皮肤等处不可用电凝止血，以免组织坏死发生并发症。

电凝止血的优点是止血迅速，不留线结于组织内，但止血效果不完全可靠，凝固的组织易于脱落而再次出血，所以对较大的血管仍应以结扎止血为宜，以免发生继发性出血。

使用电凝止血时，止血钳除了与所夹的出血点接触外，不应与周围组织接触。在使用挥发性麻醉剂（如乙醚）作麻醉时，用电凝止血易发生爆炸事故。电凝止血多用于较表浅的小出血点或不易结扎的渗血。

（2）烧烙止血　是用电烧烙器或烙铁烧烙的作用，使血管断端收缩封闭而止血。其缺点是损伤组织较多，兽医临诊上多用于弥散性的出血、一些摘除手术后的止血。使用烧烙止血时，应将电阻丝或烙铁烧得微红，才能达到止血的目的，但也不宜过热，以免组织炭化过多，使血管断端不能牢固堵塞。烧烙时，烙铁在出血处略加按压后即迅速移开，否则组织粘附在烙铁上，当烙铁移开时而将组织扯离。

3. 局部化学及生物学止血法

（1）麻黄素、肾上腺素止血　用 1% ~ 2% 麻黄素溶液或 0.1% 肾上腺素溶液浸湿的纱布进行压迫止血（见压迫止血）。临床上也常用上述药品浸湿系有棉线绳的棉包作鼻出血、拔牙后齿槽出血的填塞止血，待止血后拉出棉包。

（2）止血明胶海绵止血　明胶海绵止血多用于一般方法难以止血的创面出血，实质器官、骨松质及海绵质出血。使用时将止血海绵铺在出血面上或填塞在出血的伤口内，即能达到止血的目的，如果在填塞后加以组织缝合，更能发挥优良的止血效果。止血明胶海绵的种类很多，如纤维蛋白海绵、氧化纤维素、白明胶海绵及淀粉海绵等。它们止血的基本原理是促进血液凝固和提供凝血时所需的支架结构。止血海绵能被组织吸收和使受伤血管日后保持贯通。

（3）活组织填塞止血　是用自体组织，如网膜，填塞于出血部位。通常用于实质器官的止血，如肝脏损伤用网膜填塞止血，或用取自腹部切口的带蒂腹膜、筋膜和肌肉瓣，牢固地缝在损伤的肝脏上。

（4）骨蜡止血　外科临床上常用市售骨蜡制止骨质渗血，用于骨的手术。

四、术中大出血的处理

1. 大出血的原因

术中造成大出血的原因是多方面的，归纳起来有如下几种。

（1）病变局部血液循环丰富，极易出血，缺乏有效的止血措施，或病变组织切除不全而残留少部分；

（2）不熟悉局部解剖结构，视野不清而盲目分离；

（3）对变异的血管缺乏警惕；

（4）手术操作忙乱，手法较重而误伤血管；

（5）器械钳夹血管脱落。撕脱或血管钳齿扣老化而自行弹开；

（6）结扎时，结扎者与松血管钳者配合不好，尚未结扎即松钳；

（7）结扎线结不牢而滑脱或结扎线在结扎中断裂；

（8）对小的出血惊慌，盲目钳夹而加重损伤。

术中造成大出血后，术者精神紧张恐系难免，即使有经验的医生也会有同样感觉。有时虽口说不紧张，而实际上操作已不能自控（如手颤），甚至影响止血的效果。无论如何，只有迅速有效地控制出血，哪怕是暂时止血，也会给术者以安定情绪、增强信心，留有周旋的时间。

2. 大出血的处理

应针对大出血的原因，有目的地予以有效的处理，一旦发生大出血，则应积极止血，即紧急快速，而又不忙乱，既要相互配合，又要以一人为主，其他人员密切配合，及时输血、血浆代用品等，迅速准备多个吸引器，改善手术野的照明，以及必要的特殊手术器械和敷料等。手术者可根据情况做以下处理。

（1）首先，术者以最简单有效的方式暂时控制出血，如用手指捏住出血区的主要血管，或用纱布压迫。

（2）手术切口应足够大，麻醉应使肌肉达到相当的松弛，必要时迅速延长切口，使得视野清楚，能充分暴露出血点，深而小的视野止血是相当困难的。

（3）如切除的组织血液循环丰富，可迅速将病灶切除后再止血，若不能即刻切除或切除不全，如甲状腺，肉瘤切除等，这种出血多为较猛的渗血，可于出血处缝扎，若为残留创面出血，可行连续缝合，以丝线为好，若是对所切除组织仅为暂时性止血，也可缝合，但有时因组织松脆，易被结扎线所切割而松脱，因此，可在结扎前于线间放入明胶海绵或网膜组织再行结扎。

（4）在分离病变时，应辨认清楚后，予以钳夹切断，有疑问时，可试行穿刺，以判断是否为血管，不能做盲目的切断或分离。

（5）手术操作中，伤及较大血管时，应根据情况采取对策。若为针伤，又为一小针眼，可将针退出，纱布压迫片刻即可达到止血的目的，若针将血管壁撕裂，不论为纵行或横行，则按下述（6）的方法处理。

（6）血管损伤较重或血管断端脱漏，出血较猛，首先应临时压迫止血。有的术者愿充填多块纱布垫压迫，这对广泛性渗血有效，而对活动性血管出血，虽有暂时止血的作用，给以安定情绪及考虑时间，但在取出纱布再行止血时，往往再次出血，使视野不清，止血无法下手，造成术者精神更加紧张。采用手指压迫止血，利用手指的灵活性和敏锐感觉，配合多个吸引器。使吸血的速度快于出血速度，多能有效，吸尽残留血液后，缓慢放松压迫手指，方能看清出血的准确位置，若血管为可结扎，则迅速以血管钳钳夹予以结扎，若血管为不可结扎血管，则应以无损伤血管钳或钳夹阻断出血部位血管的两侧，视损伤的大小、性质寻求修复有效而合理的办法。有时钳夹一次或两次均未能夹准，最好不要放松重夹，因为即使夹不准，一般也在其出血附近，可供其作牵引，使出血之处易暴露，再夹的血管钳多能准确夹住。在某些情况下，出血处的组织不能钳夹而只能以指压下缝合修补或缝扎。

五、输血疗法

是利用输入正常血液进行补血、止血、解毒的一种治疗措施。通过输血可迅速增加血容量及防止血液凝固，特别对一些重危病例抢救尤为重要。但输血疗法是一种代价高，且具有潜在危险的一种治疗方法，因此，只有在非常必要时，才使用该方法。在治疗的每一步都必须辨认和纠正潜在的问题，否则输血的效果都只是暂时性的。

（一）适应症与禁忌症

1. 适应症

大失血、血浆损失过多、休克、贫血、出血性疾病（白细胞和血小板减少及纤维蛋白原减少）、白血病、蛋白质缺乏症及恶病质等。

2. 禁忌症

严重的心脏疾病、肾脏疾病、肺水肿、肺气肿、血管栓塞症及脑水肿等。

（二）血型

目前已知犬有 8 个血型系列，其中 DEA1.1、DEA1.2 和 DEA7 血型能在无红细胞抗原的受血犬体内产生同种抗体，建议最好选择 DEA1.1、DEA1.2 和 DEA7 的阴性犬作为供血犬；猫有 A、B 两个红细胞抗原血型系统，但很少看到输血反应。

（三）输血的适应性检查

第一次输血较安全。第二次以后的输血具有危险性，应预先做交叉配血试验。交叉配血试验方法有两种：一种是受血动物的血清与供血动物的红细胞反应；另一种是受血动物的红细胞与供血动物的血清反应。一般多采用前一种方法。试验时，供血和受血动物都应采集新鲜血液，取含有 4% 红细胞（生理盐水 3ml 加血液 1 滴）的供血动物血液 2 滴于 7mm×60mm 的试管内，加入受血动物血清 2 滴，混合后室温放置 15min，然后 1 000r/min 离心 1min，观察溶血与凝集与否。设置供血动物血清和同型红细胞对照管。试验管发生明显溶血或凝集的，为供血动物与受血动物的血型不相适合。

临床上，也可在大量输血前，先静脉输入少量（5~10ml）供血动物血液，5min 后观察有无反应。或采用简易的"三滴法"配血试验：取供血动物 1 滴血液、受血动物 1 滴血液及 1 滴抗凝剂于载玻片上，混合后肉眼观察有无凝集。若无凝集，则可以输血。

（四）供血动物的选择

供血动物必须通过临床、血液学、血清学等方面的严格检查。选择犬、猫应为成年，健壮，无传染病、寄生虫病、血液病、中毒病等，完成免疫注射，发育成熟而不过于肥胖。如为母犬或母猫，应未怀孕过或已阉割。动物医院有条件时可饲养此类供血犬、猫，以便于管理和采血，以确保血源的质量。

（五）采血方法

采血应该在严格的无菌条件下进行，可用装有抗凝剂的注射器直接从供血动物的颈静脉或左心室采血。也可由颈动脉一次性放血。颈静脉和左心室采血量不应超过 22ml/kg·bw，15kg·bw 的犬每次可采取 200~250ml；猫每次可采取 60ml 左右，每隔 3 周采血 1 次。

（六）血液贮存

血液贮存的目的是防止血凝，延长红细胞在体外保存时间，从而保持离体血的活力，保证血液内的成分、血细胞的形态结构基本无变化。为了保持血液稳定不至凝结，必须在受血瓶或采血注射器内加入某种抗凝剂，常用的抗凝剂有以下几种。

1. 3.8%~4% 枸橼酸钠溶液

它的渗透压与血液基本相等，抗凝时间较长，在 4℃ 冷藏条件下，7d 内不丧失其理化和生物学特性。应用时它与血液的比例为 1:9。

2. 枸橼酸葡萄糖合液（ACD 液）

是犬血最常用的抗凝剂。它既能抗凝，又是较好的血液保养液，同时也能供给血细胞能量和保持一定的 pH，以维持生命。处方为：枸橼酸钠:枸橼酸:葡萄糖（注射用）:重蒸馏水 = 1.33:0.47:3.00:1 000.00，灭菌后备用。每 100ml 血液中加入 ACD 液 25ml。红细胞在这种保养液（4℃）贮存 15~17d，仍保持其活力。如超过 17d，可分离血浆继续贮藏。

3. 肝素

能抑制凝血酶原和凝血酶的形成，且可和凝血酶发生抗凝作用。应用时可在 100ml 血液中加肝素 10mg，因肝素抗凝维持时间较短，故肝素血不能长期保存，应于 24~48h 内输用。

（七）输血方法

1. 输血途径

有静脉内、动脉内、腹腔内、骨髓内、肌肉或皮下等输血途径。犬、猫最常用的是前后肢静脉内输入，也可采用颈静脉输血。

（1）静脉内输血　用 20 号针头刺入颈静脉或小隐静脉，先注入生理盐水 5ml 然后接上贮血瓶，以 5～10ml/min 的速度注入血液。

（2）动脉内输血　急性休克时最适用动脉输血。犬用股动脉，注射压比患犬的动脉压高 266.64Pa（20mmHg）为好，50～100ml/min 为宜。

（3）骨髓内输血　在不能使用血管的情况下，可将血液注入胸骨或长骨的骨髓内。

2. 输血量及输入速度

静脉输血的量和输入速度必须适当。输血过量或过快，可加重心血管负担，引起肺水肿及急性充血性心力衰竭。特别是高度贫血动物的输血，更应注意。犬一次最大输血量为全血量的 10%～20%。一般输血量可按小动物体重的 1%～2% 输入。也可按下列公式计算：

$$输血量 = 受血者体重（kg）\times 40（犬）或 30（猫）\times [期望 PCV 值（\%）$$
$$- 受血者 PCV 值（\%）] \div 供血者 PCV（\%）$$

临床上常于输血前给犬肌肉注射地塞米松 10～20mg，可减轻输血的不良反应。

输血速度，犬开始 15min 内应慢，以后加快。急性大出血时，可按 100ml 血用 5～6min 输入的速度，一般以 5ml/min 为宜。猫正常输血速度为 1～3ml/min。

（八）输血种类

根据输入的成分可分为输全血、输红细胞、输血小板、输粒细胞、输血浆等。这些方法各有利弊，应按临床实际选择应用。

（1）输入红细胞　用生理盐水等悬浮的红细胞溶液，因无血浆成分存在，减少了心血管系统的负担，对高度贫血、溶血性疾病、老龄及衰弱的动物，具有较高的安全性。

（2）输入血浆成分　可代替全血用于补充循环血量，也可作为抗体输入，适用于大面积烧伤和严重下痢等。

（3）输血小板　指输入富含血小板的血浆，适用于血小板减少症、恶性肿瘤和再生障碍性贫血等，也可减少手术中出血。

（九）输血反应

1. 原因

（1）发热反应　是输血易发生的一种反应。主要是由致热原引起，这可能是血液保存液和采血用具被污染，或因免疫反应引起。

（2）过敏反应　主要是抗原抗体反应，活化补体和血管活性物质释放引起。

（3）溶血反应　当输血配血不当和输血技术不过关，在输血过程中或输血后出现红细胞大量破坏。是一种比较严重的输血反应。

2. 症状

主要表现发热、不安、眼睑浮肿、呕吐、流涎、恶寒战栗、心悸亢进、痉挛、荨麻疹、呼吸困难、血红蛋白尿及黄疸等。

3. 处置

当出现副作用时，应立即停止输血，注射强心剂、高渗葡萄糖溶液、碳酸氢钠溶液、肾上腺素溶液及糖皮质激素类药物如地塞米松等。在肝脏机能障碍时，可注射蛋氨酸、葡萄糖酸钙、葡萄糖溶液及维生素 B、维生素 C、维生素 K 等。发生过敏反应时，可注射抗组胺制剂、可的松及钙制剂等，此外还应对症治疗。

4. 预防

（1）使用的器具、器材等一切物品要严格消毒；

（2）检查血液的适应性，应做交叉配血试验；

（3）如用同一供血犬反复输血时，应在 2～3d 以内施行，不能间隔 5d 以上；

（4）严格地检查血液状态；

（5）使用新鲜血液输血；

（6）使用良好的抗凝剂；

（7）注意输血量和输血速度；

（8）输血前先用抗组胺药。

第四节　缝　　合

缝合是将已切开、切断或因外伤而分离的组织、器官进行对合或重建其通道，保证良好愈合的基本操作技术。在愈合能力正常的情况下，愈合是否完善与缝合的方法及操作技术有一定的关系。因此，学习缝合的基本知识，掌握缝合的基本操作技术，是外科手术重要环节。缝合的目的在于，为手术或外伤性损伤而分离的组织或器官予以安静的环境，给组织的再生和愈合创造良好条件；保护无菌创免受感染；加速肉芽创的愈合，促进止血和创面对合以防裂开。

缝合应分层进行，并使组织层次严密，良好对合是愈合的基本条件。但缝合处不应有过大张力，以免阻碍血液循环，用丝线强力牵拉脆弱组织会导致组织的切割或撕脱。而正确的对合，不应有死腔或空隙，以免引起积液或积血使愈合延迟或引起感染，不正确的缝合会在皮下形成张力或残留死腔。

为了确保愈合，缝合时要遵守下列各项原则。

1. 严格遵守无菌操作；

2. 缝合前必须彻底止血，清除凝血块、异物及无生机的组织；

3. 使创缘均匀接近，在针孔间要有一定距离，以防拉穿组织；

4. 缝针刺入和穿出部位应彼此相对，针距相等，否则易使创伤形成皱襞和裂隙；

5. 凡无菌手术创或非污染的新鲜创，经外科常规处理后，可作对合密闭缝合，具有化脓腐败过程以及具有深创囊的创伤可不缝合，必要时作部分缝合；

6. 在组织缝合时，一般是同层组织相缝合，不同类的组织不可以结合在一起，缝合、打结应有利于创伤愈合，如打结时要适当收紧，防止拉穿组织；缝合时不宜紧，否则将造成组织缺血；

7. 创缘、创壁应互相均匀对合，皮肤创缘不得内翻，创伤深部不应留有死腔、积血和积液。在条件允许时，可作多层缝合。正确与不正确的切口缝合见图6－31；

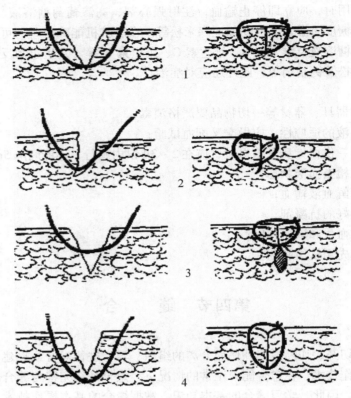

图6－31　正确与不正确的切口缝合
1. 正确的缝合　2. 两皮肤创缘不在同一平面，边缘错位
3. 缝合太浅形成死腔　4. 缝合太紧皮肤内陷

8. 缝合的创伤，若在手术后出现感染症状，应迅速拆除部分缝线，以便排出创液。

一、打结

打结是外科手术最基本的操作之一，正确而牢固地打结是结扎止血和缝合的重要环节，熟练地进行打结不仅可以防止结扎线的松脆而造成的创伤裂开和继发性出血，而且可以缩短手术时间。

外科打结的好坏及水平高低，取决两个因素，即速度及质量。两者是统一的，绝对不能孤立某一者，二者都是至关重要的。这是因为，打结的速度及质量不仅与手术时间长短相关，而且也会影响到整个手术的质量，影响患畜的预后，甚至危及生命。打结过慢，可增加出血、损伤的机会，可使手术冗长，也使患畜术野暴露时间太长，这些都是影响患畜预后及安全的重要因素。质量不高的甚至不正确的打结，或粗暴牵拉组织，尤其是精细手术和涉及血管外科时，可导致结扎不稳妥不可靠，术后线结滑脱和松结引起出血，继发感染及消化管泻漏等。打结学起来容易，打起来容易，但真正打好结，做到高速度、结扎处毫无牵拉、线结结扎确切可靠等并非易事，需经过长时间各种手术的实践加以领会及提高。

（一）结的种类

常用的结有方结、三叠结和外科结。

1. 方结（平结）

方结是外科手术中最常用的结，也是最基本的结，适用于各种结扎止血和缝合。它是由两个方向相反的单结构成，如果第一个结是由右手以某一方向作结，则第二个可用左手按结的方向做结，有时因术野的需要或操作的需要，仍需由右手做结时，必须是做相反方向的结。该结的特点是由于两个单结方向相反，结扎后线圈内张力越大，结扎线越紧，不易自行变松或自行滑脱。关键性的问题是正确地掌握方结做结要领，如果能够正确掌握，使用方结可顺利、安全地完成整个手术。如果方法不当，两手力不均匀，打结时三点未在一线等，均可酿成结的滑脱。因此结的方向十分重要，如不注意这一点，可致线断或滑结。

2. 三叠结（加强结）

是在方结的基础上再加一个与第二个单结方向相反的单结，共三个结。使结变得更为牢固、安全及可靠。三重结主要用于结扎重要组织和较大的血管以及张力较大时的组织缝合。如果结扎线是羊肠线或合成线，结扎时宜多用此结。它唯一的缺点是，有时基于安全打成四重结五重结，造成很大的结扎线头，使较大异物遗留在组织中。

3. 外科结

打第一个结时绕两次，使摩擦面增大，然后打一个方向相反的单结，使线间的摩擦面及摩擦系数增大，从而增大安全系数。此结牢固可靠，多用于大血管、张力较大的组织和皮肤缝合。

在打结过程中常产生的错误结，有假结和滑结两种。

4. 假结（斜结）

此结易松脱。

5. 滑结

打方结时，两手用力不均，只拉紧一根线，虽则两手交叉打结，结果仍形成滑结，而非方结，亦易滑脱应尽量避免发生。各种结如图6－32。

| 方结 | 外科结 | 三叠结 | 假结（斜结） | 滑结 |

图6－32　各种线结

（二）打结方法

常用的有3种，即单手打结、双手打结和器械打结。

1. 单手打结

为常用的一种方法，简单迅速。左右手均可打结。虽个人打结的习惯常有不同，但基本动作相似（图6-33，图6-34）。

2. 双手打结

除了用于一般结扎外，对深部或张力大的组织缝合，结扎较为方便可靠（图6-35，图6-36）。

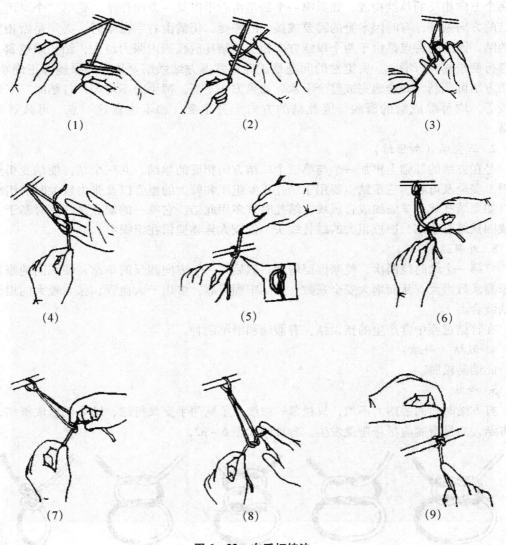

(1)	(2)	(3)
(4)	(5)	(6)
(7)	(8)	(9)

图6-33 右手打结法

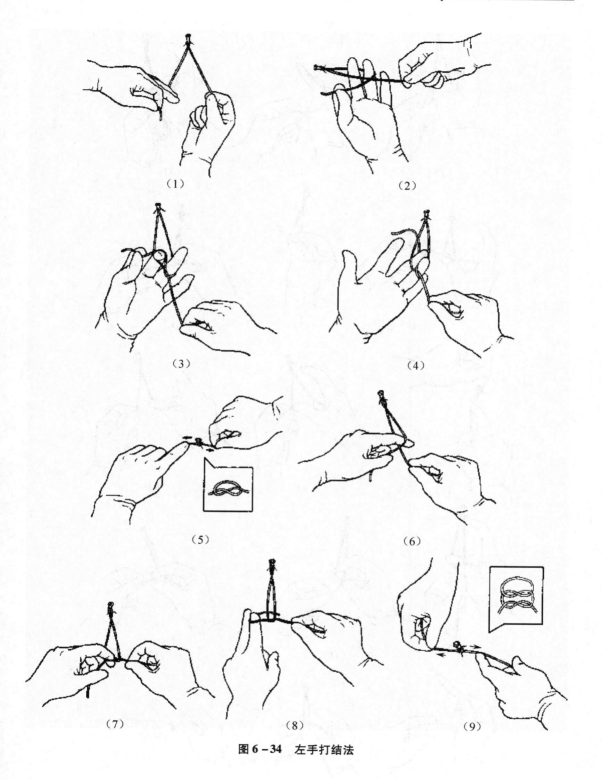

（1） （2）

（3） （4）

（5） （6）

（7） （8） （9）

图6-34 左手打结法

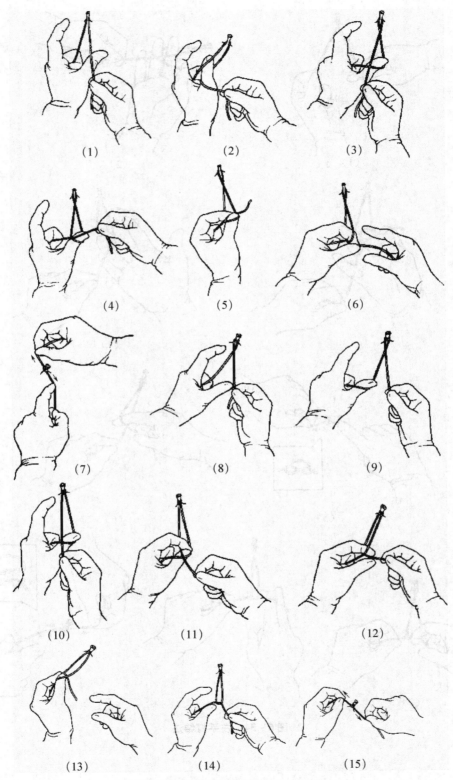

(1)　　　　　(2)　　　　　(3)

(4)　　　　　(5)　　　　　(6)

(7)　　　　　(8)　　　　　(9)

(10)　　　　(11)　　　　(12)

(13)　　　　(14)　　　　(15)

图 6-35　两手动作不同的双手打结

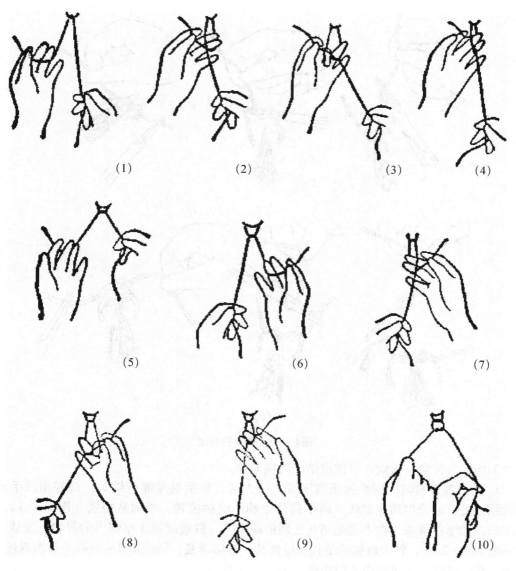

(1) (2) (3) (4)

(5) (6) (7)

(8) (9) (10)

图6-36　两手动作相同双手打结法

3. 器械打结

用持针钳或止血钳打结。适用于结扎线过短、狭窄的术部、创伤深处和某些精细手术的打结。方法是把持针钳或止血钳放在缝线的较长端与结扎物之间，用长线一端的缝线环绕血管钳一圈后，再打结即可完成第一结，打第二结时用相反方向环绕持针钳一圈后拉紧，成为方结（图6-37）。

（三）打结注意事项

1. 打结收紧时要求三点成一直线，即左、右手的用力点与结扎点成一直线，不可成角向上提起，否则使结扎点容易撕脱或结松脱。

2. 无论用何种方法打结，第一结和第二结的方向不能相同，否则即成假结。如果两手

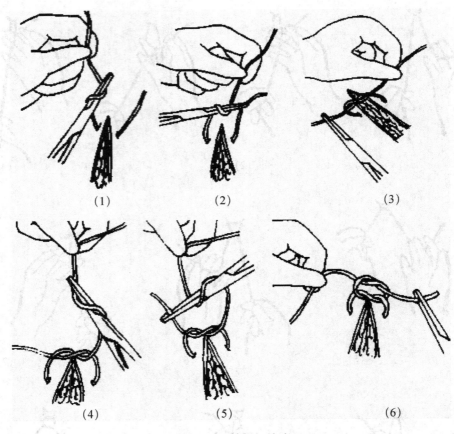

(1)　　　　　　　(2)　　　　　　　(3)

(4)　　　　　　　(5)　　　　　　　(6)

图 6 – 37　持钳打结法

用力不均，只拉紧一根线，可成滑结，均应避免。

3. 用力缓慢均匀，两手的距离不宜离线太远，特别是深部打结时，最好用两手食指按线结近处，以指尖顶住双线、两手握住线端、徐徐拉紧，否则易松脱（图 6 – 31）。埋在组织内的结扎线头，在不引起结扎松脱的原则下，剪短以减少组织内的异物，丝线、棉线一般留 1 ~ 2mm，较大血管的结扎，应略长，以防滑脱，肠线留 3 ~ 4mm，不锈钢丝 5 ~ 6mm，并应将钢丝头扭转埋入组织中。

4. 正确的剪线方法是术者结扎完毕后，将双线尾提起略偏向术者的左侧，助手用稍张开的剪刀尖沿着拉紧的结扎线滑至结扣处，再将剪刀稍向上倾斜，然后剪断，倾斜的角度取决于要留线头的长短，如此操作比较迅速准确。

二、软组织的缝合

应用于动物的软组织的缝合模式很多，缝合模式的分类应该根据下列条件：

1. 缝合器官、组织的解剖学特征；

2. 缝合的方式使组织获得对接、内翻或外翻；

3. 缝合的方式要求能够抵消不同器官、组织的张力强度；

4. 缝合的类型一般实行间断缝合或连续缝合。

当前兽医外科手术的基本技术将软组织缝合模式分为三个方面，即对接缝合、内翻缝合和张力缝合。

（一）对接缝合

1. 单纯间断缝合

单纯间断缝合也称为结节缝合，是最古老、最常用的缝合方式。缝合时，将缝针引入15～25cm缝线，于创缘一侧垂直刺入，于对侧相应的部位穿出打结。每缝一针，打一次结（图6-38），缝合要求创缘要密切对合。缝线距创缘距离，根据缝合的皮肤厚度来决定，小动物3～5mm。缝线间距要根据创缘张力来决定，使创缘彼此对合，一般间距0.5～1.5cm。打结在切口一侧，防止压迫切口。用于皮肤、皮下组织、筋膜、黏膜、血管、神经、胃肠道缝合。

优点：操作容易，迅速。在愈合过程中，即使个别缝线断裂，其他邻近缝线不受影响，不致整个创面裂开。能够根据各种创缘的伸延张力正确调整每个缝线张力。如果创口有感染可能，可将少数缝线拆除排液。对切口创缘血液循环影响较小，有利于创伤的愈合。

缺点：需要较多时间，使用缝线较多。

2. 单纯连续缝合

单纯连续缝合是用一条长的缝线自始至终连续地缝合一个创口，最后打结。第一针和打结操作同结节缝合，以后每缝一针以前，对合创缘，避免创口形成皱褶，使用同一缝线以等距离缝合，拉紧缝线，最后留下线尾，在一侧打结（图6-39）。常用于具有弹性、无太大张力的较长创口。用于皮肤、皮下组织、筋膜、血管、胃肠道缝合。

优点：节省缝线和时间，密闭性好。

缺点：一处断裂，全部缝线拉脱，创口哆开。

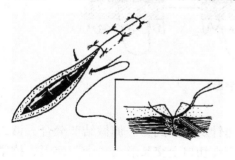

图6-38　结节缝合

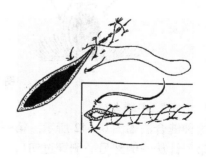

图6-39　螺旋形连续缝合

3. 表皮下缝合

这种缝合如图6-40所示，适用于小动物表皮下缝合。缝合在切口一端开始，缝针刺入真皮下，再翻转缝针刺入另一侧真皮，在组织深处打结。应用连续水平褥式缝合平行切口。最后缝针翻转刺向对侧真皮下打结，埋置在深部组织内。一般选择可吸收性缝合材料。

优点：能消除普通缝合针孔的小瘢痕，操作快，节省缝线。

缺点：具有连续缝合的缺点，这种缝合方法张力强度较差。

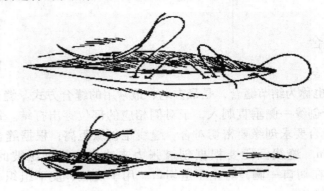

图6-40 皮下缝合法

4. 压挤缝合法

压挤缝合用于肠管吻合的单层间断缝合。犬、猫肠管吻合的临床观察认为，该法是很好的吻合缝合法，也用于大动物的肠管吻合。

压挤缝合法如图6-41所示。缝针刺入浆膜、肌层、黏膜下层和黏膜层进入肠腔。在越过切口前，从肠腔再刺入黏膜到黏膜下层。越过切口，转向对侧，从黏膜下层刺入黏膜层进入肠腔。在同侧从黏膜层、黏膜下层、肌层到浆膜层刺出肠表面。两端缝线拉紧、打结。这种缝合使浆膜、肌层相对接，黏膜、黏膜下层内翻。这种缝合使肠组织本身组织相互压挤，可以很好地防止液体泄漏，使肠管吻合密切对接，保持正常的肠腔容积。

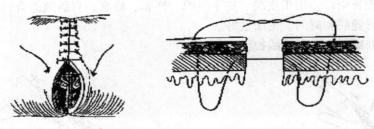

图6-41 压挤缝合

5. "十"字缝合法

这种缝合法如图6-42所示。第一针开始，缝针从一侧到另一侧做结节缝合，第二针平行第一针从一侧到另一侧穿过切口，缝线的两端在切口上交叉形成"十"字形，拉紧打结。用于张力较大的皮肤缝合。

6. 连续锁边缝合法

这种缝合方法与单纯连续缝合基本相似。在缝合时每次将缝线交锁（图6-43）。此种缝合能使创缘对合良好，并使每一针缝线在进行下一次缝合前就得以固定。多用于皮肤直线形切口及薄而活动性较大的部位缝合。

（二）内翻缝合

内翻缝合用于胃、肠、子宫、膀胱等空腔器官的缝合。

图 6-42 "十"字缝合法

图 6-43 连续锁边缝合

1. 伦勃特 (Lembert) 氏缝合法

伦勃特氏缝合法是胃肠手术的传统缝合方法，又称垂直褥式内翻缝合法。分为间断与连续两种，常用的为间断伦勃特氏缝合法。在胃肠或肠吻合时，用以缝合浆膜肌层。

（1）间断伦勃特氏缝合法　缝线分别穿过切口两侧浆膜及肌层即行打结，使部分浆膜内翻对合，用于胃肠道的外层缝合（图 6-44）。

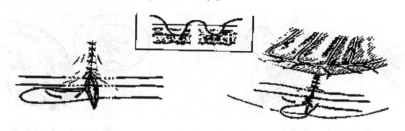

图 6-44 间断伦勃特氏缝合

（2）连续伦勃特氏缝合法　于切口一端开始，先做一浆膜肌层间断内翻缝合，再用同一缝线做浆膜基层连续缝合至切口另一端（图 6-45）。其用途与间断内翻缝合相同。

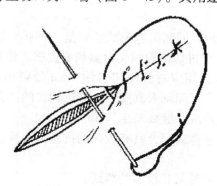

图 6-45 连续伦勃特氏缝合

2. 库兴 (Cushing) 氏缝合法

又称连续水平褥式内翻缝合法，这种缝合法是从伦勃特氏连续缝合法演变来的。缝合方法是于切口一端开始先做一浆膜肌层间断内翻缝合，再用同一缝线平行于切口做浆膜肌层连续缝合至切口另一端（图 6-46）。适用于胃、子宫浆膜肌层缝合。

3. 康乃尔 (Connel) 氏缝合法

这种缝合法与连续水平褥式内翻缝合相同，仅在缝合时缝针要贯穿全层组织，当将缝线拉紧时，则肠管切面即翻向肠腔（图 6-47）。多用于胃、肠、子宫壁缝合。

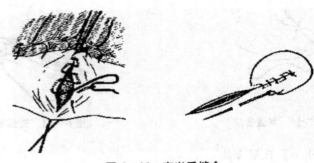

图 6 - 46　库兴氏缝合

4. 荷包缝合

即做环状的浆膜肌层连续缝合。主要用于胃、肠壁上小范围的内翻缝合，如缝合小的胃、肠穿孔。此外还用于胃、肠、膀胱等引流固定的缝合方法（图 6 - 48）。

图 6 - 47　康乃尔氏缝合　　　　　　　图 6 - 48　荷包缝合

（三）张力缝合

1. 间断垂直褥式缝合

这种缝合如图 6 - 49 所示。间断垂直褥式缝合是一种张力缝合。针刺入皮肤，距离创缘约 8mm，创缘相互对合，越过切口到相应对侧刺出皮肤。然后缝针翻转在同侧距切口约 4mm 处刺入皮肤，越过切口到相应对侧距切口约 4mm 处刺出皮肤，与另一端缝线打结。该缝合要求缝针刺入皮肤时，只能刺入真皮下，接近切口的两侧刺入点要求接近切口，这样皮肤创缘对合良好，不能外翻。缝线间距为 5mm。

优点：该缝合方法比水平褥式缝合具有较强的抗张力强度。对创缘的血液供应的影响较小。

缺点：缝合时，需要较多时间和较多的缝线。

2. 间断水平褥式缝合

这种缝合如图 6 - 50 所示。间断水平褥式缝合是一种张力缝合，特别适用于犬的皮肤缝合。针刺入皮肤，距创缘 2~3mm，创缘相互对合，越过切口到对侧相应部位刺出皮肤，然后缝线与切口平行向前约 8mm，再刺入皮肤，越过切口到相应对侧刺出皮肤，与另一端缝线打结。该缝合要求缝针刺入皮肤时刺在真皮下，不能刺入皮下组织，这样皮肤创缘对合才能良好，不出现外翻（图 6 - 51）。根据缝合组织的张力，每个水平褥式缝合间距为 4mm。

优点：使用缝线较节省，操作速度较快。该缝合具有一定抗张力条件，对于张力较大的皮肤，可在缝线上放置胶管或纽扣，增加抗张力强度。

缺点：该缝合方法对初学者操作较困难。根据水平褥式缝合的几何图形，该缝合能减少创缘的血液供应。

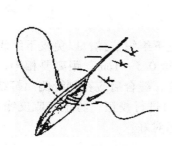 

图 6－49　间断垂直褥式缝合　　　　图 6－50　间断水平褥式缝合

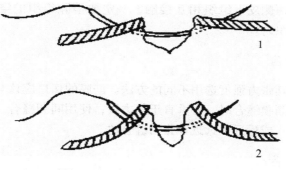

图 6－51　水平褥式缝合的位置
1. 正确缝合位置　2. 不正确缝合位置

3. 近远－远近缝合

近远－远近缝合是一种张力缝合。第一针接近创缘垂直刺入皮肤，越过创底，到对侧距切口较远处垂直刺出皮肤。翻转缝针，越过创口到第一针刺入侧，距创缘较远处，垂直刺入皮肤，越过创底，到对侧距创缘近处垂直刺出皮肤，与第一针缝线末端拉紧打结。如图 6－52。

优点：该缝合方法创缘对合良好，具有一定抗张力强度。

缺点：切口处有双重缝线，需要缝线数量较多。

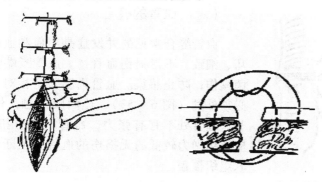

图 6－52　近远－远近缝合

三、各种软组织的缝合技术

（一）皮肤的缝合

缝合前创缘必须对好，缝线要在同一深度将两侧皮下组织拉拢，以免皮下组织内遗留空隙，滞留血液或渗出液易引起感染。两侧针眼离创缘0.5～1cm，距离要相等，针的穿入与穿出都要与皮肤表面垂直，皮肤缝合采用间断缝合，缝合后应在创缘侧面打结，打结不能过紧。皮肤缝合完毕后，用有齿镊或止血钳对创口进行校正，防止造成皮缘的外翻、内卷或彼此重叠现象，以致影响愈合，必须再次将创缘对好。

（二）皮下组织的缝合

缝合时要使创缘两侧皮下组织相互接触，一定要消除组织的空隙。使用可吸收性缝线，打结应埋置在组织内。

（三）筋膜的缝合

筋膜缝合应根据其张力强度选用不同的方法。筋膜的切口应该与张力线平行，不能垂直于张力线。所以，筋膜缝合时，要垂直于张力线，使用间断缝合。大量筋膜切除或缺损时，缝合使用垂直褥式或近远－远近等张力缝合法。

（四）肌肉的缝合

肌肉缝合要求将纵行纤维紧密连接，瘢痕组织生成后，不能影响肌肉收缩功能。缝合时，应用结节缝合分别缝合各层肌肉。小动物手术时，肌肉一般是纵行分离而不切断，因此肌肉组织经手术细微整复后，可不需要缝合。对于横断肌肉，因其张力大，应该在麻醉或使用肌松剂的情况下连同筋膜一起缝合，进行结节缝合或水平褥式缝合。

（五）腹膜的缝合

犬的腹膜具有特殊性质，缝合时可以考虑单层腹膜缝合。腹膜缝合必须完全闭合，不能使网膜或肠管漏出或嵌闭在缝合切口处。

（六）血管的缝合

血管缝合常见的并发症是出血和血栓形成。操作要轻巧、细致，不得损伤血管壁。血管断端吻合要严格执行无菌操作，防止感染。血管内膜紧密相对，因此血管的边缘必须外翻（图6－53），让内膜接触，外膜不得进入血管腔。缝合处不宜有张力，血管不能有扭转。血管吻合时，应该用弹力较低的无损伤的血管夹阻断血流。缝合处要有软组织覆盖。

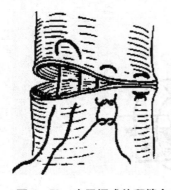

图6－53　水平褥式外翻缝合

（七）神经的缝合

神经缝合应具备的条件：操作要轻柔，缝合愈早，功能恢复的希望愈大，创口清净，神经断裂面整齐是缝合效果良好的有利条件。创口感染，有严重的关节僵直，肌肉重度萎缩，神经缺损过大，缝合张力无法解除时不能进行神经缝合。

神经缝合依损伤程度不同，可分为端端缝合和部分端端缝合两种。

1. 端端缝合

用以修复神经干完全断裂。对新鲜损伤，经清创后，用利刃修切神经干两断端，使断面整齐，然后在神经两端的内外侧各缝一针，作为固定牵引线，按 2～3mm 左右的针距，2mm 左右的边距用细丝线做结节或单纯连续缝合。前侧缝合完毕后，调换固定缝线，使神经翻转 180°以同法缝合后侧（图 6 - 54）。缝合后，神经置于健康肌肉或皮下组织内覆盖。

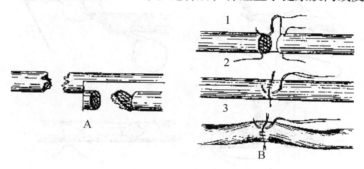

图 6 - 54　神经端端缝合

A. 新鲜神经损伤的处理　B. 神经端端缝合法：1. 定点缝合　2. 缝合前侧　3. 缝合后侧

2. 部分端端缝合

用于修复部分断裂的神经干，对新鲜的神经部分切割断面整齐者，可直接做结节缝合。反之，用利刃切除损伤部分，再行部分端端缝合。

对晚期神经部分断裂伤，应将神经充分显露并游离出来，在健康与损伤的交界处，纵切神经外膜，仔细地分开损伤与正常的神经束，切除神经纤维瘤或疤痕组织，将两断端对合后做结节缝合（图 6 - 55）。缝合时要消除部分张力，以免断端接触不良妨碍神经再生。

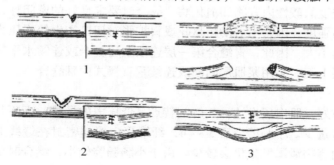

图 6 - 55　神经部分端端缝合

1. 损伤断面整齐者可直接缝合　2. 断面有挫伤者，经清创并切除损伤部分再缝合

3. 对陈旧性神经部分损伤缝合时，先切除神经纤维瘤或疤痕组织，再行部分端端缝合

（八）腱的缝合

腱的断端应紧密连接，如果末端间有裂缝被结缔组织填补，将影响腱的功能。操作要轻柔，不能使腱的末端受到挫伤而引起坏死。缝合部位周围粘连，会妨碍腱愈合后的运动。因此，腱的缝合要求腱鞘要保留或重建；腱、腱鞘和皮肤缝合部位，不要相互重叠，以减少肌腱周围的粘连，手术必须在无菌操作下进行。腱的缝合使用白奈尔氏（Bunnell）缝合，缝线放置在腱组织内，保持腱的滑动机能（图6－56）。腱鞘缝合使用结节缝合和非吸收性缝合材料，特别使用特制的细钢丝缝合。肢体固定是非常重要的，至少要进行肢体固定3周，使缝合的腱组织不能有任何张力。

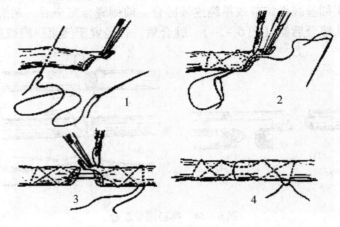

图6－56　腱缝合（1～4位顺序）

（九）空腔器官缝合

空腔器官（胃、肠、子宫、膀胱）缝合，根据空腔器官的生理解剖学和组织学特点，缝合时要求良好的密闭性，防止内容物泄漏；保持空腔器官的正常解剖组织学结构和蠕动收缩机能。因此，对于不同动物和不同器官，缝合要求是不同的。

1. 犬、猫胃缝合

胃内具有高浓度的酸性内容物和消化酶。缝合时要求良好的密闭性，防止污染，缝线要保持一定的张力强度，因为术后动物呕吐或胃扩张对切口产生较强压力；术后胃腔容积减少，对动物影响不大。因此，胃缝合第一层连续全层缝合或连续水平褥式内翻缝合。第二层缝合在第一层上面，采用浆肌层间断或连续垂直褥式内翻缝合。

2. 小肠缝合

小肠血液供应好，肌肉层发达，其解剖特点是低压力的导管，而不是蓄水囊。内容物是液态的，细菌含量少。小肠缝合后3～4h，纤维蛋白覆盖密封在缝线上，产生良好的密闭条件，术后肠内容物泄漏发生机会较少。由于小肠肠腔较小，缝合时要特别注意防止造成肠腔狭窄。犬、猫的小肠缝合使用单层对接缝合，肠管外用网膜覆盖，并用两针可吸收缝线将网膜与肠系膜固定在一起。常用压挤缝合法能达到良好对接，不易发生泄漏、狭窄和感染。缝合切口愈合快，有少量纤维结缔组织沉积，反应轻微，愈合后瘢痕较小，肠腔直径变化很小。

3. 大肠缝合

大肠内容物呈固态，细菌含量多。大肠缝合并发症是内容物泄漏和感染。内翻缝合是惟一安全的方法。内翻缝合部位血管受到压迫，血流阻断，术后第三天黏膜水肿、坏死，第五天内翻组织脱落。黏膜下层、肌层和浆膜保持接合强度。术后14d左右瘢痕形成，炎症反应消失。

4. 子宫缝合

剖腹取胎术实行子宫缝合有其特殊的意义，因为子宫缝合不良会导致母畜不孕，术后出血和腹腔内粘连。

犬、猫子宫空腔器官缝合时，要求使用小规格缝线，因为大规格缝线通过组织时，对组织损伤严重。

空腔器官缝合的缝合材料选择是重要的，应该选择可吸收性缝合材料，常使用聚乙醇酸缝线，具有一定张力强度，有特定的吸收速率，不易受蛋白水解酶或感染影响，操作方便。但是不宜暴露到膀胱和尿道内。铬制肠线也常用于胃、肠道手术，但是不能暴露到胃、肠道内，否则易受到胃、肠酶的作用很快丧失张力强度。丝线常用于空腔器官缝合，操作方便，打结确实。但是易发生感染，因此应该注意无菌技术。丝线用于膀胱和胆囊缝合时，不要暴露到膀胱和胆囊内，以防诱发结石形成。

空腔器官缝合时，最好使用无损伤性缝针、圆体针，以减少组织损伤。

（十）实质器官缝合

实质器官包括肝、肾、脾等组织。由于不同的器官组织解剖结构不同，其缝合方法是不同的。脾脏组织非常脆弱，如果脾脏损伤时，不能缝合，只有实行脾脏摘除术。肝脏的缝合分为两种情况：浅表裂创，创面无活动性出血，可用1/0号肠线做结节缝合修补，每针相距1~1.5cm；较深裂创，可做褥式缝合，肝组织小范围缺损，可在创面填塞带蒂大网膜后，再以1/0号肠线做创口两侧贯穿缝合，缝线先穿过大网膜，后穿过肝实质；肝组织完全断裂，创面有活动性出血，应该先结扎出血点，将血管从创面钝性分离，结扎，然后以1/0号肠线平行创缘做一排褥式缝合，再在上述褥式缝合外方，以1/0号肠线做两侧贯穿缝合，使创口对合（图6-57）。

肾组织切开后，对小的出血点，压迫止血即可，然后用手指将两瓣切开肾组织紧密对合，轻轻压迫，用纤维蛋白胶接起来，不需要肾组织褥式缝合，只需要连续缝合肾脏被膜，称为无缝合肾切开闭合。

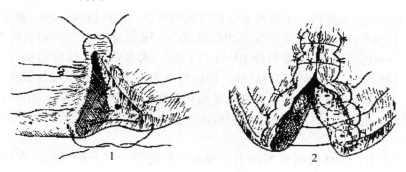

图6-57 肝破裂缝合法

四、骨缝合

骨缝合是应用不锈钢丝或其他金属丝进行全环扎术和半环扎术。

1. 全环扎术

全环扎术是应用不锈钢丝紧密缠绕360°，固定骨折断端，不适用短的斜骨折。此方法骨折断片能充分整复，适用于圆柱形骨，例如股骨、肱骨、胫骨等，如果用于圆锥形骨，容易滑脱，应该在骨皮质上做成缺口，配合骨髓针内固定，效果最好。该法不适用于应用邻近关节和骨骺端的固定，一个金属丝不能同时固定邻近的两个骨，例如桡骨和尺骨，缝合处距骨折断端不少于5mm（图6-58）。骨折处固定只应用一个金属丝缠绕不确实，容易滑脱。

2. 半环扎术

金属丝通过每个骨折片上钻好的小孔，将骨折端连接、固定，成为半环扎术。金属丝从皮质穿入骨髓腔，由对侧骨折片皮质出口穿出，然后两个金属丝末端拧紧（图6-59）。这种方法容易出现骨断片旋转，配合螺钉固定，可以避免。

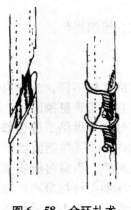

图6-58 全环扎术

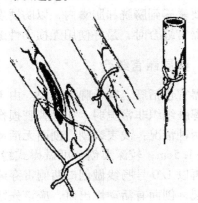

图6-59 半环扎术

第五节 拆 线

一切皮肤缝线均为异物，不论是愈合伤口或感染伤口均需拆线。胸、腹部及四肢切口缝线在手术后5~7d拆除；头皮及颈部切口缝线3~5d拆除；背中线切口拆线时间较晚，可延至术后7~9d拆线；四肢关节处10~12d拆线。大多数愈合良好的切口，在7d时拆除普通缝线（丝线），14d拆除张力缝线。肠线可以不拆，待其自然吸收脱落。切口太长、太大、太紧，或病畜有贫血、营养不良及其他并发症，以致切口未能按期愈合时可稍晚拆线。但晚拆线有刺激伤口时间太长、瘢痕较大、感染机会增多等缺点，所以现在都提倡早期拆线。

在特殊情况下，拆线时间可不按上述规定，有时拆线可分期进行，先间隔拆去一部分，过1~2d后再拆其余部分。有时甚至可暂不拆线。

　　拆线方法是先夹起线头，用剪刀插进空隙从由皮内拉出的部分将线剪断（图 6 - 60）。这样，由于抽紧线头，必然会引起疼痛。同时，如前所说，手术后创口总不免有暂时性的水肿现象，如果缝线结扎太紧，就会嵌到皮内，使拆线困难，更加重拆线时的疼痛。因此，拆线时，可先用生理盐水棉球轻压伤口，并除去血迹结痂，使缝线清晰暴露，以干棉球擦干，再用酒精棉球消毒（一般缝合伤口，若无血迹结痂，则仅用酒精棉球消毒即可；但黏膜及会阴部不可使用酒精，应以红汞棉球或 0.1% 新洁尔灭棉球消毒），然后用小型尖头锐利剪刀，在缝线的中央剪断（图 6 - 61，①），沿皮肤平面再剪去无线结一端的全部皮外线头（图 6 - 61，②），或直接齐皮肤平面剪断无线结的一端（图 6 - 61，③），最后用镊子夹住有线结的一端的线头，将缝线呈垂直方向抽出。上述 3 种拆线方法，可按不同情况，灵活采用。但无论采用何法拆线，均不可使皮外部分缝线再从伤口内通过（图 6 - 61，④）。以免增加感染机会。拆线时，剪刀应插入缝线下面，这样，不仅可以减少疼痛，且可防止误剪皮肤。拆线后，如发现愈合不良而有裂开的可能，则可用蝶形胶布将伤口固定，并以绷带包扎。

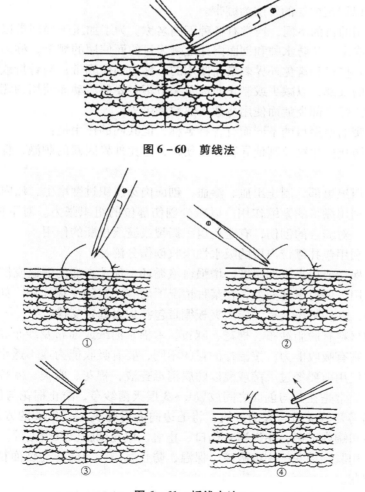

图 6 - 60　剪线法

①　　　　　　　　　　②

③　　　　　　　　　　④

图 6 - 61　拆线方法

第七章 包 扎 法

第一节 包扎的作用及材料

绷带是固定和保护创伤的材料，包括内层和外层两部分，敷料（包括纱布块、脱脂棉等）为内层。用以固定内层的外层为绷带。

由于绷带使用的目的不同，通常有各种不同名称。为了加压于局部借以阻断或减轻出血及制止淋巴液渗出、预防水肿和创面肉芽过剩为目的而使用的绷带，称为压迫绷带；为了防止微生物侵入伤口和避免外界刺激而使用的，称为创伤绷带；当骨折或脱臼时，为了固定肢体或体躯的某部，以减少或制止肌肉及关节不必要的活动而使用的绷带，称为制动绷带；此外，如治疗某部炎症而使用冷敷、热敷绷带等。

尽管由于绷带的使用目的不同而有各种名称，但共同的作用是：

保护作用 防止微生物及其他异物侵入伤口，避免外界因素的刺激，保持外用药物不流失等。

压迫作用 压迫患部，制止出血、渗血，创面肉芽组织过度增生，疝内容物脱出等。

减张作用 利用绷带的紧缩作用，以减少创伤部位的组织张力。对不便缝合的创伤，可促使创缘接近。对缝合的创伤，有避免组织撕裂或缝线拉断的作用。

吸收作用 利用包扎绷带内层的吸水性吸收创伤分泌物。

保温作用 保持或提高患部温度，增强血液循环，加速炎症的消退或伤口的愈合。

固定作用 用以保持患部安静，在某种情况下尚有一定的支撑作用。如骨折、肌腱断裂、关节脱位等，在局部整复后，应用夹板绷带包扎加以固定支撑。

用作包扎的材料有脱脂纱布、棉花、麻布、木棉、油纸或油布及纱布卷等。它们必须柔软而有弹性，富有吸收能力。按治疗的目的不同，要有吸收能力或不透水的作用。贴近伤口的敷料，在使用前要经过灭菌或浸以防腐消毒药液，棉花、麻类、木棉等敷料不可直接与创面接触，通常是在其与创面之间放置 2~3 层灭菌纱布，防止棉花与创口粘连。

纱布 根据需要剪成适当大的方块，将毛边向内折叠成 5~10cm 的方块，每 10 块包成一包，放在纱布罐内灭菌，用以覆盖伤口、止血、填充创腔以及吸液等。

棉花 一般用脱脂棉花，用以吸液、保温、防止感染。为防止与创面粘着，先覆以灭菌纱布再覆盖棉花。

棉布 使用白布作复绷带、三角带、多头绷带、明胶绷带等。

防水材料 有油纸、油布、胶布、蜡纸等。一般放在纱布或棉花外层，用以防水，避免伤口浸湿污染。

麻布 有亚麻布、帆布或麻袋片等，用以保护绷带。

卷轴绷带 使用棉布、麻布及棉纱布制成，分 3 列、4 列、5 列等。按创伤的位置、大小、形状及动物种类选择使用。

第二节 绷带的种类和使用方法

根据临床和局部解剖的特点，常用的绷带有卷轴绷带、结系绷带、复绷带、胶质绷带、支架绷带、夹板绷带和石膏绷带，现分述于后。

一、卷轴绷带

通常称为绷带或卷轴带，是将布剪成狭长的带条，用卷绷带机或手卷成。一般用纱布或棉布制成。为了加压于局部，也可使用特制的由一种弹性网状织品制成的弹力（弹性）绷带。卷轴绷带分为单头绷带、双头绷带、"丁"字形绷带。绷带卷由一头卷起称单头绷带，从两头卷起称双头绷带。"丁"字形绷带是由两个卷轴绷带制成，即将一个绷带卷的开端垂直地缝在双头绷带卷的中央。

1. **基本包扎法**

卷轴带多用于四肢游离部、尾部、头部、胸部和腹部等。包扎时，一般以左手持绷带的开端，右手持绷带卷，以绷带的背面紧贴肢体表面，由左向右缠绕。当第一圈缠好之后，将绷带的游离端反转盖在第一圈绷带上，再缠第二圈压住第一圈绷带。然后根据需要进行不同形式的包扎法缠绕。无论用何种包扎法，均应以环形开始并以环形终止。包扎结束后将绷带末端剪成两条打个半结，以防撕裂。最后打结于肢体外侧，或以胶布将末端加以固定。卷轴绷带的基本包扎有如下几种：

（1）环形包扎法 用于其他形式包扎的起始和结尾，以及用于系部、掌部、跖部等较小创口的包扎。方法是在患部把卷轴带呈环形缠数周，每周盖住前一周，最后将绷带末端剪开打结或以胶布加以固定。

（2）螺旋形包扎法 以螺旋形由下向上缠绕，后一圈遮盖前一圈的 1/3～1/2。用于掌部、跖部及尾部等的包扎。

（3）折转包扎法 又称螺旋回反包扎。用于上粗下细径圈不一致的部位，如前臂和小腿部。方法是由下向上做螺旋形包扎，每一圈均应向下回折，逐圈遮盖上圈的 1/3～1/2。

（4）蛇形包扎 或称蔓延包扎。斜行向上延伸，各圈互不遮盖，用于固定夹板绷带的衬垫材料。

（5）交叉包扎法 又称"8"字形包扎。用于腕、跗、球关节等部位，方便关节屈曲。包扎方法是在关节下方做一环形带，然后在关节前面斜向关节上方，做一周环形带后再斜行经过关节前面至关节之下方。如上操作至患部完全被包扎后，最后以环形带结束。

2. 包扎的注意事项

（1）按包扎部位的大小、形状选择宽度适合的绷带。太宽使用不便，包扎不平，太窄难以固定，包扎不牢固。

（2）包扎时要求迅速确实，用力均匀，松紧适宜，避免一围松，一围紧，压力不可太大，以免发生外循环障碍，但也不宜太松，以致脱落和固定不牢，在操作中绷带不得脱落污染。

（3）在临床治疗中不宜使用湿绷带进行包扎，因为湿布不仅会刺激皮肤而且容易造成感染。

（4）对四肢部的包扎须按静脉血流方向，从四肢的下部开始向上包扎，以免静脉淤血。

（5）卷轴带的缠绕总是以环形带开始，以环形带终止，包至最后末端应妥善固定以免松脱，一般用胶布贴住比打结更为光滑、平整、舒适，如果采用末端撕开系结，则结扣不可置于隆突处或创面上，结的位置也应避免啃咬而松结。

（6）包扎尾绷带时，尾根部的环形带不能压迫过紧，否则易引起尾部血液循环障碍，甚至引起局部干性坏死而脱落。

（7）包扎应美观，绷带应平整无皱褶，以免发生不均匀的压迫。交叉或折转应成一线，每圈遮盖多少要一致，并扯去绷带边上活动的线头。

（8）解除绷带时，先将末端的固定结松开，再朝缠绕相反方向以双手相互传递松解，解下的部分应捏在手中，不要拉得很长或拖在地上，紧急时可以用剪刀剪开以解除之。

（9）对破伤风等厌氧菌感染的创口，尽管作过一定的外科处理，也不宜用绷带包扎。

二、结系绷带

或称缝合包扎，是用缝线代替绷带固定，而做的一种保护手术创口或减轻伤口张力的绷带。结系绷带可装在畜体的任何部位，其方法是在圆枕缝合的基础上，利用游离的线尾，将若干层灭菌纱布固定在圆枕之间和创口之上，如图7-1所示。

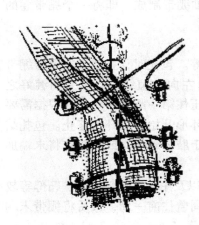

图7-1　结系绷带

三、复绷带

是按畜体一定部位的形状而缝制的，具有一定结构、大小的双层盖布，在盖布上缝合若干布条以便打结固定。复绷带虽然形式多样，但都要求装置简便、固定确实。

装置复绷带时应注意的几个问题：

1. 盖布的大小、形状应适合患部解剖形状和大小的需要，否则外物容易进入患部；

2. 包扎固定须牢靠，以免家畜运动时松动；

3. 绷带的材料与质地应优良，以便经过处理后反复使用。

四、支架绷带

支架绷带是在绷带的基础上，内有作为固定敷料的支柱装置的一种绷带。这种绷带应用于家畜的四肢时，为套有橡皮管的软金属丝或细绳构成的支架，借以牢固地固定敷料，而不因家畜的走动失去它的作用。鬐甲、背腰部的支架绷带为被纱布包住的弓状金属支架，使用时可用布条或软绳将金属架固定于患部。支架绷带具有防止摩擦、保护创伤、保持创伤安静和通气作用，因此为创伤的愈合提供了良好条件（图7-2）。

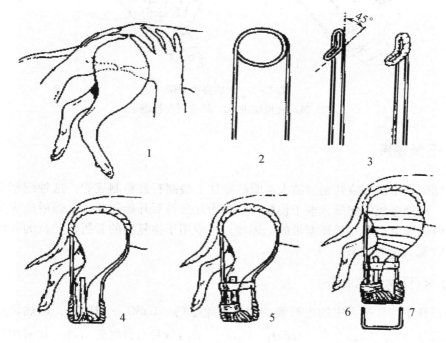

图7-2　改良托马斯支架绷带
1. 测大腿的直径　2. 用铝棒卷曲一圈半　3. 圈下1/2屈曲呈45°，并用绷带包扎
4. 支架圈套入大腿，按动物站立姿势和高度屈曲两支架杆，并用绷带或胶带缠绕其远端
5. 支架向腹股沟托紧，用胶带将脚缠绕固定在支架远端　6. 如犬重为13kg，再在支架底部按本图
7. 附加一铝棒，最后用棉花和绷带缠绕固定整个支架

五、夹板绷带

夹板绷带是借助于夹板的作用达到保持患部安静，避免加重损伤、移位和使伤部进一步复杂化的一种起制动作用的绷带，分临时夹板绷带和预制夹板绷带两种。前者通常用于骨折、关节脱位时的紧急救治，后者可作为较长期的制动。

临时夹板绷带可用胶合板、普通薄木板、竹板等作为夹板材料。预制夹板绷带常用金属丝、薄铁板、木料等制成适合四肢解剖形状的夹板。无论临时夹板绷带或预制夹板绷带，皆由作为衬垫的内层、夹板和各种固定材料构成。

　　夹板绷带的包扎方法是先将患部皮肤洗净，包上较厚的棉花、纱布棉花垫或毡片等衬垫并用蛇形带加以固定，尔后装置夹板。夹板的宽度视需要而定，长度既应包括骨折部上下两个关节、使上下两个关节同时得到固定，又要短于衬垫材料，避免夹板两端损伤皮肤。最后用螺旋带或结实的细绳加以捆绑固定，铁制夹板可加皮带固定（图 7 - 3）。

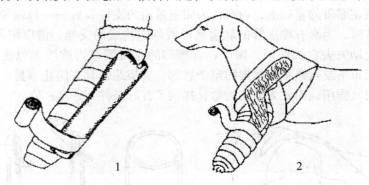

图 7 - 3　犬的夹板绷带

1. 塑料夹板绷带　2. 纤维板夹板绷带

六、石膏绷带

　　石膏绷带是用淀粉液浆制过的大网眼纱布加上煅制石膏粉制成的。这种绷带用水浸后质地柔软，可塑造成任何形状敷于伤肢，一般十几分钟后开始硬化，干燥后成为坚固的石膏夹。外科临床上，利用石膏绷带的上述特点，应用于整复后的骨折，脱位的外固定或矫形，常可收到满意的效果。

　　（一）石膏绷带的制备

　　医用石膏是将自然界中的生石膏，即含水硫酸钙（$CaSO_4 \cdot 2H_2O$），加热烘焙，使其失去一半水分而制成的假石膏（$CaSO_4 \cdot H_2O$）。煅石膏及石膏绷带市场上均有出售，若需自制其方法是：将生石膏研碎，筛去粗粒，用火烘焙（温度为 $100 \sim 125$℃）直至细腻洁白，手试略带黏性发涩，手握石膏粉则易从指缝漏出，剩于手中的石膏也一触即散。将石膏加 $30 \sim 35$℃温水调成厚糊状，涂于瓷盘上，经 $5 \sim 7min$ 即可硬化。指压仅留压痕，并从表面排出水分。达到上述标准即可用于制作石膏绷带。

　　制作石膏绷带时，先将干燥的上过浆的纱布卷轴绷带，放在堆有石膏粉的搪瓷盘内，打开卷轴带的一端，从石膏堆上轻拉过，并用木板刮匀，使石膏粉进入纱布眼孔，然后轻轻卷起，制成石膏绷带卷，密封箱内贮存备用。

　　（二）石膏绷带的装置方法

　　应用石膏绷带治疗骨折，可分无衬垫和有衬垫两种，目前认为使用无衬垫石膏绷带疗效较好。骨折整复后，清除皮肤上污物，涂布滑石粉，尔后于肢体上、下端各绕一圈薄的纱布棉垫，其范围应超出装置石膏绷带卷的预定范围。

　　根据操作时的速度逐个地将石膏绷带卷轻轻地横放到盛有 $30 \sim 35$℃的温水桶中，使整个绷带卷淹没在水中，待气泡出完后，两手握住石膏绷带卷的两端取出，用两手掌轻轻对挤，除去多余水分，从病肢的下端先作环形带，后作螺旋带向上缠绕直至预定的部位，每缠一圈绷带，都必须均匀地涂抹石膏泥，使绷带紧密结合。骨的突起部，应放置棉花垫加以保护。石膏绷带上下端不能超过衬垫物，而且松紧也要适宜。根据伤肢重力和肌肉牵引力的不同，可缠绕6~8层。在包扎最后一层时，必须将上下衬垫向外翻转，包住石膏绷带的边缘，最后表面涂石膏泥。石膏绷带数分钟后即可成型，但为了加速绷带的硬化，可用电吹风机吹干。

当开放性骨折及其他伴发创伤的四肢疾病时，为了观察和处理创伤，常应用有窗石膏绷带。"开窗"的方法是在创口上覆盖消毒的创伤压布，用大于创口的杯子或其他器皿放于布巾上，杯子固定后，绕过杯子按前法缠绕石膏绷带，待石膏未硬固之前用刀作窗取下杯子即成窗口，窗口边缘用石膏泥涂抹平滑。有窗石膏绷带虽有便于观察和处理创伤之优点，但其缺点是可引起静脉淤血和创伤肿胀。有窗石膏绷带若窗孔过大，往往影响绷带的坚固性，为了满足治疗上的需要和不影响绷带的坚固性，可采用矫形石膏绷带，其制作方法是用5~6层卷轴石膏绷带缠绕于创伤的上、下部，即先作出窗孔，待石膏硬化后于无石膏绷带部分的前后左右各放置一条弓形金属板即"桥"，代替一段石膏绷带，金属板的两端放置在患部上下方绷带上，然后再缠绕3~4层卷轴石膏绷带加以固定。

为了便于固定和拆除，外科临床上也有使用长压布石膏绷带，其制作和使用方法是：取纱布，其宽度为要固定部位圆周的一半，长度视情况而定。将纱布均匀地布满煅石膏粉后，逐层重叠起来浸以温水，挤去多余水分后放在患肢前面。同法做成另一长压布，放在患肢后面。待干燥之后再用卷轴绷带将两页固定于患部。

为了加强石膏绷带的硬度和固定作用，可在卷轴石膏绷带缠绕后的第三、第四层停止缠绕，修整平滑并置入夹板材料，使之成为石膏夹板绷带。

（三）包扎石膏绷带时应注意的事项

1. 将一切物品备齐，然后开始缠绕，以免临时出现问题延误时间，由于水的温度直接影响着石膏硬化时间（水温降低会延缓硬化过程），应予注意。

2. 病畜必须保定确实，必要时可作全身或局部麻醉。

3. 装置前必须整复良好，使病肢的主要力线和肢轴尽量一致，为此，在装置前最好应用X射线透视或摄片检查。

4. 长骨骨折时，为了达到制动目的，一般应固定上下两个关节，才能达到制动的作用。

5. 骨折发生后，使用石膏绷带作外用固定时，必须尽早进行。若在局部出现肿胀后包扎，则在肿胀消退后，皮肤与绷带间出现空隙，达不到固定作用。此时，可施以临时石膏绷带，待炎性肿胀消退后，将其拆除重新包扎石膏绷带。

6. 缠绕时要松紧适宜，过紧会影响血液循环，过松会失去固定作用。缠绕的基本方法是把石膏绷带贴上去，而不是拉紧了缠上去，每层力求平整，为此，应一边缠绕一边用手将石膏泥抹平，使其厚薄均匀一致，骨的突起部需用衬垫予以保护。

7. 未硬化的石膏绷带不要指压，以免向下凹陷压迫组织，影响血液循环或发生溃疡、坏死。

8. 石膏绷带敷缠完毕后，为了使石膏绷带表面光滑美观，可用干石膏粉少许加水调成糊，涂在石膏夹表面，使之光滑整齐。石膏夹两端的边缘，应修理光滑并将石膏绷带两端的衬垫翻到外面，以免摩擦皮肤。

9. 最后用铅笔或毛笔在石膏夹表面写明装着和拆除石膏绷带的日期，并尽可能标记出骨折线或其他。

（四）石膏绷带的拆除

石膏绷带拆除的时间，应根据不同的病畜和病理过程而定，一般 3~4 周，但下列情况，应提前拆除或拆开另行处理。

1. 石膏夹内有大出血或严重感染。

2. 病畜出现原因不明的高热。

3. 包扎过紧，肢体受压，影响血液循环。表现为病畜不安，食欲减少，末梢部肿胀，蹄温变冷。如出现上述症状应立即拆除重行包扎。

4. 肢体萎缩，石膏夹过大或严重损坏失去作用。

由于石膏绷带干燥后十分坚硬，拆除时多用专门工具，包括锯、刀、剪、石膏分开器等（图 7-4）。拆除的方法是：先用热醋、双氧水或饱和食盐水在石膏夹表面划好拆除线，使之软化，然后沿拆除线用石膏刀切开、石膏锯锯开，或石膏剪逐层剪开。为了减少拆除时可能发生的组织损伤，拆除线应选择在较平整和软组织较多处。外科临床上也常直接用长柄石膏剪沿石膏绷带近端外侧线纵行剪开，而后用石膏分开器将其分开，石膏剪向前推进时，剪的两页应与肢体的长轴平行以免损伤皮肤。

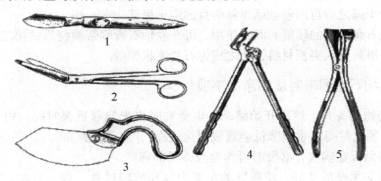

图 7-4 拆除石膏绷带的工具
1. 石膏刀 2. 石膏剪 3. 石膏手锯 4. 长柄石膏剪刀 5. 石膏分开器

（五）绷带的回收和利用

在污物敷料的处理过程中，未被油渍污染的绷带、棉花、纱布或其他棉织品，皆可重行洗涤，经灭菌后回收再用，为此，取下的污染绷带、敷料应与不能洗者分别放置，严重污染和不能洗的，可烧毁或深埋。能洗的绷带或敷料应先用冷水浸泡，再用清水、肥皂水冲去血污，然后放在 5%~10% 煤酚皂溶液或石灰水内浸泡并用棍棒搅动，2h 后取出，清水冲洗后再用碱水或漂白粉液煮沸，被碘酊浸染的绷带、敷料也可放入沸水中煮或浸泡于 2% 硫代硫酸钠溶液中 1h，脱碘后，取出洗净晒干叠好，经灭菌后重新回收利用。绷带应及时卷成卷，用纸包好备用。

第八章　冲洗引流

　　冲洗引流是外科领域内操作简单、应用广泛的基本技术之一。它对外科疾病的治疗、合并症的预防有重要作用。因此，应对其提高认识，正确掌握合理使用。

第一节　冲　　洗

　　冲洗是利用某些液体将创面、体腔或组织腔隙、空腔脏器清洁的处理手段，是无菌术技术的基本方法。

一、常用冲洗液

　　清水，0.9% 生理盐水，3% 双氧水，新洁尔灭液，灭滴灵液，灭菌王液，0.2% 高锰酸钾液以及各种抗生素稀释液。

二、冲洗适应症

1. 新鲜开放创口（伤后 8h 内）；
2. 陈旧污染创口（伤后 8h 外）；
3. 感染创口、创腔；
4. 感染、污染积血的腹腔；
5. 腹部大手术后；
6. 感染污染的空腔脏器（膀胱、胃）。

三、冲洗注意事项

1. 要无菌操作，处理开放性创口时，首先要消毒皮肤（包括剃毛）后，再进行局部冲洗。
2. 动作轻柔，避免副损伤，例如脏器，大血管周围冲洗。
3. 注意动物状态，如年老体弱、病情危重、休克等，只能做简单快速冲洗。

4. 局部冲洗时注意保护好周围正常组织，避免人为污染、感染扩散。

5. 根据情况选择合适的冲洗液，如新鲜、清洁创口可用0.9%生理盐水和3%双氧水；感染的创口、创腔可用生理盐水、各种抗生素稀释液等。年老、体弱、病情危重病畜的腹腔冲洗，用温盐水等刺激性小的冲洗液。

6. 进行性出血的创面、创口冲洗应慎重。

四、清创术

清创时可选用适当的麻醉方法，如小创口可选用局部麻醉，下肢常用腰麻等。手术步骤：

1. 处理创口及周围皮肤

用无菌纱布盖住创口、周围皮肤被毛；洗手戴手套，创口更换无菌纱布，用软毛刷和肥皂液刷洗周围皮肤，用清水或生理盐水冲洗干净，重复刷洗两遍。有油腻者可用乙醚擦拭，去掉敷盖纱布，更换手套，用大量生理盐水冲洗创口。

2. 清除坏死组织和异物

以剪刀彻底剪除污染的皮下组织或已有明显损伤的脂肪组织。注意深层各种组织的损伤情况，去除刺激不收缩和切割不出血的肌肉，切除已严重污染，并因挤压破损的肌腱，但切勿切除神经。有血管损伤应止血，主要的血管受损伤必须予以修补。

3. 修复损伤的组织与缝合创口

第二节 引 流

使器官、体腔或组织腔内积聚的内容物排除体外或引出的措施称之为引流。正确使用引流技术可防止感染扩散，减少合并症的发生。广义的引流尚应包括胃肠减压、留置尿管、各种造口或吻合等。

一、引流遵循的原则

引流术在外科手术中广泛应用，尽管其形式多样，病情各异，施行引流，均应遵循以下原则：

1. 通畅

所有引流必须以通畅为前提，使各种腔内液迅速排出，以减轻、消除症状，促进组织愈合。引流切口的大小、位置、体位、脏器内引流的吻合口等，均可影响引流效果。

2. 彻底

对较大或深部脓肿或浆膜腔积液，引流必须力求彻底，争取早期愈合，缩短疗程。不然则病情迁延，造成慢性感染而久治不愈，甚至会造成更严重的并发症。

3. 损伤小

对内脏或组织干扰小，施行引流术时应避免损伤大块组织。如行脓肿引流时，应在波动最明显、与体表距离最近处切口，切口的位置应避开大血管、神经及重要的脏器和关节腔。在选择引流物时，应选择组织刺激最小、表面光滑、不易吸收的物质，对胸腔、腹腔、关节腔和脑部引流，尤宜取径路短、引流管口径适宜和避免脏器损伤的方法。

4. 顺应解剖和生理要求

引流的方式应符合其解剖关系及生理功能，如切口的方向应考虑功能、位置、术后瘢痕形成及对邻近组织的影响。

5. 确定病原菌

任何感染部位的引流液均应做细菌涂片检查、细菌培养、药敏试验，以便确定致病菌及药物敏感性。针对致病菌选择有效抗菌药物。如果滥用药物，不仅造成浪费，而且会使细菌产生耐药性，给治疗带来麻烦。

二、引流的分类

1. **按引流目的分两类**

（1）预防性引流　为预防术后发生积血、积液、感染吻合口瘘等并发症而使用的。如腹腔大手术后（肝、胆、胰、肾手术）、甲状腺手术后、门脉高压症等。多用胶管引流及烟卷引流，一般留置时间不长，在 24～48h 内。如留置时间过长，可致逆行感染。

（2）治疗性引流　为使组织间或体腔内脓液、各种瘘液等流于体外的引流。如胆瘘、胰瘘、肠瘘、脓肿切开引流。此种引流多用胶管、套管引流，时间较长，多在疾病需要治疗时引流。没有脓液或瘘液、胆汁、胰液等排出即可拔出。

2. **按其作用机理可分两类**

（1）被动引流　借助于体内液体与大气压力差，或引流物的虹吸作用及体位相关作用，使液体排出体外。

（2）主动引流　用负压吸引将体内液体吸出，多用烟卷、纱布、胶管、套管引流等。

三、引流物的种类

1. **纱条**

应用防腐灭菌的干纱布条，涂布软膏，放在腔内，排出其中液体。纱布条引流在几小时内吸附创液而饱和，创液和血液凝块沉积在纱布条上，阻止进一步引流。该法一般用于浅表或慢性感染伤口。

2. **橡皮片**

用橡皮手套剪成，用于表浅伤口治疗及预防性引流。

3. **烟卷**

用橡皮片、纱布条制成，常用于腹腔短时间引流。

4. **膜管**

用橡皮片卷成空心管状，用于表浅创口的治疗及预防性引流。

5. **管状引流**

常用的有硅胶管、软塑管、乳胶管、导尿管、双腔套管等，常用于体腔及深部组织引流。在插入创腔之前用剪刀将引流管剪成小孔，这样可以引流小孔周围的创液。应用这种引流能减少术后血液、创液的蓄留。

四、引流的主要作用与应用

将创口内或腔隙中的分泌物、积血、脓汁、渗出物引出体外，缩小死腔；刺激组织渗出，中和、稀释毒素；刺激渗出纤维蛋白原，使局部粘连，病灶局限化。

创伤缝合时，引流管插入创内深部，创口缝合，引流的外部一端缝到皮肤上。在创内深处一端，由缝线固定。引流管不要由原来切口处通出，而要在其下方单独切开一个小口通出引流管。引流管要每天清洗，以减少发生感染的机会。引流管在创内放置时间越长，引流引起感染的机会增多，如果认为引流已经失去引流作用时，应该尽快取出。应该注意，引流管本身是异物，放置在创内，会诱发产生创液。

应该在无菌状态下引流，引流出口应该尽可能向下，有利于排液。出口下部皮肤涂以软膏，防止创液、脓汁等腐蚀、浸渍被毛和皮肤。每天应该更换引流管或纱布，如果引流排出量较多，更换次数要多些。因为引流管的外部已被污染，不应该直接由引流管外部向创内冲洗，否则引流管外部细菌和异物会进入创内。要控制住病畜，防止引流物被舔、咬或拉出创外。

五、引流的适应症

1. 引流用于治疗的适应症

（1）皮肤和皮下组织切口严重污染，经过清创处理后，仍不能控制感染时，在切口内放置引流物，使切口内渗出液排出，以免蓄留发生感染，一般需要引流24~72h。

（2）脓肿切开排脓后，放置引流物，可使继续形成的脓液或分泌物不断排出，使脓腔逐渐缩小而治愈。

2. 引流用于预防的适应症

（1）切口内渗血，未能彻底控制，有继续渗血可能，尤其有形成残腔可能时，在切口内放置引流物，可排除渗血、渗液，以免形成血肿、积液或继发感染。一般需要引流24~48h。

（2）愈合缓慢的创伤。

（3）手术或吻合部位有内容物漏出的可能。

（4）胆囊、胆管、输尿管等器官手术，有漏出刺激性物质的可能。

六、引流应用的缺点

引流管或纱布插入组织内，能出现组织损伤，引流物本身是动物体内的异物，能损伤其附近的腱鞘、神经、血管或其他脆弱器官。如果引流管或纱布放置时间太长，或放置不当，要腐蚀某些器官的浆膜表面。引流的通道与外界相通，在引流的周围，有发生感染的可能。在引流插入部位上有发生创口哆开或疝形成的可能。引流的应用，虽然有很多适应症，但是不应该代替手术操作的充分排液、扩创、彻底止血和良好的缝合。

七、注意事项

1. 使用引流的类型和大小一定要适宜

选择引流类型和大小应该根据适应症、引流管性能和创流排出量来决定。

2. 放置引流的位置要正确

一般脓腔和体腔内引流出口尽可能放在低位。不要直接压迫血管、神经和脏器，防止发生出血、麻痹或瘘管等并发症。手术切口内引流应放在创腔的最低位。体腔内引流最好不要经过手术切口引出体外，以免发生感染，应在其手术切口一侧另造一小创口通出，切口的大小要与引流管的粗细相适宜。

3. 引流管要妥善固定

不论深部或浅部引流，都需要在体外固定，防止滑脱、落入体腔或创伤内。

4. 引流管必须保持畅通

注意不要压迫、扭曲引流管。引流管不要被血凝块、坏死组织堵塞。

5. 引流必须详细记录

引流取出的时候，除根据不同引流适应症外，主要根据引流流出液体的数量来决定。引流流出液体减少时，应该及时取出。所以放置引流管后，要每天检查和记录引流情况。

第九章 头部手术

第一节 犬、猫拔牙术

[适应症] 严重龋齿、化脓性齿髓炎、断齿、齿松动、多生齿、齿生长过长或齿错位等为拔牙手术的适应症。为防止动物咬人致伤，也可用此手术拔除其犬齿。

[局部解剖] 犬上颌有20个永久齿（其中6个切齿、2个犬齿和12个臼齿）。下颌有22个永久齿（6个切齿、2个犬齿和14个臼齿）。猫上颌有16个永久齿（6个切齿、2个犬齿和8个臼齿），下颌有14个永久齿（6个切齿、2个犬齿和6个臼齿）。犬，猫少数臼齿称扇形齿或食肉齿，齿大，切割、磨碎功能强，反应了食肉动物的特性，最大扇形齿为上颌第四前臼齿和下颌第一后臼齿。犬切齿、犬齿、上下颌第一前臼齿和下颌第三后臼齿均有一个齿根，剩余下颌臼齿和上颌第二、三前臼齿有2个齿根，其余上颌第四前臼齿和第一、二后臼齿有3个齿根。猫仅扇形齿有3个齿根，扇形齿根两个在前，一个在后。

[器械] 选用人用牙科器械，如牙钳、牙根起子、牙锤、牙凿和刮匙，另外选用一般手术器械和开口器等。

[麻醉] 动物需全身麻醉，最好用吸入麻醉，因为气管内插管后。可防止冲洗液或血液被误吸。

[保定] 采取侧卧位保定，颈后及身躯垫高或头放低，防止异物性吸入。用开口器打开口腔。

[手术操作]

口腔清洗干净，局部消毒。

1. 单齿根齿的拔除

单齿根齿指的是切齿和犬齿。如拔除切齿，先用牙根起子紧贴齿缘向齿槽方向用力剥离、旋转和撬动等，使牙松动，再用牙钳夹持齿冠拔除。因犬齿齿根粗而长，应先切开外侧齿龈，向两侧剥离，暴露外侧齿槽骨，并用齿凿切除齿槽骨。然后用牙根起子紧贴内侧齿缘用力剥离，再用齿钳夹持齿冠旋转和撬动，使牙松动脱离齿槽，最后将其拔除。清洗齿槽，用可吸收线或丝线结节缝合齿龈瓣。如有出血，可填塞棉球止血（图9-1）。

2. 多齿根齿的拔除

当拔除两个齿根的牙时（如上、下前臼齿），可用齿凿（或齿锯）在齿冠处纵向凿开（或锯开）使之成为两半，再按单齿根齿拔除。对于3个齿根的牙（上颌第四前臼齿和第

一、二后臼齿），需用齿凿或齿锯在齿冠处纵向分割2～3片，再分别将其拔除。也可先分离齿周围的附着组织，显露齿叉，牙根起子经齿叉旋钻楔入，迫使齿根松动，然后将其拔除（图9-2）。

　　[**术后护理**]　术后全身应用抗生素2～3d。犬、猫对拔牙耐受力强，多数病例在术后第二天即可吃食。术后21～28d，齿槽新骨生长而将其填塞。

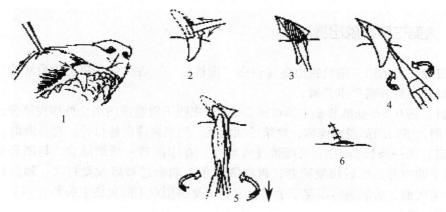

图9-1　单齿根齿的拔除
1. 齿根部位齿龈切开线（箭头所指）　2. 分离齿龈　3. 切除外侧齿槽
4. 用牙根起子松动牙齿　5. 用齿钳夹持齿冠旋转、拔出　6. 缝合齿龈
（引自林德贵《兽医外科手术学》）

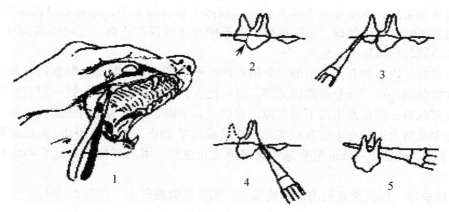

图9-2　多齿根齿的拔除
1、2. 齿被凿开两部分　3、4. 依次分离两部分齿周围组织并将齿拔除
5. 牙根起子楔入齿根间（齿叉）
（引自林德贵《兽医外科手术学》）

第二节　眼部手术

　　眼睛是动物重要的感觉器官，也是容易遭受损伤或感染的部位。近年来随着犬、猫等小动物饲养数量的增多，临床上遇到的眼病也日益增多，常见眼睑、瞬膜、结膜、角膜或

眼球的异常、损伤或感染。在动物的眼病中，有的必须及时施行手术治疗，否则将造成视力不可逆性损害；有的眼病原本轻微，用药本应当有效，但由于动物自身不善保护眼睛，而且治疗人类眼病的常规药液滴眼法用于治疗动物眼病并不十分适用，所以也往往需要施行简单的手术方法配合治疗。因此，掌握动物眼病常用的治疗技术和手术方法具有十分重要的作用。

一、犬第三眼睑脱出摘除

[适应症] 犬的第三眼睑脱出症（俗称"樱桃肿"），在犬病临床上较为常见。

[器械] 一般外科手术器械。

[麻醉] 用0.5%盐酸普鲁卡因溶液2ml，于患眼下眼睑靠内眼角处作皮下分点注射和结膜下注射，进行局部浸润麻醉，性情凶猛病例，则肌肉注射静松灵，全身麻醉。

[保定] 用一条长1m左右的绷带（或细绳）在中间打一活结圈套，将圈套套至犬鼻背中间和下颌中部，然后拉紧圈套，再将绷带条两端绕过耳后收紧打结，然后将病犬仰卧，分别将犬前、后肢捆绑固定于手术台上，由助手用双手固定住犬头部。

[手术操作]

患眼周围剃毛，用2%硼酸溶液冲洗患眼数次，碘酊涂擦眼周围皮肤消毒。

传统手术方法以加有青霉素的注射用水冲洗眼结膜，并滴含有肾上腺素局部麻醉药。用组织钳夹住肿物包膜外引，充分暴露出基部，以弯止血钳夹钳基部数分钟，然后以手术刀沿夹钳外侧切除，或以外科小剪刀剪除，腺体务必切除干净，尽量不损伤结膜及瞬膜，再以青霉素水溶液冲洗创口，去除夹钳，以干棉花压迫局部止血。也可用滴加0.1%盐酸肾上腺素溶液的棉球压迫止血。

扭断式摘除法以加有青霉素的注射用水冲洗眼结膜，滴含有肾上腺素局麻药。用组织钳夹住肿物包膜外引，充分暴露出基部，以一把直止血钳夹钳基部，另一把直止血钳平行钳夹纤维膜状蒂，两止血钳间不留空隙，然后一只手固定夹钳基部的止血钳，另一只手按顺时针方向旋转上面的止血钳直到将纤维膜状蒂扭断为止，创口滴加0.1%盐酸肾上腺素溶液2~3滴，停留1~2min后去除钳夹基部的止血钳。术后局部创口几乎不出血或仅有极少量出血。

[术后护理] 以抗生素肌肉注射抗感染，用氯霉素眼药水，点眼2~3d。

二、眼球的复位与摘除术

[适应症] 眼球手术复位法适合于中度、重度眼球脱出的患犬。眼球摘除适用于严重眼球损伤无治愈希望、化脓性全眼球炎治疗无效、眼球内肿瘤等。

[局部解剖] 眼球位于眼眶内，前部除角膜外有球结膜覆盖，中后部有眼肌附着，分别为上直、下直、内直和外直肌，上、下斜肌与眼球退缩肌，后端借视神经与间脑相连。眼球4条直肌起始于视神经孔周围，包围在眼球退缩肌外周，向前以腱质分别抵止于巩膜上、下、内、外表面。眼球上斜肌起始于筛孔附近，沿内直肌内侧前行，通过滑车而转向外侧，经上直肌腹侧抵于巩膜。眼球下斜肌起始于泪骨眶面、泪囊窝后方的小凹陷内，经

眼球腹侧向外延伸抵于巩膜。眼球退缩肌也起始于视神经孔周围，由上、下、内侧和外侧 4 条肌束组成，呈锥形包裹于眼球后部和视神经周围，并抵止于巩膜。手术要点主要是切断眼球与球结膜及 7 条眼肌的联系，切断视神经及临近血管，分离眼球周围的脂肪组织，便可从眼眶内将眼球顺利摘除。

[**器械**] 一般外科手术器械。

[**麻醉**] 全身麻醉，或配合患眼眼轮匝肌麻醉。也可行全身镇静配合球后麻醉。

[**保定**] 动物患眼在上，侧卧保定。

[**手术操作**]

1. 眼球复位术

在全身麻醉的情况下，眼睑周围剪毛、剃毛，用温生理水冲洗脱出的眼球及其周围组织至干净。因眼球损伤，大多组织肿胀，最好选择外眼眦处，用手术刀切开一小口（大约 0.5~1cm），然后，翻开上下眼睑，这时用混有肾上腺素的利多卡因溶液滴洒在患眼及其周围组织。随后，用浸湿的灭菌纱布托住眼球，以轻柔的压力将眼球推入眼眶内，然后，结节缝合切开的外眼眦 2~3 针。最后，用荷包缝合法在距离上、下眼睑缘 2mm 处缝合，外露的缝合线要穿上等长的细塑料软管或用输液器的细管，以免缝线损伤角膜。注意，缝线不要过紧，一般以眼球不再向外脱出即可，稍微露出部分角膜，这样既可以避免缝线过紧，导致组织缺氧，又利于局部用药。在收紧荷包缝合的缝线前，可向结膜囊内涂布红霉素眼药膏，最后装眼绷带。

2. 眼球摘除

经结膜眼球摘除法 适用于眼球脱出、严重角膜穿孔及眼球内容物脱出、角膜穿透创继发眼内感染但尚未波及眼睑，具有操作简便、出血少、对动物外观影响小的优点，临床采用最多。具体操作如下：用金属开睑器撑开眼睑或用缝线牵引开眼睑，必要时（如小眼球或小睑裂）可切开外眦，以充分暴露眼球。用有齿组织镊夹持角膜缘临近球结膜，在穹窿结膜上做环行切开。将弯剪紧贴巩膜向眼球赤道方向分离，分别剪断 4 条直肌和 2 条斜肌在巩膜的止端。继续用有齿镊夹持眼球直肌残端并向外牵引，用弯剪环行分离眼球深处组织，至眼球可以做旋转运动。然后将眼球继续前提，将弯剪伸入球后，剪断眼球退缩肌、视神经及其临近血管。摘除眼球后，立即将灭菌纱布条添塞眼眶压迫止血，纱布条一端留在外眼角，眼睑行暂时性缝合。术后 24h，将纱布条经眼角抽出。

经眼睑摘除法 适用于眼球严重化脓性感染或眶内肿瘤已蔓延到眼睑的动物，切除部分眼睑有利于手术创取第一期愈合。具体操作如下：上下眼睑常规剪毛、消毒后，将上下睑缘连续缝合，闭合睑裂。在触摸眼眶和感知其范围基础上，环绕睑缘作一椭圆形切口，依次切开皮肤、眼轮匝肌至睑结膜，但须保留睑结膜完整。一边用有齿组织镊向外牵拉眼球，一边用弯剪环行分离球后组织，分别剪断所有直肌和斜肌。当牵拉眼球可做旋转运动时，用小弯止血钳伸入眼球后，紧贴眼球钳夹眼球退缩肌、视神经及其临近血管，在止血钳上缘将其剪断，即可取出眼球。尽量结扎止血钳下面的血管，以减少出血。当出血控制后，可将球后组织连同眼肌等组织一并结扎，以填塞眶内死腔。最后结节缝合眼睑皮肤切口，并做结系眼绷带或装置眼绷带。

[**术后护理**] 术后，因眶内出血而引起术部肿胀和疼痛，或从创口流出血样液体，所以应视动物具体情况全身使用止血药、止痛药等。若眼部感染有扩散可能，应早期大量使

用抗生素。术后3~4d炎性渗出逐渐减少，可行眼部温敷以减轻肿胀和疼痛。

术后全身应用广谱抗生素，每日两次，以防局部感染。局部滴阿托品、皮质类固醇和抗生素眼药膏或眼药水，每天4~6次，如若效果不理想，可以每隔2~3d对结膜囊或眼底注射含有地塞米松、阿托品、卡那霉素和普鲁卡因的混合液1~2ml，经过以上治疗一般5~14d即可恢复正常。术后给犬颈部带上项圈，防止犬用爪抓扒患部，以防感染术部。术后3~4d拆除眼睑缝线，取出眶内纱布，再涂以抗生素眼膏。

三、眼睑的手术

1. 眼睑内翻矫正术

[**适应症**] 眼睑内翻是指睑缘部分或全部向内侧翻转，以致睫毛和睑缘持续刺激眼球引起结膜炎和角膜炎的一种异常状态。本病主要发生于犬的部分品种，常见于沙皮犬、松狮犬、英国斗牛犬、圣伯纳犬等，多为品种先天性缺陷，并多见下眼睑内翻，需施行手术进行矫正。

[**局部解剖**] 眼睑从外科角度分前后两层，前面为皮肤、皮下组织和眼轮匝肌，后面为睑板和睑结膜。犬仅上眼睑有睫毛，而猫无真正的睫毛。眼睑皮肤较为疏松，移动性大。皮下组织为疏松结缔组织，易因水肿或出血而肿胀。眼轮匝肌为环形平滑肌，起闭合睑裂作用。上睑提肌位于眼轮匝肌深面的上方，作用为提起上睑使睑裂开大。睑板为眼轮匝肌后面的致密纤维样组织，有支撑眼睑和维持眼睑外形的作用。每个睑板含20~40个睑板腺（高度发育的皮脂腺），其导管开口于睑缘，分泌油脂状物，有滑润睑缘与结膜的作用。睑结膜紧贴于眼睑内面，在远离睑缘侧翻折覆盖于巩膜前面，成为球结膜。结膜光滑透明，薄而松弛，内含杯状细胞、副泪腺（犬、猫为瞬膜腺）、淋巴滤泡等，可分泌黏性液体，有湿润角膜的作用。

[**器械**] 一般外科手术器械。

[**麻醉**] 全身麻醉，或全身使用镇静剂配合眼睑局部浸润麻醉。

[**保定**] 动物患眼在上，侧卧保定。

[**手术操作**]

通常采用改良霍尔茨－塞勒斯氏（Holtz-Colus）手术进行矫正。术前对内翻的眼睑剃毛、消毒，铺眼部手术创巾。在距下睑缘2~4mm处用手术镊提起皮肤，并用一把或两把直止血钳钳住。钳夹皮肤的多少，应视眼睑内翻程度，以恰好矫正为宜。在钳夹皮肤30s后松脱止血钳，用手术镊提起皮肤皱褶，沿皮肤皱褶基部用手术剪将其剪除。剪除后的皮肤创口呈长梭形或半月形，常用4号或7号丝线行结节缝合，保持针距约2mm。术后10~14d拆除缝线。

[**术后护理**] 术后数天内因创部炎性肿胀，眼睑似乎出现矫正过度即外翻现象，随着肿胀消退，睑缘将逐渐恢复正常。术后需用抗生素眼药水或眼药膏点眼，每天3~4次，以消除因眼睑内翻引起的结膜炎或角膜炎症状，同时还需防止动物搔抓或摩擦造成术部损伤。

2. 眼睑缺陷

[**适应症**] 眼睑先天性发育不全或由于机械性所造成的眼睑损伤或局部缺失。

[器械] 一般外科手术器械。

[麻醉] 同眼睑内翻矫正术。

[保定] 同眼睑内翻矫正术。

[手术操作]

缺损的手术矫正使用水平蒂瓣移植，蒂瓣移植通常从下眼睑采取而缝合到缺损处，必须保证蒂瓣缝合不能摩擦角膜，结膜蒂瓣缝合用6号或7号肠线，皮肤缝合用5号或6号丝线，上眼睑颞侧发育不全引起慢性角膜炎，利用蒂瓣移植修整缺损处，然后，从下眼睑呈四方形采取蒂瓣移植到上眼睑处。

[术后护理] 术后消炎预防感染，同时防止动物搔抓或摩擦造成术部损伤。

3. 眼睑裂畸形

[适应症] 眼睑裂畸形指眼睑裂与眼球的大小不相称，该病多是由于先天性遗传造成的，分眼睑裂过窄和眼睑裂过大两种情况。

眼睑裂过窄多发生于中国犬、卡利兰犬、柯利犬等，这种情况表现为眼球大小正常，但眼睑裂缝过于狭窄而引起眼睑内翻。

眼睑裂缝过大多见于英国的斗牛犬、长毛垂耳犬和猎犬。这些品种的犬眼球正常，但眼睑裂过大，眼睑裂过大能引起眼睑外翻。

[器械] 一般外科手术器械。

[麻醉] 同眼睑内翻矫正术。

[保定] 同眼睑内翻矫正术。

[手术操作]

（1）眼睑裂狭窄 如果该病是"小眼"，不引起眼睑内翻，无须手术矫正。但能引起眼睑内翻的应用眦切开术和眦成形术扩大眼睑裂，矫正眼睑内翻。眦切开术应用拇指和食指在外侧牵拉眼角，用钝头剪刀剪开眼角达适当长度在眦切开术完成之后，应用眦成形术在外眼角眼睑边缘上和下方切除楔形眼睑组织，达到眼睑裂缝的适当长度，结合膜边缘用单纯结节缝合到眼睑边缘。

（2）眼睑裂过大 正常大的眼球，眼睑裂缝过大，能引起眼睑边缘的外翻，这种情况可以采用眼睑缩小的手术，即进行眼睑缝合术，用眼科剪从眼角将外侧眼睑边缘切除，切除组织的大小根据个体的不同而不同，一般切除眼睑边缘的1/4或1/3，从眼睑边缘平行切除2~3mm宽的组织条，缝合后不产生不良的美容外貌。由于种种原因造成的撕裂伤导致的眼睑裂缝过大，可以直接缝合。如果局部组织挫灭失活的，可以将局部组合进行修剪后进行缝合。缝合用丝线作间断缝合上下眼睑边缘，缝线放置14d保证创口愈合。

[术后护理] 术后消炎预防感染，同时防止动物搔抓或摩擦造成术部损伤。

4. 眼睑外翻矫正术

[适应症] 眼睑外翻一般是指下眼睑松弛，睑缘离开眼球，以至于睑结膜异常显露的一种状态。由于睑结膜长期暴露，不仅引起结膜和角膜发炎，还可导致角膜或眼球干燥。本病主要见于犬的部分品种，如拿破仑犬、圣伯纳犬、马士提夫犬、寻血猎犬、美国考卡犬、纽芬兰犬、巴萨特猎犬等，可以施行手术进行矫正。

[器械] 一般外科手术器械。

[麻醉] 全身麻醉或全身使用镇静剂配合眼睑局部浸润麻醉。

[保定] 动物患眼在上，侧卧保定。

[手术操作]

本病的矫正方法有多种，但最常用的方法是 V – Y 形矫正术。首先下眼睑术部常规无菌准备，在外翻的下眼睑睑缘下方 2~3mm 处做一深达皮下组织的"V"形皮肤切口，其"V"形基底部应宽于睑缘的外翻部分。然后由"V"形切口的尖端向上分离皮下组织，逐渐游离三角形皮瓣。接着在两侧创缘皮下做适当潜行分离，从"V"形尖部向上做结节缝合，边缝合边向上移动皮瓣，直到外翻的下眼睑睑缘恢复原状，得到矫正。最后结节缝合剩余的皮肤切口，即将原来的切口由"V"形变成为"Y"形。手术常用 4 号或 7 号丝线进行缝合，保持针距约 2mm。术后 10~14d 拆除缝线。

[术后护理] 术后需用抗生素眼药水或眼药膏点眼，每天 3~4 次，维持 5~7d，以消除因眼睑外翻继发的结膜炎或角膜炎，同时还需防止动物搔抓或摩擦造成术部损伤。

四、犬、猫角膜损伤的外科治疗

[适应症] 犬、猫等小动物的眼病中，以角膜损伤和感染比较常见，常见的疾病有角膜浅表性创伤、角膜溃疡、角膜全层透创或角膜穿孔等。由于动物自身特点和临床用药的局限性，常规药物治疗往往疗效不佳，而且症状容易恶化，以至于最终失明。若在用药的同时配合手术治疗，即通过施行结膜瓣或瞬膜瓣遮盖术，则可以大大提高对角膜损伤的疗效，促进愈合。

[局部解剖] 角膜位于眼球前部，质地透明，具有屈折光线的作用。在组织学上，角膜由外向内依次分为角膜上皮层、前弹力层、基质层、后弹力层和内皮细胞层。其中角膜上皮层的再生能力最强，损伤后可通过其基底细胞向上推移及临近细胞增生而迅速修复，不留瘢痕，前弹力层是一层均匀一致无结构的透明薄膜，无任何细胞，受到损伤后不能再生。基质层占角膜全厚的 90%，有 200~250 层交错排列的胶原纤维板构成，而每层纤维板则由许多平行排列且直径相同的胶原纤维组成，是角膜保持透明的重要条件。在胶原纤维板层中间含有为数较少的基质细胞，有合成和分泌胶原纤维的作用。基质层发生损伤后，因愈合形成的瘢痕组织中纤维排列紊乱，从而失去透明性。后弹力层是角膜内皮的基底层，结构均匀一致且富有弹性，由内皮细胞合成分泌，损伤后能迅速再生。角膜内层是由一层扁平的、有规则镶嵌的六角形细胞构成，具有角膜 – 房水屏障功能和主动液泵功能，以维持角膜的正常厚度和透明性。广泛的内皮损伤可导致角膜基质的严重水肿，内皮损伤的修复是通过伤口周围的内皮细胞移行和有丝分裂增殖完成的。

[器械] 一般外科手术器械和眼科手术器械。

[麻醉] 全身麻醉，或全身镇静配合患眼表面麻醉。

[保定] 动物患眼在上，侧卧保定。

[手术操作]

1. 瞬膜瓣遮盖术

上眼睑外侧皮肤剪毛，常规消毒。用 0.05%~0.1% 新洁尔灭溶液清洗结膜囊及眼球表面，用无齿镊夹持第三眼睑（瞬膜）并向外提起，在距瞬膜缘 2~3mm 处由瞬膜内侧（球面）进针，于外侧（睑面）出针后做纽扣状缝合，即再由睑面进针，由球面出针。然后，将两线末端分别经上眼睑外侧结膜囊穹窿处穿出皮肤，并按实际针距在一根缝线上套上等长的灭菌细胶管，收紧缝线打结，从而使瞬膜完全遮盖在眼球表面。对于大、中型犬只，一般需要按此方法做两道缝合。

在临床手术中，收紧缝线前应在瞬膜球面涂布抗生素眼膏，对角膜溃疡部有消炎和促进愈合的作用。

2. 部分结膜瓣遮盖术

适用于边缘性角膜损伤、角膜溃疡或角膜穿孔的病例。用开睑器撑开上下眼睑，同上常规洗眼，做上下直肌牵引线固定眼球，以保持施术时眼球固定。在靠近角膜病灶侧角膜缘的球结膜上做一弧形切口，用钝头手术剪在结膜切口下向穹窿方向分离，使分离的结膜瓣向角膜中央牵拉能够完全覆盖角膜病灶，然后用带有 5/0～9/0 缝线的眼科铲形针，将其缝合固定在角膜缘旁的浅层巩膜及角膜上（深度应达角膜厚度的 2/3～3/4）。

最后患眼涂布抗生素眼膏，另行眼睑缝合，并保留 7～10d。

3. 桥形结膜瓣遮盖术

适用于角膜中央的损伤或溃疡、角膜穿孔缝合后创口不平或有少许缺损的病例。常规开睑和做上、下直肌牵引线，常规洗眼。根据覆盖角膜病灶所需结膜瓣的宽度，从角膜缘上方 2mm 处开始做两条平行的弧形切口，切口长度近乎 1/2 角膜圆周。分离结膜瓣与下方巩膜之联系，使结膜瓣游离而形成一条带状。将桥形结膜瓣牵拉至角膜中央覆盖住病灶，用带有 5/0～9/0 缝线的眼科铲形针，将其两端蒂部缝合固定在角膜缘旁的浅层巩膜上。若桥形结膜瓣有所松动，必要时可在角膜病灶两侧各补一针缝合。上方缺损的球结膜通常不必处理，也可施行间断缝合，将其固定在临近的浅层巩膜上。

术后患眼涂布抗生素眼膏，另行眼睑缝合，并保留 1～2 周。

4. 全部结膜瓣遮盖术

适用于大面积或全角膜损伤或溃疡的病例。常规开睑，做上下直肌牵引线，常规洗眼。在环绕角膜缘的球结膜上距角膜缘 0.5～1.0cm 处做 360°环行切口，或用钝头手术剪沿角膜缘将球结膜环行剪开，钝性分离结膜与下方巩膜之联系，牵拉上下结膜瓣使其能够对合并覆盖住角膜中央病灶，然后将已对合的结膜瓣用 5/0 缝线行结节缝合。

最后患眼涂布抗生素眼膏，另行眼睑缝合，缝线一般需保留 2～3 周。

五、白内障晶体囊外摘除术

[适应症] 白内障是指多种眼病和全身性疾病引起晶状体浑浊及视力障碍的一种眼病。晶状体一旦浑浊，便不能吸收。白内障手术是将已经浑浊的完整晶状体或晶状体核与皮质进行摘除，以恢复患眼的光学通透性。医学上的白内障手术有多种，常见的有囊内摘除术、囊外摘除术和晶体超声乳化摘除术。其中囊内摘除术是将完整的晶状体摘除，但存在手术切口长、切口可能发生房水渗漏、玻璃体可能脱出等缺点。囊外摘除术是保留晶体完整的后囊膜而仅除去晶体前囊膜和皮质，具有手术切口小、可维护房水与玻璃体间屏障而稳定玻璃体和虹膜的优点。晶体超声乳化摘除术是用超声乳化头将晶体核粉碎，通过注吸头将囊内物质吸出的一种现代囊外摘除术，具有手术切口小、术中眼内压相对稳定和明显减少手术并发症的优点，但手术需要的超声乳化机等设备极其昂贵。所以，目前在兽医临

床较多施行囊外摘除术。术前动物需行局部和全身检查，确定患眼无炎症及进行性全身性疾病，白内障处于成熟期或接近成熟期，且玻璃体、视网膜与视神经功能正常。

[局部解剖] 晶状体呈双凸透镜状，质软而富有弹性，位于虹膜与玻璃体之间，借晶状体悬韧带连于睫状体的睫状突上。晶状体前后最外层均为富有弹性的囊膜，前囊膜比后囊膜略厚，而前后两极最薄。晶状体中央为晶状体核，核与囊膜之间为晶状体皮质。晶状体核随着年龄增长而逐渐增大、变硬。晶状体无血管和神经，靠房水供给营养。如果房水质量发生改变或晶状体代谢障碍，晶状体即变浑浊，临床上称之为白内障。

[器械] 一般外科手术器械和眼科手术器械。

[麻醉] 全身麻醉，配合患眼表面麻醉、眼轮匝肌麻醉。

[保定] 动物患眼在上，侧卧保定。

[手术操作]

术前充分散瞳，应用 1%阿托品滴眼，每天 3 次。或于术前 1～2h 使用 2.5%～5.0%的新福林与 0.5%～1.0%托品酰胺滴眼，每 5～15min 滴眼 1 次，连用 3 次，可获得良好的扩瞳作用。为避免或减少术中并发症，术前还需采取必要措施降低眼内压，常用的方法是术前 0.5～2h 内静脉注射 20%甘露醇 1～2g/kg·bw；或用纱布垫遮盖眼球后用掌心施压于眼球，每施压 20～30s 后放松 5～15s，加压时间一般需持续 3～5min。

先用金属开睑器撑开眼睑或用缝线牵引开睑，必要时（如小眼球或小睑裂）可切开外眦，以充分暴露眼球。将闭合的 0.3～0.5mm 的有齿镊放入眼球上方，在 12 点方位的角膜缘后约 10mm 处张开镊子紧贴球结膜向下夹住上直肌，使眼球下转。接着在眼科镊后的上直肌下面穿过缝线，向上拉紧并用蚊式止血钳固定于创巾上，以维持眼球下转及固定状态。后面的操作主要有以下几个步骤：

1. 角巩膜缘切口

先在结膜与角膜附着处做一小切口，经此切口潜行分离球结膜与巩膜之联系，沿结膜附着处 9～3 点方位做以穹窿为基底的结膜瓣。再于角膜缘后界或其后 1mm（10～2 点方位）做垂直于巩膜面约 1/2 巩膜厚度的均匀性切开，前行分离至角膜缘前界或其前 0.5～1mm 透明角膜处，于中央底部用刀尖与虹膜平行向下刺一小孔，作为截囊针入口。

2. 截囊

经上述穿刺孔向前房注入少量消毒空气或黏弹剂（如 2%甲基纤维素、透明质酸钠），以保持前房深度。将事先用"7 号"一次性注射针头制成的截囊针小心插入前房，在晶状体前囊做直径适宜的开罐式环形切开；或行点刺法在前囊膜上先做数十个小点状切口，然后用针尖将环形分布互不连接的小切口，连通而成大小适宜的前囊孔。

3. 挽核

将上述穿刺孔扩大至 10～2 点方位，用黏弹剂注入针头轻轻松动晶状体核，然后左手持晶状体匙或显微镊轻压 12 点方位切口后方，右手持斜视钩于角膜缘 6 点方位向眼球中心轻压，两手协调合力使晶状体核从角巩膜切口滑出。

4. 清除皮质

先部分闭合角巩膜缘切口，可用连接 5/0～10/0 尼龙缝线的眼科铲形针对角巩膜缘切口行间断缝合。向前房插入手控同步注吸针头，一边灌注平衡液，一边抽吸皮质。注吸针头应位于虹膜平面向上或侧方，不可向后对着后囊膜注吸，以免后囊膜破裂。

5. 封闭切口

用上述缝线将角巩膜缘切口完全闭合，注意缝针与创缘呈放射状，间距相等，缝线松紧适宜，线结埋入创缘巩膜侧。

6. 术毕处理

球结膜下注射庆大霉素 2 万 IU 和地塞米松 3～5mg 的混合液，推移球结膜以覆盖创缘，亦可用 5/0 丝线间断缝合结膜创口。

[术后护理] 患眼涂抗生素眼膏，眼睑行暂时性缝合。术后 5～7d，拆除球结膜缝线。必要时球结膜下或全身持续应用抗生素及皮质类固醇。

六、抗青光眼手术

[适应症] 青光眼是由于前房角阻塞，眼房液排出受阻而致眼内压增高引起的眼病。抗青光眼手术通过开放前房角或建立新的眼外、眼内房水排泄通道而使眼内压降低，从而解除患眼疼痛及防止视神经和视力进一步受到损害。抗青光眼手术方法很多，应用较多的有解除瞳孔阻滞及开放前房角的虹膜周边切除术、建立新的眼外房水排泄通道的小梁切除术以及减少房水生成的睫状体冷凝术。

[局部解剖] 前房角由角膜和虹膜、虹膜与睫状体的移行部分所组成。前房角有细致的网状结构，称为小梁网，为眼房液排出的主要通道。在环绕前房角与小梁网临近的巩膜组织内有巩膜静脉丛（Schlemm 氏管），其管壁由一层内皮细胞所构成，外侧壁有许多集液管与巩膜内的静脉网沟通。眼房液经小梁网、巩膜静脉丛和房水静脉，最后经睫状前静脉进入血液循环。当眼房液因正常循环通道被破坏而积聚于眼内，即引起眼内压升高。

[器械] 一般外科手术器械和眼科手术器械。

[麻醉] 全身麻醉，配合患眼表面麻醉、眼轮匝肌麻醉。

[保定] 动物患眼在上，侧卧保定。

[手术操作]

1. 虹膜周边切除术

适用于原发性虹膜膨隆型慢性闭角型青光眼，以及虹膜与晶状体或玻璃体粘连引起瞳孔阻滞而继发的闭角型青光眼。手术目的是在虹膜周边部开一个小洞，沟通前后房，使房水通畅地从后房流入前房，恢复前后房的生理压力平衡，减轻或消除虹膜膨隆，使前房角开放。

具体操作如下：首先常规开睑，做上直肌牵引线，使眼球下转。在眼 12 点方位距角膜缘 5～8mm 处，与角膜缘平行剪开球结膜及筋膜 8～10mm 长，做以角膜缘为基底的小结膜瓣。在结膜附着处直后 1～1.5mm 处，做 4～6mm 长角巩缘垂直半层切口，先在切口中央用 5/0 丝线预置一针缝线，再用刀尖在切口中央切开后半层，并扩大切口使内外层长度相等。因后方压力超过前房，虹膜常可自行脱出，否则将无齿虹膜镊伸入前房，夹住虹膜根部轻拉至切口外，并将虹膜与角巩缘平行剪除一小块虹膜全层组织。用虹膜恢复器轻轻按摩切口处角膜，使虹膜复位，再通过切口注入少量平衡生理盐水，恢复前房。结扎角巩缘预置缝线，将结膜瓣复位，用 5/0 丝线连续缝合球结膜创口。

2. 小梁切除术

适用于原发性或继发性开角型青光眼，以及小梁排水功能基本丧失的闭角型青光眼。

手术目的是切除部分巩膜小梁组织，造成一个瘘道，使前房内房水经此瘘道引流至眼外，进入球结膜下间隙而逐渐吸收，从而使眼内压降低。

具体操作如下：常规开睑，做上直肌牵引线，使眼球下转，并如同前述做以上穹窿或角膜缘为基底的结膜瓣。在角巩缘后界相距6mm，做两条垂直于角巩缘的5mm长的巩膜半厚切口，再连接两切口两端。由此连线向着角巩缘方向以均等厚度剖切巩膜，直至角膜透明区内0.5mm处，即成以角巩缘为基底的6mm×5mm的巩膜瓣。为便于后面缝合巩膜瓣，在巩膜瓣两上角与临近浅层巩膜间，分别以5/0丝线做预置缝线。掀起巩膜瓣，以角巩缘与角膜交界处后方0.5mm为前界，切除一条包括Schlemm氏管和小梁组织在内的深层巩膜，大小约1.5mm×4mm。小梁切除后通常可见虹膜在切口处膨出，可用无齿虹膜镊夹住虹膜根部轻轻提起，如前述做虹膜周边切除。用虹膜恢复器轻轻按摩角巩缘，使虹膜复位。将巩膜瓣预置缝线打结，必要时增加结节缝合使其对合整齐。将结膜瓣复位，用5/0丝线连续缝合球结膜创口。

3. 睫状体冷凝术

适用于先天性、顽固性、失明而又疼痛或经其他抗青光眼治疗无效的晚期青光眼。手术目的是对睫状体相应的巩膜表面进行冷冻，直接破坏睫状体上皮及其血管系统，减少房水产生。但术后早期患眼常发生持续数天的剧烈疼痛，这与术后一过性高眼压及前色素层炎有关。术后早期常规应用降眼压药物、解热镇痛剂和皮质激素等，即可使症状缓解。3个月后，睫状突萎缩变平，毛细血管消失，纤维母细胞和色素细胞增生，房水明显减少，眼压随之降低。

具体操作如下：常规开睑，做上直肌牵引线，使眼球下转，并如同前述做以上穹窿为基底的结膜瓣。常用液氮冷冻器或可控低温冷冻器，采用直径2~3mm的球形冷冻头，调整冷冻温度为−80~−60℃，在距角膜缘2~3mm处环绕半周巩膜面做大约10个冷凝点，每点相隔2mm，每点冷凝时间为40~60s。最后将结膜瓣复位，用5/0丝线连续缝合球结膜创口。

[术后护理] 球结膜下注射庆大霉素2万~4万IU，地塞米松2~5mg，眼内涂抗生素眼膏，然后施行瞬膜瓣遮盖术。

第三节　鼻切开术

[适应症] 适于其他方法难以确诊的鼻腔疾病的手术切开探查，以及鼻甲外伤、坏死和鼻腔异物、肿瘤、鼻真菌病的手术治疗。

[局部解剖] 鼻腔由背侧鼻骨、外侧上颌骨和腹侧硬腭组成，眼眶也构成鼻腔和额窦的侧缘。鼻腔又由鼻中隔分隔为两个腔，每一腔前部又被上颌鼻甲（上、下鼻甲）占据，其后部则为筛鼻甲，筛鼻甲向后延伸至筛板和额窦。鼻旁窦为中空、内衬黏膜和含气体的腔洞。出生时鼻旁窦未完全发育，至成年时才发育完成。额窦界线因动物年龄、品种和头型不同而异。犬额窦分隔为3个室，短头犬此窦很小，上颌窦相当于鼻腔的一个隐窝。猫额窦未分隔成室，除上颌窦，还有蝶窦。额窦与鼻腔经筛区的多个小孔相通。黏膜肿胀可使开口减小，并可阻塞排泄而形成窦性黏液囊肿。

鼻腔血液供给丰富，动脉来自上颌动脉，为颈外动脉的终末分支。

[**器械**] 除一般外科器械外还应准备小圆锯、骨膜剥离器、骨凿、骨锯、骨锤及球头刮刀等。

[**麻醉**] 对动物施行气管内插管的密闭式吸入麻醉，气管插管的套囊充气以防止血液、冲洗液等流入远端气管。

[**保定**] 胸卧位保定，头向前向下，并垫以枕垫固定头部。

[**手术操作**]

额部及鼻背侧剪毛、消毒、覆盖隔离创布。用手术刀从鼻背壁软骨后方至额骨中部的正中线切开皮肤，分离皮下组织至骨膜。彻底止血后，再沿正中线切开骨膜，用骨膜剥离器将其向两侧分离（如仅做一侧鼻腔和额窦手术，则只需分离一侧骨膜）（图9-3，1）。用骨凿或骨锯按切口线将部分额骨、上颌骨和鼻骨切割成近似一长方形的骨瓣，其后界为两眼眶上缘后方的连线，侧缘位于鼻泪管和眶下孔内侧（图9-3，2）。如一侧鼻道手术，其内缘为鼻中隔（图9-3，3）。骨切开后，将骨瓣提起，用咬骨钳除去骨瓣下鼻中隔附着部分，再将骨瓣向前翻折，暴露鼻道和额窦，仔细检查鼻道、鼻甲、额窦腔及其周围组织。发现鼻甲坏死、肿瘤及其他异物，应将其彻底切除。清创时，一般出血较多，可用浸有肾上腺素（1:10 000）的纱布压迫止血，或烧烙、结扎止血。如仍不能制止出血，可在鼻腔内填塞湿的或浸有凡士林的纱布。填塞前，纱布应予折叠（便于拆除），由后向前填塞手术部，纱布的一端从一侧或两侧鼻孔引出。

将骨瓣复位，用3/0或4/0不锈钢丝做4~5针骨瓣固定（预先钻孔）（图9-3，4）。骨膜和皮下组织做一层连续缝合，最后结节缝合皮肤。如系真菌感染，可在鼻腔内安置引流管，从额部皮肤引出，便于术后用药，也可防止皮下气肿（图9-3，5）。

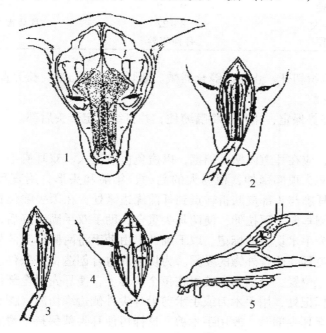

图9-3　鼻背侧切开术

1. 骨膜分离区域　2. 切去骨瓣　3. 鼻中隔　4. 固定骨瓣　5. 安置引流管

（引自林德贵《兽医外科手术学》）

[**术后护理**] 拔除气管插管之前，应清除鼻咽部和口咽部所有液体和组织碎片。在苏醒期，头低于胸部，防止液体被吸入。全身应用抗生素 4~5d，术后 24h 除去鼻内纱布，48h 拔除引流管，如用于注射抗真菌药物，其引流管可于术后 10~14d 拔除。因鼻道纱布堵塞或异物未完全切除，术后可能会发生局部皮下气肿，对此无需治疗。

第四节　耳部手术

一、犬的耳壳截断术

[**适应症**] 犬的耳壳截断术是犬常见的外科整形美容术，也用于犬耳壳上的溃疡、坏死和新生物的治疗。

目前，许多犬种的标准中（表 9-1），都要求为犬断耳，使犬耳直立。脸部更显威武。这类犬种主要有大丹犬、拳师犬、美国史丹福狟、杜宾犬等。

表 9-1　截耳年龄及截耳后长度

品　　种	截耳年龄（周）	截耳后长度（cm）
大丹犬	7	8.3
拳师犬	9~10	6.2
杜宾犬	7~8	6.8~7.0
小史猵查狟	8~12	断去耳尖
巨型史猵查狟	9~10	6.3
比利时格林芬犬	8~22	耳朵直立，剪成尖状
美国史丹福狟	任何年龄	尽可能长

[**器械**] 一般组织切开、止血、缝合器械。断耳夹子或肠钳。长刃直剪一把。

[**麻醉**] 全身麻醉。

[**保定**] 腹卧姿势保定，用带子将嘴缚住，并打结固定于头后部。

[**手术操作**]

施行手术之前，应在耳道内塞入棉塞，以避免血液流入。双耳剃毛、消毒，用创巾隔离。先将犬一耳尖向头顶部牵伸，根据犬的品种、年龄和头形，用直尺测量所需耳的长度。测量方法是从耳廓与头部皮肤折转点到耳前缘边缘处，在须去除位置的耳边缘插入细针作标记。再将对侧耳向头顶拉伸，使两耳尖重合，助手双手固定好后，在细针标记的稍上方剪一缺口，作为手术切除的标记。取下细针，由助手将两侧耳壳的外部皮肤向头后部的中线牵引。以避免耳壳软骨外缘的暴露。为切创的愈合创造良好条件。然后用一对断耳夹由前向后，在标记位置，分别斜向装置在每个犬耳上，使耳壳囊全部位于耳夹子的直上方。在一耳缺口的标记处，用手术刀或手术剪沿耳尖外侧边缘切割（图 9-4）。

用手术刀切割至耳尖部时，改用手术剪，这样可使耳尖部保持平滑直立的形状。切的一侧可用做另一侧将被切割耳朵的标尺。切后用耳夹夹 2~3min 取下。然后用已截除的断片来审查另一只耳壳上耳夹子的位置，无误后，才能进行第二只耳壳的剪断。除去耳夹子，对出血点进行止血。此时，如耳壳软骨外露，则应该对这一部分作补充剪除。用直针进行结节缝合，使皮肤将耳壳遮盖。除去耳塞，在头后部铺一层灭菌药棉，然后将两侧耳壳向后弯曲，再在其上铺一层棉花或纱布，进行头部包扎。

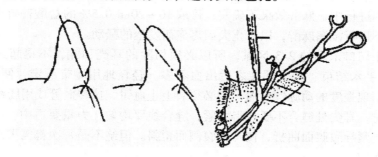

图9－4　犬耳切割方法

断耳整形手术的一般方法（图9－5）：首先将犬耳廓分成三等份，然后根据犬的脸型或主人的要求和喜爱进行修整。（1）为从耳廓基部直接切到上1/3等份处，切后耳比较直、尖。（2）为从基部到耳廓1/2等份处做一弧型切割，切后耳变得较短而钝。（3）也是从基部切上1/3等份处但切割曲线为下钝上尖。

（1）　　　　　（2）　　　　　（3）

图9－5　犬断耳一般方法

图9－6为几种犬的断耳模式和要领。a为自然状态犬耳的形状，b为整形后犬耳的形态，c为斜线部为切掉部。

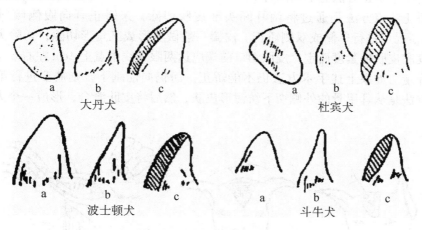

大丹犬　　　　　　　　　　　杜宾犬

波士顿犬　　　　　　　　　　斗牛犬

图9－6　几种犬的断耳模式

［术后护理］　术后2～3d除去包扎绷带，术后7～10d可以拆除缝线。按常规进行创伤处理。

［注意事项］

犬截耳的年龄以8～12周龄为佳。断耳过早，稍差1cm犬长大后两耳的差别就十分明显，断耳过迟，耳软骨成形，常常无法改变耳的形状，且手术后耳形常不美观。

术前 8h 应绝食，4h 禁水，保持空腹，避免因用麻醉药本身引起的呕吐，造成不必要的麻烦。若手术进行中，麻醉效果不确实，可取 10~20ml 0.5% 的盐酸普鲁卡因溶液，在耳壳上面的皮下进行浸润麻醉，以防止犬因疼痛而发生的骚动。

因血管位于切口末端的 2/3 区域，所以必须切除的耳壳顶端，不得超过耳壳全长的 1/3。幼龄犬在手术结束、除去耳夹之后出血不多，轻轻地用绷带压定，便会迅速停止。若取下耳夹后出现强度的动脉性出血，则必须装上止血钳，捻转血管或用肠线结扎。

缝合切创时，耳尖处缝合不要拉得太紧，缝合线要均匀，力量要适中，防止耳后缘皮肤折叠和缝线过紧导致腹面曲折，使耳尖腹侧而歪斜。但绝不是每次都需要缝合法闭合切创，应视情况而定。

少数犬截耳后，耳壳突然发生自下垂，可把脱脂棉塞与犬耳道内，用绷带在耳基部包扎，直到耳壳直立为止。有的犬切创呈肉芽性愈合，耳壳往往因瘢痕收缩而成为畸形，此时若软骨没有病理变化，可牵引瘢痕，随后用胶布或结节缝合法闭合耳壳断端，消除缺损。

二、竖耳术

[**适应症**] 犬耳廓不能直立，耳后背侧或腹侧偏斜弯曲，影响美观。

[**器械**] 一般组织切开、止血、缝合器械。

[**麻醉**] 同耳壳截断术。

[**保定**] 同耳壳截断术。

[**手术操作**]

常用的手术矫正方法有下列两种。

切皮矫正法该方法是通过将两耳间头部皮肤切除，来矫正耳向腹侧倾斜下垂（图9-7）。视情况可进行单侧或双侧矫正。皮瓣一般做菱形或三角形切除，切除大小应根据耳下垂程度和皮肤松紧度而定。皮肤切口前端应达两眼连线中点上 2cm 左右。手术采用全麻胸卧位保定。如果上述手术方法仍不能矫正，而仍向前垂下，则需要进行第二阶段手术。具体方法是从耳甲骨的外侧切下纺锤形皮肤，然后将皮肤缝合，形成一个人造的直立耳朵。

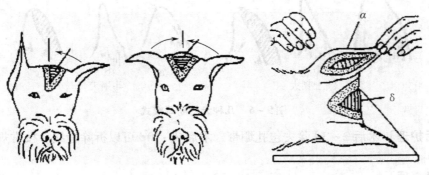

图 9-7 犬的竖耳手术

另一种方法是在耳廓外侧基部切开皮肤，分离皮下组织，暴露盾形软骨，然后分离耳肌组织附着部，使软骨部分游离，将软骨内移 12 ~ 16mm，并稍向切口侧牵拉，使耳基部紧靠头部。用水平褥氏缝合将软骨缝到颞肌筋窦上。将皮肤切口创缘进行修整，去掉少量皮肤，切除多少视耳下垂程度而定。一般最大直径处切除 1.2 ~ 1.6cm，用垂直褥氏缝合来闭合切口。

［术后护理］同耳壳截断术。

三、犬垂耳手术

［适应症］犬垂耳手术是因为某些品种犬因生长发育过程中，只是耳的尖端能弯曲，耳的前端不能弯曲，根据犬种不同，有两侧性或一侧性，有折耳、卷耳。

［器械］一般组织切开、止血、缝合器械。

［麻醉］同耳壳截断术。

［保定］同耳壳截断术。

［手术方法］

用肠钳或耳夹夹住耳根。夹钳位置，为耳内侧距耳根 0.5cm 处，柯利犬为耳轮上的 1/3 处。距钳夹处 1cm 左右切开皮肤和软骨，切开长度分别距内、外耳缘 0.5cm，注意不能损伤软骨下血管（图 9 - 8），整理创缘，轻轻抽去两侧的少量皮肤创缘，然后将皮肤结节缝合。

［术后护理］同耳壳截断术。

图 9 - 8 犬垂耳整形术

四、犬外耳道侧壁切除术

［适应症］慢性外耳炎药物治疗无效或反复发作，耳内炎性分泌物不能排出，缺乏通风，外耳道壁增厚但未阻塞水平部外耳道时，适宜做犬外耳道侧壁切除。此外还适用于外耳道严重溃疡、听道软骨骨化、听道狭窄、肿瘤、先天畸形等。

［局部解剖］外耳道起始于耳廓底部外耳道口，止于鼓膜。全长 5 ~ 10cm，直径

4～7mm。外侧部称为直外耳道，为软骨性的，其开口呈漏斗形，由耳廓软骨组成，下部为环状软骨。内侧部称为水平外耳道，为骨性结构，较直外耳道短。外耳道内壁衬有皮肤，在软骨部有丰富的毛囊、耵聍腺和皮脂腺，后二者分泌耳蜡，呈褐色，有保护外耳道和维持鼓膜区湿润、柔软的作用，但易发生感染。

[麻醉] 全身麻醉。

[保定] 侧卧位保定，患耳在上。

[手术操作]

耳基部和耳廓剃毛、清洗、消毒。用钝头探针探明外耳道的方向、垂直范围，并在外耳道垂直与水平交界处的体表皮肤上做好标记。在与直外耳道相对应的皮肤上做一"U"字形切口，"U"字形的两个顶点分别在耳屏间肌切迹和耳轮肌切迹处，切口的长度为直外耳道长度的1.5倍，即"U"字形的底部在外耳道垂直与水平交界处下方（标记处）等于直外耳道深度1/2的位置。切除皮瓣，钝性分离皮下组织、部分耳降肌和腮腺背侧顶端，暴露直外耳道软骨（图9-9）。与"U"字形皮肤切口相对应，由耳屏处向下剪开直外耳道外侧壁软骨至外耳道垂直与水平交界处（图9-10）。将软骨瓣向下折转，暴露直外耳道，剪去1/2软骨瓣，使其剩余部分正好与下面的皮肤缺损部分相吻合，并做结节缝合，再将外耳道软骨创缘与同侧皮肤创缘结节缝合。

图9-9　暴露直外耳道软骨
（引自林德贵《兽医外科手术学》）

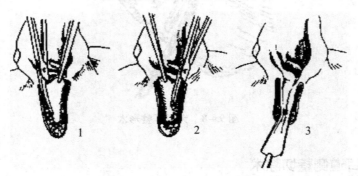

图9-10　剪开直外耳道侧壁软骨
（引自林德贵《兽医外科手术学》）

[术后护理] 全身应用抗生素、止痛剂，局部清洗，除去坏死组织，保持引流畅通。为防止犬用脚抓搔，可装置颈环。术后10～14d拆线。

第五节 犬扁桃体切除术

[**适应症**] 慢性扁桃腺炎，肿瘤。

[**局部解剖**] 腭扁桃体位于咽两侧的扁桃体窦内，健康扁桃体总是完全由黏膜褶覆盖咽腭弓，慢性炎症扁桃体以不同的程度突出到咽。扁桃体的游离部分前方顶端连接到黏膜褶的内侧，发生病变的腺体小结也存在于黏膜褶的内部。

[**器械**] 开口器、骨刮、动脉钳、扁桃体切除刀或切除器、血管钳、剪刀等。

[**麻醉**] 全身麻醉或镇静与局部麻醉相结合。

[**保定**] 取犬腹侧卧保定姿势。

[**手术操作**]

全身麻醉后，安装开口器，扁桃体应用棉签擦拭，应用2%普鲁卡因溶液加入适量0.1%的肾上腺素，注射在扁桃体的舌和咽的边缘。应用动脉钳钳住黏膜褶，提起可以看到扁桃体，应用骨刮从后向前刮除下层组织，扁桃体仍然在舌的边缘和两端附着黏膜。扁桃体的前端用动脉钳拉向口腔，切除扁桃体前端、舌边和后端附着物。剪子应该保持紧贴扁桃体组织，尽可能少地损伤腺体组织。外部咽筋膜存留未损伤，而内筋膜与扁桃体一起被切除。应用动脉钳把小血管钳夹 2～3min 止血，擦拭血液和唾液完成手术。

也可以应用扁桃体切除刀或切除器切除扁桃体。器械从口腔的侧方置入扁桃体，放入扁桃体切除刀的窗口或切除器的环内。扁桃体用动脉钳提起用扁桃体切除刀切除扁桃体，或用切除器缓慢切除扁桃体，充分止血完成手术。

[**术后护理**] 术后要给予软食 3～5d。

第六节 声带切除术

[**适应症**] 犬常因吠叫，影响周围住户休息，而应实行声带切除术。

[**局部解剖**] 声带位于喉腔中部的侧壁上，连于勺状软骨声带突与甲状软骨体之间，为一对黏膜褶，由声带韧带和声带肌组成。两侧声带之间间隙称声门裂。由于勺状软骨向腹内侧扭转，使声带内收，改变声门裂形状，由宽变狭，似菱形或"V"形。喉室黏膜有黏液腺体，分泌黏液以润滑声带。

喉腔在声门裂以前的部分称为喉前庭，其外侧壁较为凹陷，称为喉侧室，为吠叫提供声带振动的空间。在喉侧室前缘有喉室褶。喉室褶类似于声带，但比声带小。两侧室褶间称前庭裂，比声门裂宽。由于解剖上的原因，有些犬声带切除后会出现吠声变低或沙哑现象。

[**器械**] 一般外科手术器械，长柄鳄鱼式组织钳、喉镜镜片、烧烙止血器械等。

[**麻醉**] 全身麻醉。

[**保定**] 经口腔切除声带，动物腹卧位保定；经腹侧喉室声带切除时，仰卧保定。

[手术操作]

1. 口腔内喉室声带切除术

充分打开口腔，舌拉出口腔外，并用喉镜镜片压住舌根和会厌软骨尖端，暴露喉室两条呈"V"形的声带（图9-11，1）。用一长柄鳄鱼式组织钳（其钳头具有切割功能）作为声带切除的器械。将组织钳伸入喉腔，抵于一侧声带的背侧顶端。活动钳头伸向声带内侧，非活动钳头位于声带外侧（图9-11，2）。握紧钳柄，钳压，切割。依次从声带背侧向下切除至其腹侧处（图9-11，3）。如果没有鳄鱼式组织钳，也可先用一般长柄组织钳依次从声带背侧钳压，再用长的弯手术剪剪除钳压过的声带。对手术中的出血可采用钳夹、小的纱布块压迫或电灼止血。另一侧声带采用同样方法切除（图9-11，4）。为防止血液流入气管深部，在切除声带后装气管插管，并将头放低，若已有血液流入气管内，可经临时气管插管内插入一根管子吸出。

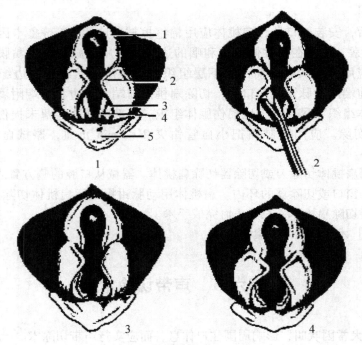

图9-11 经口腔切除声带

（引自林德贵《兽医外科手术学》）

2. 腹侧喉室声带切除术

为防止犬术后呕吐，术前应绝食10~12h，2h内停止饮水。在麻醉前15min用阿托品0.05mg/kg·bw肌肉注射，以松弛平滑肌，抑制腺体分泌，减少呼吸道黏液和唾液腺的分泌，有利于保持呼吸道的畅通，抑制迷走神经反射的作用，使心率加快，用以消除麻醉用药造成的副交感神经兴奋而引起的心血管系统和呼吸系统异常等副作用。在颈部保持紧张的前提下稳固头部，使喉结突出，有利于术部准确定位及切开甲状软骨后充分显露声带。不要使犬的颈部过高，否则会导致呼吸抑制，或术中出血流向气管深部。

以甲状软骨突起为切口中心，正中线切开皮肤6cm（可根据犬个体大小调整）。小心细致分离胸骨舌骨肌，减少出血。对于一般体型的青年犬，甲状软骨硬度不大时，纵向切开甲状软骨约3cm。助手用小创钩将甲状软骨向两侧牵开，使声带充分显露（图9－12）。术者一手持弯头止血钳夹起一侧声带，另一手持弯钝头手术剪（不宜大），使剪刀的弯曲部顺甲状软骨的内腔壁彻底剪除声带。尽可能地剪除声带组织，包括声韧带和声带肌。要利用止血钳和剪刀的头部弯曲来分别钳夹和剪除声带，并避开喉动脉附近的分支。向喉室内喷2%的利多卡因进行表面麻醉，能减少喉室内创面的刺激反应。切除声带后，用浸有0.1%肾上腺素的脱脂棉球压迫止血约10s。如出现喉动脉分支损伤等较严重的出血时，可采用烧烙止血法止血，并于术后做气管插管，使插管上的套囊内充气压迫出血部位止血。气管内如有血液或多量分泌物，应将犬的头部放低，便于气管内异物的排除，也可通过气管插管吸出。

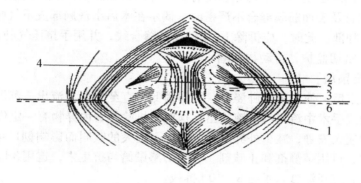

图9－12　暴露喉腔，切除声带
1. 声带　2. 外侧室　3. 牵开甲状软骨创缘
4. 喉动脉分支区域　5. 声带切除范围　6. 牵引固定线
（引自林德贵《兽医外科手术学》）

在间断缝合甲状软骨创缘时，穿透全层和不穿透黏膜层两种缝合方法的效果差异并不显著，但做不穿透黏膜层的缝合更能减轻气管内部对创口的刺激及被感染的机会。缝合时软骨创缘对合要严密，防止因喉室气流冲出切口穿入皮下而造成感染。缝合一般选用2/3弧度的弯三棱针，4号丝线（可吸收线更佳）。

3. 腹侧喉室声带切除术与经口腔声带切除术的利弊比较

经口腔切除声带的步骤简洁，省去了组织切开与缝合的相应程序，但有操作较困难、危险性大和消声不彻底的弊端。经口腔声带切除术需要一定的手术熟练程度和技巧。因为，"V"字形的声带位于喉腹面的基部，经口腔切除时需要先用长柄器械钳夹住它，再在喉室狭小的空间里将其剪除，操作须快速准确，以免因长时间反复夹捏会厌软骨导致喉头水肿，引起呼吸困难。

经口腔声带切除术危险性表现在易损伤喉动脉分支，难以止血。术中出血，术后需要做气管插管。经口腔不容易完整切除声带，导致该方法消声不彻底。有人还提出经口腔内用直接烧烙法来破坏声带，其消声效果有待进一步证实。

侧喉室声带切除术手术径路出血少，可充分显露声带，便于彻底切除，消声确实，去除声带后止血彻底。

4. 注意事项

（1）麻醉要确实。麻醉过浅，犬在手术过程中挣扎，声带切除困难；麻醉过深，犬咳嗽反射消失，手术后喉腔中少量渗血或血凝块不易咳出。

（2）手术中注意止血，特别注意清除气管口及喉室的血液和血凝块。声带切除后的出血一般采用钳夹或小纱布块压迫止血即可，止血困难时，也可采用电烙铁烧烙止血。在止血操作时，应注意保持呼吸通畅，切勿使止血纱布块完全堵塞切口或气管口，以免使血液或血凝块吸入气管或肺内。清除喉腔血液、血块时，会出现咳嗽反射，但仍可继续手术操作。

（3）若偏离颈腹正中线切开甲状软骨时，一侧声带将被劈开。此时应注意辨认，并向颈腹中线方向切断部分声带，再暴露喉腔。

（4）声音的消除程度与声带切除程度有关，即声带切除越彻底，则消声效果越好。

（5）甲状软骨及表面筋膜缝合不严密时，偶尔在术后出现局部皮下气肿，严重时气肿可延至颈部和肩胛部。此时，应拆除1~2针皮肤缝合线，并用手挤压气肿部以排出气体。

（6）术后应密切监护，待动物苏醒。

[术后护理及预后]

给犬松解保定后，使犬呈伏卧姿势，头部稍低，直至无血液流出。苏醒后的犬会把气管内过量分泌液或手术中流出的血液咳出，这对于排除气管内异物有一定作用。

术后尽可能使犬安静，减少外界刺激，避免引起犬的吠叫而影响创口愈合。为了减少吠叫和防止咳嗽，可用镇静剂和止咳剂。为预防感染给与抗生素，连用3d。术后1~2d内犬表现吞咽不适，宜喂流食。术后8~10d拆线。

在喉室腹侧两侧声带联合处的1/4声带不宜被剪除。剪除后可以导致瘢痕组织增生，越过声门形成纤维性蹼，而引起喉室结构的机能性变化。为减少声带切除后瘢痕组织的增生，术后可用强的松龙2mg/kg·bw，连用2周。

犬消声后3个月，声带切除区创面已基本被上皮覆盖。从喉壁上会长出片状膜性组织，酷似声带，且随勺区活动而具有内收和外展的运动功能，我们称为声带重建现象。重建的声带主要由肉芽组织转化而来的结缔组织构成。成纤维细胞是此结缔组织中数量最多的细胞，其再生能力强，所以能对损伤迅速产生增殖和纤维形成反应，因而成为修复的主要因素。

第七节　唾液腺手术

一、犬颌下腺及舌下腺摘除术

[适应症]　唾液腺囊肿（颈部或舌下囊肿）的治疗，颌下腺及舌下腺慢性炎症反复发作等。

[局部解剖]　腮腺较小，呈不规则三角形；背侧端宽广，由一深切迹分成两部分，切迹内容纳耳基底部，腹侧端小，盖在颌下腺的外面；腮腺管自前缘的下部离开腺体，向前走横过咬肌表面，开口于与第三上臼齿相对应的颊黏膜上。此外，沿腮腺管的径路上，常有些小的副腮腺。颌下腺一般比腮腺大，体格大的犬，腺体长约5cm，宽3cm，呈圆形，黄白色，周围有纤维囊包被；上部有腮腺覆盖，其余部分在浅面，在颌外静脉与颈静脉的

汇合角处；颌下腺管自腺体的深面离开腺体，沿枕颌肌及茎舌肌表面前走，开口于舌下阜。舌下腺呈粉红色，分前后两部：前部小，位于颌舌骨肌与口腔黏膜之间，约有 10 条短导管开口于口腔底黏膜，也称多口舌下腺；后部大，与颌下腺紧密结合，其导管与颌下腺管伴行，共同开口于舌下阜，也称单口舌下腺（图 9 – 13）。

图 9 – 13 犬、猫颌下腺及舌下腺局部解剖
A. 猫 B. 犬
1. 腮腺 2. 颌下腺 3. 舌下腺 4. 颧腺 5. 臼齿腺（猫）

［器械］一般组织切开、止血、缝合器械。
［麻醉］全身麻醉。
［保定］侧卧保定。
［手术操作］

在舌面静脉、颌外静脉和咬肌后缘之间形成的三角区内，对准颌下腺做皮肤切口（图 9 – 14），切开皮下组织、颈阔肌、脂肪，暴露位于舌面静脉和颌外静脉之间的颌下腺。切开覆盖颌下腺及舌下腺的结缔组织囊壁，露出腺体，颌下腺上缘的一部分被腮腺覆盖，前缘内侧与舌下腺结合，两腺体共用一个导管输出分泌液。用组织钳夹住颌下腺后缘并轻轻向头侧牵引，钝性分离颌下腺后缘及其下面的组织，双重结扎腮腺动脉分支和上颌下腺动脉并切断，分离整个腺体至二腹肌下面。钝性分离二腹肌和茎突舌骨肌，把腺体经二腹肌下拉向另一侧，再分离覆盖腺导管的下颌舌骨肌，露出围绕腺导管的舌下神经分支（图 9 – 15）。双重结扎腺导管及舌静脉并切断，摘出腺体。经二腹肌下插入引流管，并使其顶端位于腺导管断端，连续缝合颈阔肌及颌下腺、舌下腺的结缔组织囊壁，结节缝合皮下组织和皮肤。

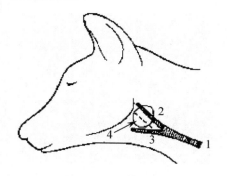

图 9 – 14 切口定位
1. 颈外静脉 2. 颌外静脉
3. 舌面静脉 4. 切口

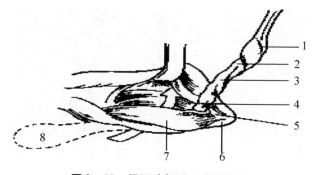

图 9 – 15 颌下腺与舌下腺摘除术
1. 颌下腺 2. 舌下腺前端 3. 舌下腺后端
4. 缝线 5. 舌神经 6. 下颌骨肌 7. 二腹肌
8. 下颌腺经二腹肌下面拉向对侧

[**术后护理**] 术后第三日拔除引流管，引流孔可不作处理，让其取第二期愈合，5～7d 内全身应用抗生素。

二、腮腺摘除术

[**适应症**] 腮腺化脓感染和肿瘤。

[**器械**] 一般组织切开、止血、缝合器械。

[**麻醉**] 全身麻醉。

[**保定**] 手术台侧卧保定。

[**手术操作**]

术前做好人工腮腺萎缩，用细套管针插入腮腺管，使针头向着腮腺方向，用玻璃注射器吸入加热 40～50℃ 融化的石蜡 4～5ml 注入腮腺管，然后用丝线结扎腮腺管。闭塞腺管使腺体萎缩。

切口位于耳基部，沿皱襞切开皮肤，由下颌骨后缘向后呈弧形切口，暴露腮腺与耳腹侧肌。钝性分离腮腺下缘，充分止血，向上分离腮腺体深部，暴露面神经，避免损伤神经。并要分离颈外动脉小分支，结扎切断。根据具体情况，做部分腮腺摘除或全部摘除。因为全部摘除非常困难，一般残留少量腺体组织，可以留置创内。

[**术后护理**]

1. 根据需要放置引流管，排出渗出液体。

2. 应用抗生素，防止术后感染。

第十章　颈部手术

第一节　气管切开术

[**适应症**] 鼻或喉的暂时或永久性阻塞、呼吸困难或产生窒息，气管狭窄，鼻和副鼻窦手术前等，气管切开常作为紧急治疗手术，当上部呼吸道施行某些手术，也需要气管切开术。

[**局部解剖**] 气管是以环形软骨作支架，各环之间有很窄的环韧带相连接，而构成的管腔器官。颈部的上中 1/3 之间，该部分是气管手术的部位。气管的腹侧中线由皮肤、皮肌、胸骨舌骨肌覆盖，背侧为食管。

[**器械**] 一般外科手术器械，气导管。

[**麻醉**] 局部浸润麻醉，必要时全身麻醉。

[**保定**] 仰卧保定。

[**手术操作**]

术部剃毛、消毒，颈中线切口。沿正中线作 5～7cm 的皮肤切口，切开浅筋膜，皮肌，用创钩张开创口，进行止血并清除创内积血，在创的深部寻找两侧胸骨舌骨肌之间的白线，用外科刀切开，张开肌肉，再切深层气管筋膜，则气管完全被暴露。气管切开之前应止血，防止创口血液流入气管。

因为气管小，位于深部，需要用两个钳子钝性剥离气管腹侧面皮肌和肌肉组织，以及结缔组织，并向外拉出气管，在第三至第四气管环上各作一半圆形切口（宽度不得超过气管环宽度的 1/2），合成一个近圆形的孔。切软骨环时须用镊子牢牢夹住，避免软骨片落入气管中。然后将准备好的气导管插入气管内，用线或绷带固定于颈部。皮肤切口的上、下角各作 1～2 个结节缝合，有助于气导管的固定。

[**术后护理**] 防止动物摩擦术部，防止插管脱落，每日清洗术部，除去分泌物。待原发性疾病好转时，缝合切开的气管。

[**注意事项**]

1. 切气管时要一次切透软骨环，不得使黏膜剥离，防止并发症，影响气管软骨再生。

2. 气管的切口应和气导管大小一致，过紧会压迫组织，过松容易脱落。

3. 气导管的位置必须装正，否则不利于空气流通。

4. 在切开气管的瞬间，动物可发生咳嗽和短期呼吸停止，为一时现象，很快就能平息，初学的术者不要惊慌。

5. 为了挽救动物生命，在紧急的情况下，允许在不消毒条件下进行急救手术，术后注意抗菌消炎。

6. 由于进行上呼吸道手术，而施行气管切开，在短时间内拆除气导管者，可用消毒液清理创部，严密缝合两侧的胸骨舌骨肌，再缝合浅筋膜和皮肤，争取第一期愈合。

第二节 甲状腺摘除术

[适应症] 甲状腺机能亢进、甲状腺肿、甲状腺腺瘤等。

[局部解剖] 犬甲状腺位于气管前部下方，分左、右两侧叶，中间由峡部连接，两侧叶之前端抵达甲状软骨的中部，后端至第六气管软骨环，侧叶的腹面有胸骨舌骨甲状肌覆盖。血液供应主要来自甲状腺动脉。神经分布是迷走神经的分支喉返神经，喉返神经与甲状腺动脉并行，因此结扎动脉时，应靠近腺体为宜，以免损伤神经。甲状旁腺在甲状腺侧叶的前、后极各有一个，直径约0.2cm，呈灰红色，埋藏在甲状腺深侧。

[器械] 一般外科手术器械。

[麻醉] 全身麻醉。

[保定] 仰卧保定，头颈伸直。

[手术操作]

术部在甲状软骨后方沿颈腹正中线上，一般作6~8cm切口。

在术部切开皮肤、皮下组织，钝性分离胸骨舌骨甲状肌，用扩创钩将切口向两边拉开，在气管侧面找到增大的甲状腺。此时，最好用尖口钳夹住并小心的稍微举起，这样可以更好地使其与周围的颈动脉和静脉分开，将动脉、静脉结扎并切断。将甲状腺翻向前面，分离其后、内侧，仔细辨认喉返神经和甲状旁腺，除因病变必须切除者外，应妥善保护，分离完毕后，以同样的方法分离另一侧，并从根部切下甲状腺。

用专用缝合线缝合表面筋膜，适当的缝合材料能促进肿块的消散，最后缝合皮肤。

[术后护理] 颈部缠上纱布。如果切除（完全切除）两侧甲状腺，在术后初期采取替代甲状腺激素相适应的内科疗程及适当的技术疗法。通常甲状腺的附加组织，在一周内就可以恢复自身的功能。

第三节 食管切开术

[适应症] 小动物常常因吃骨头阻塞颈部食道或胸部食道，不能通过口腔和胃取出的异物。另外食道憩室需要食道切开。

[局部解剖] 食道位于气管的背侧，相当于第三颈椎的部位，然后逐渐转向气管的左侧，在第六颈椎部位（这个部位为颈部中和后1/3结合部），食道位于气管的左侧。从颈静脉沟观察由外向内为皮肤、皮肌、颈静脉、位于背外侧颈总动脉、食道、气管。最后三部分由颈的深筋膜包裹。

[**器械**] 一般外科手术器械。

[**麻醉**] 全身麻醉。

[**保定**] 手术台侧卧保定。

[**手术操作**]

术部选择决定于异物阻塞的部位，通常由颈静脉沟来触诊。如果异物位于食道的胸腔部位，犬的手术部位应该尽可能接近胸腔入口处。切开左侧颈静脉沟，术部剃毛消毒，皮肤切开接近胸骨下颌肌，提起皮肤皱襞切开，防止损伤皮下静脉。钝性剥离颈静脉和胸骨下颌肌，在这里有颈动脉、交感神经、迷走神经和返神经位于深部。这个部位切口如果创口化脓，排液比在臂头肌边缘切口要方便容易。钝性分离达到气管的侧表面，颈部的深筋膜纤维容易被刺破，钝性剥离食道，如果创口大小不容易取出异物，必须根据食道内异物的大小适当扩大创口。食道的颜色是淡红色，如果手术分离是空虚的食道，识别食道主要依靠手的触摸感觉，而不是依靠食道的外观，因为其外观与周围组织比较相似，纵行切开食道。

犬的食道异物常常是骨头，多滞留在食道的胸腔部位。这样病例应用长的钳子，或特殊的异物钳子，由食道创口插入食道，应用两个缝线提起食道壁创口，防止食道内黏液污染周围创口，钳住异物缓慢取出。

首先应用肠线或细的丝线间断结节缝合食道的黏膜层，然后间断结节缝合食道肌肉层。清洗食道创口和周围创腔。最后间断结节缝合皮肤，在创口下面留下小创口，放置引流纱布，有利于排液。

[**术后护理**] 术后 1～2d 禁止饮水和喂食，给患犬戴上口套，防止随意采食食物。静脉注射葡萄糖溶液或生理盐水。2d 之后给予柔软的流体食物。全身给予抗生素治疗 1 周，防止创口感染。术后 15d 之内不能使用食道插管。皮肤创口 15d 后拆线。

[**注意事项**] 打开手术通路时，注意不要损伤食管周围的组织，如颈静脉、颈动脉、迷走神经干等，食管手术时，尽量避免使食管与周围组织剥离，撕断的组织在筋膜间可形成渗出物蓄积的小囊，使伤口愈合变得复杂化。

第十一章 胸部手术

第一节 开放性气胸闭合术

[适应症] 开放性胸部透创、肺萎陷，严重呼吸、循环衰竭。

[器械] 一般外科手术器械。

[麻醉] 根据病情可以选择不同程度的全身麻醉。

[保定] 根据患病部位选择适当的保定姿势。

[手术操作]

1. 术前准备

开放性气胸发生后，立即用纱布垫，在患畜深呼气之末的一瞬间封闭阻塞胸壁创口，使之成为闭合性气胸，有利于争取时间清创；或结节缝合数针，装上绷带，并抽出胸腔内空气，使病畜解除或缓解呼吸困难。根据病情给予输氧、输液和抗生素治疗。

2. 清创术

创口周围剃毛消毒，然后将已准备好的灭菌大块纱布展平，迅速阻塞胸壁创口内，应用灭菌纱布、脱脂棉填塞创内。剪除挫灭坏死组织，修整创腔，摘除异物，彻底止血。

3. 胸腔探察

应用正压给氧控制呼吸进行胸腔探查，检查是否有肺、心器官损伤。胸腔内注入抗生素，防止胸腔内感染。

4. 闭合创口

较小创口无需创口填塞，应迅速间断结节缝合胸膜肋间肌。对于较大创口，从创口的上角，由上而下，随着一点一点取出填塞纱布，间断结节缝合胸膜肋间肌。最后 1~2 针时，将整个纱布块取出后，迅速闭合胸腔。

5. 恢复胸腔内负压

术后立即抽出胸腔内气体，用带短胶管针头刺入胸腔，在粗针头末端系一橡皮指套，指套末端做一排气孔，呼气时胸腔内气体可经指套排出，吸气时指套闭合无气体自外界吸入。

6. 胸腔引流

在创口下方做一个 2cm 长创口直达胸腔，安放引流管。引流管为闭合引流，使用引流用水封瓶，自瓶塞中穿出长短两根玻璃管，上管的下端没于瓶内液面之下，上端连接引流管，短管与外界相通。水封瓶放置在胸腔之下。

　　[术后护理] 术后 1~2d 单独饲养，防止犬与犬之间的戏耍。术后全身给予抗生素治疗 1 周，防止伤口感染。皮肤创口 10~15d 后拆线。

第二节　肋骨切除术

　　[适应症] 当发生肋骨骨折、骨髓炎、肋骨坏死或化脓性骨膜炎时，作为治疗手段进行肋骨切除手术。为打开通向胸腔或腹腔的手术通路，也需切除肋骨。

　　[器械] 除一般常用软组织分割器械之外，要有肋骨剥离器、肋骨剪、肋骨钳、骨锉和线锯等（图 11-1）。

　　[麻醉] 肋骨切除常用局部麻醉，也可用全身麻醉。局部麻醉采用肋间神经传导麻醉和皮下浸润麻醉相结合。

　　[保定] 侧卧保定。

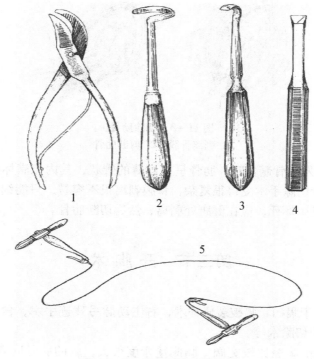

图 11-1　肋骨切除手术器械
1. 肋骨剪　2、3、4. 骨膜分离器　5. 线锯

[手术操作]

　　在欲切除肋骨中轴，直线切开皮肤、浅肌膜、胸深肌膜和皮肌，显露肋骨的外侧面。创钩扩开创口，注意止血。在肋骨中轴纵行切开肋骨骨膜，并在骨膜切口的上、下端做补充横切口，使骨膜上形成"工"字形骨膜切口。用骨膜剥离器剥离骨膜，先用直的剥离器分离外侧和前后缘的骨膜，再用半圆形剥离器插入肋骨内侧与肋膜之间，向上向下匀力推

动，使整个骨膜与肋骨分离。骨膜剥离的操作要谨慎，注意不得损伤肋骨后缘的血管神经束，更不得把胸膜戳穿（图11-2）。

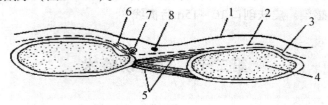

图11-2　肋间解剖模式图

1. 胸膜　2. 胸内肌膜　3. 骨膜　4. 肋骨　5. 肋间肌　6. 肋间静脉　7. 肋间动脉　8. 肋间神经

骨膜分离之后，用骨剪或线锯切断肋骨的两端，断端用骨锉锉平，以免损伤软组织或术者的手臂。拭净骨屑及其他破碎组织（图11-3）。

关闭手术创时，先将骨膜展平，用吸收缝线或非吸收缝线间断缝合，肌肉、皮下组织分层常规缝合。

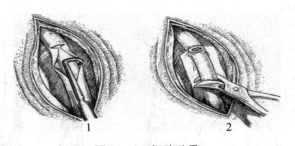

图11-3　切除肋骨

1. 剥离骨膜　2. 剪断肋骨

［**注意事项**］当发生骨髓炎时，肋骨呈宽而薄的管状，其内充满坏死组织和脓汁。在这样的情况下，肋骨切除手术变得很复杂，骨膜剥离很不容易，只能细心剥离，以免损伤胸膜。如果骨膜也发生坏死，应在健康处剥离，然后切断肋骨。

第三节　开胸术

［**适应症**］适应于膈疝、膈破裂修补术，右主动脉弓残迹手术，食道憩室、坏死，支气管内异物取出及肺切除术等。

［**局部解剖**］犬的胸腔比较宽阔，胸侧壁弯度很大，膈的肋骨附着缘比其他家畜低，胸容积显著增大。胸廓呈圆筒状，入口呈卵圆形，肋骨一般是13对，9对真肋，4对假肋。肋骨体窄而厚，弯度大。胸骨长，两侧压扁，8个胸骨片，除老龄者外一般不完全愈合。膈呈强度弯曲状，中央腱质部较小，有食管裂孔，位于第十二胸椎腹侧的左、右肺间。膈附着于第九肋的下部，到第十、十一肋骨稍偏肋软骨结合部下方1~2cm，至第十二肋骨位于其腹侧端，到最后肋骨，则位于肋骨中央下方。

胸两侧有皮肤、皮下组织和肌肉覆盖，肋间隙有内、外肋间肌，在肌间有血管、神经束。肋骨表面有锯肌，腹侧是胸肌，背侧表面是背阔肌。胸内动、静脉在胸骨与肋骨结合的背侧，前后穿行。

[**开胸及呼吸**] 各种大的普通外科，可由于手术并发呼吸衰竭，其中非胸、腹腔手术发病率很低，腹腔手术由于影响膈的活动而较高，其中胸腔手术最甚。其原因在于术前的镇静药和麻醉药对呼吸中枢的抑制作用，手术创的疼痛也直接影响胸廓的活动，使通气量减少。吸入麻醉剂能抑制肺泡表面活性物质，导致变应性减退、肺泡萎缩等引起病畜呼吸变浅而快、潮气量变低、无效腔/潮气量比率增大、减少通气量、氧/血比率失调，因而发生缺氧。而胸部外科除了上述的一般外科能引起呼吸衰弱之外，由于直接损伤胸壁、胸腔和肺组织，故呼吸衰竭率要高于一般外科手术。另外胸腔暴露之后，引起一侧肺萎陷，出现反常的呼吸、纵隔摆动等。为了确保氧的供应和防止二氧化碳蓄积，建议在有条件的情况下采用间歇正压呼吸的机械人工呼吸，有利于胸腔手术进行。

[**器械**] 一般外科手术器械，肋骨牵开器及肋骨切除所用的手术器械。

[**麻醉**] 全身麻醉。

[**保定**] 根据要求行侧卧、半仰卧或仰卧保定。开胸时正压间歇通气。

[**手术操作**] 有下列几种形式：

1. 侧胸切开

动物侧卧保定，以肋间切口通向胸腔，两侧胸壁均可作为手术通路。前胸手术常选在第二、第三肋间，心脏和肺门区手术选在第四、五肋间，尾侧食管和膈的手术选在第八肋间作为手术通路。肋间的确定以X线拍照作为依据。如果病变在两肋间范围内，宁可选择前侧的肋间，因为肋骨向前牵引要比向后容易。

切口部位的确定，习惯从最后肋骨倒计数。切开皮肤之后，再一次核实肋间的位置，用剪刀剪开各层肌肉。背阔肌平行肋骨切开，尽量减少破坏背阔肌的功能，依次剪开锯肌或其腹侧的胸肌。肋间肌用剪分离，用剪时采取半开状态，沿肋间推进，而不是反复开闭，这样能减少不必要的损伤。剪开宜靠近肋骨前缘，避开肋间的血管和神经。肋间内肌的分离，不得损伤胸膜。接着在胸膜上做一个2~3mm的小切口，当呼气时空气流入胸腔，肺萎缩离开胸壁，不必担心延长胸膜切口时对肺造成损伤。若切口偏下接近胸骨，要避开胸内动、静脉或做好结扎。

将湿的灭菌创巾放置在切口的边缘，安上牵拉器，扩开切口。

切口闭合用单股吸收或非吸收缝线，缝合4~6针将切口两则肋骨拉紧并打结。在打结之前用肋骨接近器或巾钳使切口两侧肋骨靠近，要求切口密接又不要造成重叠，肋间肌用吸收缝线缝合（图11-4）。其他肌层用吸收缝线连续或间断缝合，背阔肌间断缝合。主要肌腱部分，各层肌肉要分别缝合，减少术后的机械障碍，皮肤常规缝合。

2. 侧胸切开

是胸侧壁切开的另一种方法。本法可得到充分暴露的大切口。先进行肋骨切除术，通过肋骨骨膜床切口，通向胸腔。有肋骨切除与肋骨横切两种方法。

（1）肋骨切除 通过肋骨切除而得到通路，皮肤、皮下组织及肌肉切开同前。在肋骨表面切开并剥离骨膜，切断肋骨并将肋骨取出。在暴露的肋骨骨膜床上切口，通过骨膜和胸膜切口进入胸腔，比肋间切开能更多地暴露胸腔器官。

创口闭合先在骨膜、胸膜和肋间肌上进行，用吸收缝线，单纯间断或连续缝合，各层肌肉和皮肤缝合同前。

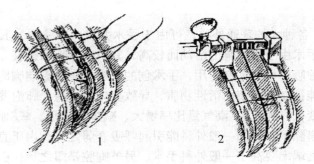

图 11 - 4 肋间切口闭合
1. 缝合 2. 打结

（2）肋骨横切 能获得比肋骨切除还要大的胸腔显露。在肋骨切除的基础上，对邻近的肋骨的背侧和腹侧两端横切，两端各切除 4~5mm 并去掉，只靠软部组织连接。这样的肋骨能重新愈合，动物呼吸时不会产生摩擦，术后疼痛也减少。本方法利用靠近前后的两个肋骨，不会有并发症，也不需要金属丝固定肋骨断端，切口闭合或愈合之后，不影响胸部机能。肌肉、皮肤的闭合按常规进行。

3. 头侧胸壁瓣

前胸被前肢覆盖，将胸骨切开和胸壁切开相结合，能广泛地暴露前部胸腔器官。犬半仰卧保定，前肢抬高并屈肘，显露胸和侧壁（图 11 - 5）。腹中线切开，从胸骨柄向后伸延到第四或第五胸骨节片，侧胸做皮肤切口使肋间与胸中线切口连接，胸内动静脉进行双重结扎。胸骨切开用骨锯或骨刀分离，为了防止误伤胸内脏器，宜先侧胸切开，用手伸入胸腔保护胸内器官。切口向前伸延到颈腹侧肌之间，可减少开胸时肌肉收缩的抵抗。

两切口开张后，湿纱布或创巾垫在创口边缘。本通路能暴露 2/3 的食道和气管、胸纵隔和前侧的大血管。切口闭合，将分开的胸骨靠近，用结实的单股缝线间断缝合，缝合针要进入胸骨片及其软骨部分，侧胸的肋间闭合同前。术后犬常常处于胸卧位，胸下的压力相当大，为了防止缝合破裂，要充分利用皮下组织的缝合，皮肤按常规闭合。

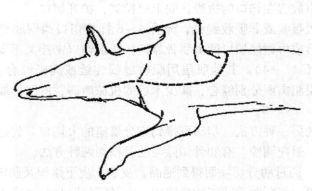

图 11 - 5 头侧胸壁瓣手术切开线

4. 胸骨切开

全部胸骨纵切，以显露胸腔脏器。犬背侧卧，切口从胸骨柄延至腹部白线，部分膈被腹背方向切开，是一种最大的开胸。除背侧脏器不易接近之外，胸和腹的部分脏器均被显露。闭合方法同前，注意皮下组织的缝合。

[**术后护理**] 胸腔切开时注意空气流入，胸腔内检查时要小心谨慎，严禁粗暴，胸膜闭合时要严密，既防止空气流入，也防止造成大面积皮下气肿。在闭合胸壁的过程中，由闭合的创口不断将气体抽出，这样可减少危机，加快恢复。另外为了防止化脓性胸膜炎，在抽气之后，经针头向胸腔注入抗菌素。

术后全身给予抗生素治疗 1 周，防止伤口感染，禁止剧烈运动，警犬停止训练，给予丰富的蛋白质饲料。术后 10~15d 创口拆线。

第四节　胸部食管切开术

[**适应症**] 主要应用于胸部食管的探查、食管内异物和阻塞的排除，或食管憩室的治疗等。

[**器械**] 一般外科手术器械及开胸手术器械（见开胸术）。

[**麻醉**] 全身麻醉，手术时进行正压间歇通气。

[**保定**] 侧卧保定。

[**手术操作**]

犬的开胸能显露食管从第二胸椎到食管末端之间的全段。左、右两侧均可进行手术，因为食管位于心基的右侧，故手术通路常选在右侧胸壁。一般从胸腔入口到心基部食管的手术通路应选在第四肋间。打开胸腔之后，用牵拉器扩开手术创口，用湿纱布围垫肺周围，尽量暴露前部食管，注意保护伴行的迷走神经。

从心基到食管末端的通路，选在第八至第九肋间。切开胸腔后，将肺的尾侧叶向前折，并用湿纱布围垫，必要时可将肺间韧带切断，以扩大视野。暴露的食管位于主动脉的腹侧，背、腹有迷走神经伴行，应注意保护。

接近食管要注意组织粘连状态，不得强拉，小心分离，必须控制出血，使视野清晰。避开腔静脉和主动脉，不要误伤。术者必须准确评价食管的活力与血液供应状态，判断组织能否成活。如果在食管内有尖锐物体，如鱼钩或针，应注意固定，不得损伤邻近的器官，特别是主动脉、腔静脉或肺部的血管。

纵隔进行锐性切开，分离食管，设法将迷走神经包裹起来，以防损伤。用无损伤肠钳安置在预切口的头侧和尾侧，在食管上纵向切口。为了检查食管内腔和除去异物，食管的切口一般应开在异物体的头侧或尾侧，对有堵塞性的物体切口最好放置在头侧。

异物取出之后，食管黏膜用 4/0~5/0 的非吸收缝合线，使用圆针连续缝合。缝合从一端开始，结要打在食管腔内，连续缝合从一端到另一端，针只穿透黏膜和黏膜下层，缝合要细致和确实。缝合之后检查有否渗漏，注入灭菌生理盐水做压力试验，发现渗漏处用 5/0 的缝线间断缝合。

肌肉层用 3/0 吸收缝线，单纯间断缝合。缝合之后，擦拭干净，放回原来位置，迷走神经也要复原，再用可吸收缝线将纵隔切口闭合。

食管的切除要特别慎重，只有用其他方法不能矫正损伤时，方可试行。原因是食管缺少浆膜层，食管本身经常活动，如果切断再缝合会产生张力，而食管端端吻合后愈合的关键之一，就是要求最小的张力。所以当客观上十分需要时，最多只能切除2cm，当遇到大段坏死的情况下，则应选用其他技术。

端端吻合的操作方法是：将无损伤肠钳放置在预切除部的前、后侧。装支持缝合线穿过食管端的背、腹的黏膜和黏膜下层，在支持线的协助下，使两断端黏膜对接，选4/0的非吸收缝合线，从后壁的支持线的一端开始，做单纯的间断缝合，闭合黏膜和黏膜下层，每个结都打在腔内。后壁缝合之后再转向前壁，与开始缝合连接。针距为2mm，距边缘3mm。最后剩留1~2针，把结打在腔外，做压力试验，检查渗漏并修补，食管肌肉层用3/0吸收缝合线，单纯间断缝合。

食管切除和吻合的主要并发症是渗漏，据临床统计，漏出时间常常出现在术后3~4d。胸部食管吻合后发生渗漏，可继发纵隔炎或形成小的瘘管。

胸腔常规闭合。在胸膜闭合前装胸导管，做引流，皮肤闭合前放置一般引流。

[术后护理] 皮下引流放置72h，胸导管引流，在术后第一个24h进行常规吸引，排除液体和气体。大量抗生素预防或控制感染。术后1~2d不得经口饲喂，其后给流体食物，逐渐变为半流体，直到常规饲喂。

第五节 犬心丝虫病手术

[适应症] 犬的心丝虫病。

[器械] 一般外科手术器械，开胸手术器械（见开胸术），长柄钳。

[保定] 右侧卧。

[麻醉] 全身麻醉。

[手术操作]

1. 肺动脉切开术

左侧第四肋间胸腔切开，切开肺动脉，使用长柄钳从肺动脉和右心室取出虫体。肺动脉切开的优点是能直接暴露这个部位，在心脏和肺动脉的成年心丝虫有90%能够除去。

2. 右心室取出心丝虫

右心室前心切口，用钳子取出虫体，这个方法只能取出1~2个虫体，因为取出虫体很困难。这个方法不被采用。

3. 阻断血流右心室切开

中心胸骨切开术，阻断血流，右心室切开，更容易找到腔静脉，腔静脉可以暂时结扎减少血液丧失。缝线放置在心室，切开右心室直接取出心丝虫。这个方法优点能直接看到右心室。缺点是右心室支持缝线容易撕裂心肌造成血液丧失。

4. 颈静脉切开术

这个方法不用全身麻醉，犬左侧卧，右颈静脉浸润麻醉，皮肤切口，右颈静脉暴露，远侧端结扎，止血带放置近心端，切开静脉，应用长的钳子插入静脉。进入右心房，使用钳子取出虫体，存在腔静脉和右心房虫体容易取出。

[术后护理] 术后给予抗生素治疗2周，防止感染。术后1周内禁止运动和训练。术

后 8 ~ 12d 创口拆线。

第六节　动脉手术

一、动脉导管未闭手术

[**适应症**] 动脉导管未闭是犬的先天性疾病，是胚胎期的动脉导管在出生后未能闭合所致的疾病。按其血液动力学紊乱和血液分流的方向分为两种类型，由左向右的动脉导管未闭，称为 L – RPDA，血液由主动脉向肺动脉分流。这是典型的多发的，左心室排出血液进入主动脉到全身，主动脉血液的一部分，分流经未闭动脉导管进入肺动脉和肺，由右向左的动脉导管未闭，称为 R – LPDA，

血液由肺动脉向主动脉分流，发生少，只占动脉导管未闭的 1% ~ 2% 。犬的未闭动脉导管是短的，通常宽 1cm，长则不到 1cm。

该病多发于贵妇犬、德国牧羊犬、雪特兰牧羊犬、柯利牧羊犬、博美犬和斯斑尼犬等。母犬比公犬多发，约 4:1。

该病治疗只有手术方法。结扎未闭的动脉导管。手术尽量选择较年轻犬，手术成功率较高，对于体重不足 0.5kg 的小型犬，手术困难。

[**器械**] 一般外科手术器械，开胸手术器械（见开胸术）。

[**麻醉**] 全身吸入性麻醉或药物全身麻醉。

[**保定**] 右侧卧保定。

[**手术操作**]

左侧胸壁切开术　第四肋间切开，暴露肺脏，反转肺叶在主动脉和肺动脉间可以看见导管。导管位于主动脉的腹侧面和肺动脉的背侧面。在导管上面，两个血管之间有迷走神经通过。肥胖动物不能看到导管，需要从纵隔和心包分离出导管。导管有连续脉搏冲动，在导管的腹侧面和前方能触摸到波动。这个部位相当于听诊检查最佳"沙沙"声音的部位。在分离导管时，给动物注射阿托品，防止在分离导管时，刺激迷走神经而引起迷走神经性心脏缓慢。

主动脉和肺动脉的分离　应用直角胆管钳，在导管前方自然裂隙分离，扩大横过纵隔平行向后，通过主动脉下面和肺动脉的前面，迷走神经在导管上通过，应用湿纱布条提起。

动脉导管分离　由于导管脆弱，在分离时首先接近强波动主动脉，在导管的后面开始沿着主动脉右侧壁向下分离，在导管前方开口的纵隔处转动钳的尖端向下分离。导管的后壁分离容易。

动脉导管结扎　直角钳在导管下面引导两股 2/0 丝线绕过导管。首先结扎导管的主动脉侧缝线，动脉压增高，这是由于 Rranhamm 反射，心率减慢。然后结扎肺动脉侧，结扎 1 ~ 2min 后，肺动脉变小。对体重大于 7kg 犬，如果在分离时出现导管撕裂时，可以放置安全放置线，阻断血流。安全放置线有以下几处，应用两股缝线，在导管前方绕过左锁骨下动脉和头臂动脉，应用缝线放置在导管远端的主动脉处，肺动脉上可放置止血钳。

近来，Jackson 和 Henderson 提出在远端右侧导管壁上做完全分离，穿过两股缝线，结扎导管。缝线结扎闭合导管后，缝线终结末端要做修整，切除多余线头，结扎的缝线放置在心包内，并排列在心包边缘，防止左心房附属物疝形成，间断缝合心包创口。

胸腔引流管放置在胸壁切口的后方肋间。闭合胸壁切口，进行肋间肌和皮肤缝合。如果轻度负压，肺通常是膨胀，这时皮肤完全缝合，抽出胸腔空气，胸腔引流管要立即除去。

[术后护理] 患畜在 20d 之内避免做激烈活动与训练，5～7d 后可以拆线，术后要给予抗生素疗法，防止感染。

二、右主动脉弓残留（PRAA）手术

[适应症] 主动脉弓残留。

PRAA 的病理解剖是主动脉移向食道和气管的右侧。而产生气管和食道由心脏前基部包围，右主脉弓到右侧，背主动脉在背侧，动脉韧带和肺动脉在左侧。血流正常，但是当吃固体或大的坚实食物，压迫食道时会产生阻塞。

右主动脉残留的临床症状特点通常在断奶开始，吃半固体或固体食物时，食道阻塞反胃呕吐明显。必要时可给予钡餐，通过 X 线透视做出诊断。

[器械] 同动脉导管未闭手术。

[麻醉] 吸入麻醉或其他全身麻醉。

[保定] 右侧卧保定。

[手术操作]

在左侧胸壁第四肋间切开，肺向后填塞压迫，可见膨胀阻塞的食道，如果食道膨胀大于正常食道的 2 倍，术后恢复不理想。食道插入润滑管，直接插入食道的膨胀部，可发现动脉韧带，它呈纤维状，但是可能是开放的动脉导管，要把动脉韧带与食道分离，双股缝线结扎，并切断。动脉韧带周围和纵隔组织与食道分离使食道移向左侧。食道的插管向后插入很容易通过阻塞部位，达到心脏基部进入胃，完成手术矫正。胸壁缝合，抽出胸腔气体。

本病在症状发生时给予手术矫正，预后良好。如果发生支配食道肌肉的神经受到损伤则预后不良。

[术后护理] 术后给予少量液体食物，如果食道膨胀较小，术后护理时间减少，如果食道膨胀严重，术后护理连续两个月，使食道缓慢的恢复到正常食物和喂饲习惯。

第七节　犬膈赫尔尼亚手术

[适应症] 腹腔脏器经膈的破裂孔进入胸腔、称膈疝。手术的目的是分离粘连的脏器，经减压后还纳于腹腔（如肠管已坏死则行肠截除吻合术），修补疝轮。在术前用 X 线检查确定哪一侧胸腔有腹腔器官进入，或是两侧胸腔均有腹腔器官进入。

[器械] 开胸器械、循环密闭式麻醉机辅助和控制呼吸装置。

［麻醉］ 全身麻醉。

［保定］ 侧卧保定。

［手术操作］

膈疝手术可采用胸腔或腹腔通路，一般选用胸腔通路操作比较容易，多在左侧第六或第七肋骨上切开。

1. 胸腔通路手术法

开胸后，首先分离进入胸腔内的腹腔脏器与心、肺、胸膜的粘连，如肠管高度臌气积液，在严密防止污染的情况下穿刺减压，再行整复。疝轮过小还纳有困难时，可扩大疝轮以便整复。嵌闭性膈疝肠管如果已发生坏死，应作肠截除吻合术，然后经扩大疝轮送回腹腔，采用重叠钮孔状缝合法闭合疝轮，最后闭合胸壁切口。

2. 腹腔通路手术法

根据 X 线检查确定腹壁左或右侧皮肤切口，切口在肋弓后 2cm，切口在腹中线沿肋弓切开腹腔。

筋膜和肌肉组织（腹直肌和腹斜肌）在同一方向切开，然后横筋膜，注意出血血管的结扎，切开腹腔。首先看到脱出的腹腔器官，术者用手触及膈的裂口，裂口通常位于膈的背侧，如果裂口向后延伸，腹部切口需要向后扩大。

腹腔切开后，助手使用扩创器扩大切口，提高肋弓，术者将进入胸腔内肠管、胃和肝从膈裂口拉回腹腔，有时脱出器官相当多，还纳腹腔后，需要应用灭菌纱布卷进入腹腔，填塞、隔离以保持膈破裂口清楚，便于缝合；腹腔器官不再进入胸腔，检查膈的撕裂口，应用较粗丝线间断缝合裂口，第一个缝线从裂口最深处开始。有时裂口涉及胸壁膈的附着肌肉，膈的边缘缝合要直接缝到肋间肌上。要注意，创伤深处的缝合一定不要损伤食道和大的血管。

在器官还纳和膈的缝合时要注意观察呼吸运动，膈松弛时肺要膨胀，只有在这时期缝合比较容易。在最后缝合打结之前，肺完全膨胀，从胸腔内排出所有空气。膈一定保持空气密封，在呼吸时候一定不能听到口哨的声音，因为这时空气进入肺内。纱布卷从腹腔取出注意不要使异物留在腹内，防止粘连。使用缝线缝合腹腔各层，皮肤使用间断缝合。

［术后护理］ 全身给予抗生素，防止术后感染，纠正全身水电解质酸碱平衡紊乱。保持患畜安静，减少活动。术后给予流食，多给予饮水。给予丰富蛋白质维生素食物。皮肤缝线 7~10d 后拆除。

第十二章　腹腔手术

第一节　剖腹术

[局部解剖]

腹壁从外向内由以下各层组织构成：

皮肤：皮肤在背侧部较厚，腹侧部较薄，其下面有皮下组织。

腹壁肌层：腹皮肌是富有弹性的膜，密接腹外斜肌；腹外斜肌覆盖于腹壁的两侧和底部以及胸侧壁的一部分，肌纤维从前上方走向后下方，在肋弓的后下方延续为宽大的腱膜，止于腹白线、耻前腱、髋结节、髂骨和股内侧筋膜，腱膜的外面与腹部筋膜紧密接触，内面与腹内斜肌腱膜的外层结合；腹内斜肌位于腹外斜肌的深层，肌纤维斜向前下方，大部分起于髋结节，一部分起于腹外斜肌骨盆腱的终止部位、腰背筋膜、腰椎横突末端，呈扇形向下方扩展，止于最后肋骨的后缘，腹白线和耻前腱；腹直肌呈宽而扁平的带状，位于腹底壁腹白线两侧，被腹外、内斜肌和腹横肌所形成的外、内鞘包裹，起于胸骨和肋软骨，肌纤维前后纵行，止于耻骨前缘；腹横肌是最内层的宽阔的薄肌，肌纤维由腰部上方横走向下终止于白线，白线前方接剑状软骨，后方止于耻骨前缘。

腹膜：是浆膜被覆在腹腔内面。

腹肌的神经：腹肌的神经是由最后胸神经、第一、第二和第三腰神经的腹侧支分布在腹肌上。

犬的腹腔器官局部解剖特点（图 12－1）：

1. 胃

胃底部位于贲门的左侧和背侧，呈圆隆顶状；胃体部最大，位于胃的中部，自左侧的胃底部至右侧的幽门窦，然后变狭窄，形成幽门管，与十二指肠交界处叫幽门。幽门处的环形肌增厚构成括约肌。

胃弯曲呈"C"字形。大弯主要面对左侧，小弯主要面对右侧。大血管沿小弯和大弯进入胃壁。胃的腹侧面叫做壁面，与肝接触；背侧面叫脏面与肠管接触。向后牵引大弯可显露脏面，脏面中部为胃切开手术的理想部位。

胃的位置随充盈程度而改变。空虚时，前下部被肝和膈肌掩盖，后部被肠管掩盖，在肋弓之前，正中矢状面的左侧，胃充满时与腹腔底壁相接触，突出在肋弓之后，胃底部抵达第二或第三腰椎的横断面。

脾窄而长，沿胃大弯左侧附着于大网膜，其位置随胃的充盈度而改变。

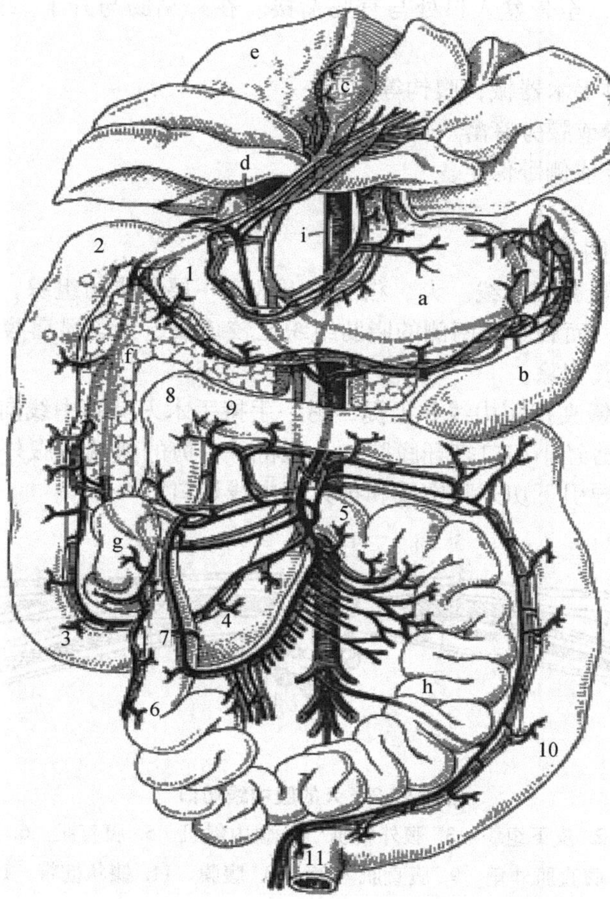

图12－1 犬的腹腔器官位置图

a. 胃　b. 脾　c. 胆囊　d. 总胆管　e. 肝脏　f. 胃底腺　g. 盲肠　h. 空肠　i. 动脉

1. 胃的幽门区　2. 十二指肠起始区　3. 十二指肠降区　4. 横向的十二指肠　5. 十二指肠升区
6. 空肠末端　7. 回肠　8. 回结肠交界处　9. 横向的结肠　10. 结肠降区　11. 直肠

2. 肠管

十二指肠自幽门起，走向正中矢状面右侧，向背前方行很短一段距离便向后折转，称为前曲；然后沿升结肠和盲肠的外侧与右侧腹壁之间向后行，称为降十二指肠；至接近骨盆入口处向左转，称为十二指肠后曲；再沿降结肠和左肾的内侧向前行便是升十二指肠；于肠系膜根的左侧和横结肠的后方向下转为十二指肠空肠曲，连接空肠。

空肠自肠系膜根的左侧开始，形成许多弯曲的小肠襻，占据腹腔的后下部；回肠是小肠的末端部分，很短，自左向右，它在正中矢状面的右侧，经回结口连接结肠；盲肠短而弯曲，长10～15cm，盲肠位于第二、第三腰椎下方的右侧腹腔中部，盲肠尖向后，前端经盲结口与升结肠相连接；结肠无纵带，被肠系膜悬吊在腰下部。结肠依次分为：升结肠自盲结口向前行，很短（约10cm），位于肠系膜根的右侧；横结肠－升结肠行至幽门部向左转为结肠右曲，经肠系膜根的前方至左侧腹腔，于左肾的腹侧面转为结肠左曲，向后延接为降结肠；降结肠是结肠中最长的一段，30～40cm，起始于肠系膜根的左侧，然后斜向正中矢状面，至骨盆入口处与直肠衔接。在降结肠与升十二指肠之间有十二指肠结肠韧带相连。

[器械] 一般外科手术器械，腹钩等。

[麻醉] 全身麻醉或腰旁麻醉。

[保定] 仰卧保定或侧卧保定。

[手术操作]

1. 腹中线切口（图12-2）

（1）切开皮肤，显露腹中线。犬、猫的皮下常有一层厚脂肪组织，腹中线上的脂肪组织与腹中线结合紧密，而腹中线两侧的脂肪组织比较疏松，为了显露腹中线，应从两侧向腹中线分离脂肪并将其切除。

（2）一手持有齿镊夹持腹中线并上提，另一手持手术刀经腹中线向腹腔内戳透腹膜后退出手术刀，用手术剪经小切口打开腹腔。一边将手术剪的剪端向腹外撬起，一边剪开腹中线。也可在手指的导引下切开腹中线和扩大腹中线切口。

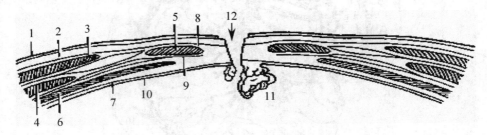

图12-2 犬的腹中线切口

1. 皮肤　2. 皮下组织　3. 腹外斜肌　4. 腹内斜肌　5. 腹直肌　6. 腹横肌
7. 腹横筋膜　8. 腹直肌外鞘　9. 腹直肌内鞘　10. 腹膜　11. 镰状韧带　12. 腹中线切口

犬、猫的脐前腹中线切口两创缘上有镰状韧带，其上附着大量脂肪，常常妨碍对腹腔内脏器的探查，影响手术操作，在手术后易与腹腔内脏器粘连。为此，在切开腹壁后，应先将镰状韧带从腹腔中引出，从切口后端向前在与两侧腹膜连接处剪开，至肝的左内叶与方叶之间的附着处用止血钳夹住，经结扎后切除镰状韧带。

（3）腹膜用4号丝线或可吸收缝线连续缝合，腹中线用7～10号丝线进行间断缝合，皮下脂肪层进行连续缝合。缝合切口内皮下脂肪层时，缝针应先穿过切口内一侧脂肪层创缘，然后缝合腹直肌外鞘，再穿过对面的腹直肌外鞘及脂肪层创缘，拉紧缝线打结后皮下不遗留死腔。皮肤用7～10号丝线间断缝合。犬、猫的皮肤缝合还可采取连续皮下缝合法，由切口的尾端开始，缝针紧贴皮下向切口的头端交叉平行引线，此缝合法使切口对合严密而美观，术后不必拆线。

2. 中线旁切口（腹白线旁切口）

切口位于腹中线旁平行腹中线，如图12-3所示有3种定位法：

（1）经腹直肌内侧缘0.5～1cm处的腹中线旁切口（图12-3，1）　切口以脐部分为脐前中线旁切口和脐后中线旁切口。根据手术要求可以延长切口。切开皮肤显露皮下疏松脂肪组织，切开腹黄膜显露腹直肌外鞘，切开外鞘显露腹直肌纤维。将腹直肌用拉钩向外侧牵拉显露腹直肌内鞘和腹膜，然后切开腹直肌内鞘和腹膜进入腹腔。

（2）经腹直肌外侧缘 0.5~1cm 处的腹中线旁切口（图 12-3，2） 切开皮肤，分离皮下脂肪（犬、猫），切开腹直肌外鞘，显露腹直肌纤维，用拉钩将腹直肌纤维向腹中线方向牵拉，显露腹直肌内鞘和腹膜，切开内鞘和腹膜进入腹腔。

（3）经腹直肌的腹中线旁切口（图 12-3，3） 该切口是纵向通过腹直肌，距腹中线的距离为 5~10cm，切口长 15~30cm。此切口在分离腹直肌纤维时出血较多，但切口缝合后不易发生切口裂开，愈合良好。切开方法类似于经腹直肌外侧缘的腹中线旁切口。

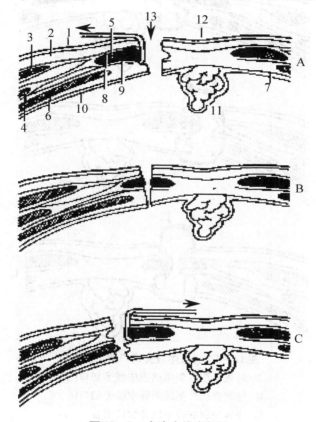

图 12-3 犬腹中线旁切口
A. 经腹直肌内侧缘通路 B. 经腹直肌通路 C. 经腹直肌
1. 皮肤 2. 皮下组织 3. 腹外斜肌 4. 腹内斜肌 5. 腹直肌 6. 腹横肌 7. 腹横筋膜
8. 腹直肌外鞘 9. 腹直肌内鞘 10. 腹膜 11. 镰状韧带 12. 腹中线 13. 切口
（引自林德贵《兽医外科手术学》）

上述 3 种腹中线旁切口的闭合方法可按图 12-4 所示进行缝合。用 7 号丝线或 1 号肠线对腹直肌外鞘、内鞘和腹膜进行连续缝合。皮肤用 7~10 号丝线进行间断缝合。也可采用皮下连续缝合闭合皮肤切口。

[术后护理] 术后禁食 48h，以静脉补充营养需要。48h 后给予流物，如牛奶、肉汤、米肉粥等高营养流食，给予 2~3d，后逐渐改为半流食和正常食物。给予青霉素或磺胺类药物治疗 5~7d，局部按一般创伤疗法治疗。可装着颈圈，防止啃咬缝合处。

[剖腹术的并发症及其处置]

1. **腹膜感染**

腹膜感染的原因是冷凉、干燥、机械的损伤、消毒药物和消化液处理不当或其出血、异物以及细菌感染所致。

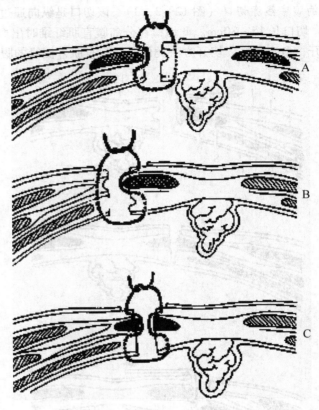

图12－4　犬腹中线旁切口的闭合方法
A. 经腹直肌内侧缘的腹中线旁切口闭合
B. 经腹直肌外侧缘的腹中线旁切口闭合
C. 经腹中肌的腹中线旁切口闭合
(引自林德贵《兽医外科手术学》)

随打开腹腔之际，对常用的物理的、化学的刺激应限制在最小刺激量，或者将腹腔脏器取出，将健康部分还回腹腔内，用保护纱布压入防止脱出或固定，手术在腹腔外施术，努力把健康部分隔离，防止细菌感染以及减少其他的机械性刺激。

腹腔手术时，干燥灭菌的保护纱布和浸有40～45℃微温的生理盐水纱布均可使用。

术后腹膜炎一般在术后24h出现最初症状，一般表现体温升高。

腹膜感染多是人为的因素造成，因此在手术操作时应特别注意。同时于术前和术后给予抗生素或磺胺类药物，有效防止发生腹膜感染，也可适当地应用对症治疗。

2. **腹壁肌层和皮肤的感染**

腹壁肌层和皮肤感染的原因，多数为消毒不全，术后创面保护不够、缝合失宜、形成死腔和排液不良，异物存在等，特别注意消化道手术时其内容物的污染，在手术时应注意上述原因。化脓时，应将该部分的缝线拆除，排脓，按化脓创处置。

3. 术后肠管麻痹

由于手术种类和程度不同，剖腹术时术后肠管麻痹是常见的并发症。

肠管麻痹是由于浆膜相互粘连、腹膜机能减退、消化道内气体蓄积等而引起，因其对预后有较大的影响，所以应特别注意对其预防。干燥、冷凉、机械的或化学的刺激、轻度感染、各种镇痛剂的注射等都可造成不同程度的肠管麻痹，所以应特别注意这些因素。

术后肠管麻痹的预防措施是用温水或温食盐水灌肠，每日 3～4 次。同时给予肠蠕动促进剂。

4. 术后粘连

术后粘连多由于手术过程中机械的、化学的、温热的各种刺激损伤腹膜而引起。术后肠管麻痹和肠蠕动不足等也是粘连的原因。术中注意不够，将腹腔器官与腹膜缝合在一起必然要粘连。术后粘连的预防，应防止腹膜感染和术后肠管麻痹以及避免浆膜损伤。

5. 术后尿闭

剖腹前膀胱处于空虚状态时，术后易引起尿闭。尿闭的处置方法是用导尿管排尿，雄犬或猫不能使用导尿管时，可在下腹部进行膀胱穿刺排尿。

第二节 犬的胆囊摘除术

[适应症] 犬的胆囊摘除术虽然在临床上不常见，但在犬全身状况良好的情况下，对犬胆道蛔虫而继发的胆囊急性化脓、坏疽或胆囊穿孔，胆囊结石、胆囊肿瘤、胆囊癌、胆囊破裂，应进行大的胆囊摘除术，胆囊摘除术分为顺行性（从胆囊管开始）和逆行性（从胆囊底开始）摘除，顺行性摘除术出血较少，操作简便，一般常用。但若炎症较重，胆囊与周围组织粘连严重时不易暴露胆囊管，此时采用逆行性摘除术较好。

[器械] 一般外科手术器械。

[麻醉] 全身麻醉。

[保定] 仰卧保定。

[手术操作]

术前仔细检查犬全身状况，若失水严重者，可先进行输液，增强机体抵抗力。

1. 手术切口

取腹白线右侧切口或腹侧壁切口，腹白线右侧切口适应于胸阔较深的犬，腹侧壁切口应切除第 7 肋骨，但易造成气胸，必须进行气管插管，在正压给氧下进行手术。手术时全身麻醉，局部剃毛、消毒，切开皮肤、肌肉、暴露肝，先检查有无肿大、萎缩、异常结节、硬度或囊肿，其次观察胆囊形态、大小，是否有水肿、坏死、穿孔，轻轻挤压胆囊，感觉胆囊中是否有结石，继而探察胆囊顶有无结石嵌顿，观察胆囊是否与周围组织粘连，手指探查肝十二指肠韧带，触摸胆总管内有无结石、蛔虫，若胆囊充盈膨胀程度严重，轻挤又不能排空者，可先进行穿刺放掉一部分胆汁，仔细检查，判断是否真正需要摘除胆囊。

2. 顺行性胆囊摘除法

胆囊管的暴露与处理　用组织钳夹持胆囊,向外拉动暴露胆囊顶部,用手术刀沿肝十二指肠韧带切开胆囊颈左侧的浆膜,找到胆囊管,钝性分离,分离中牵动胆囊,确认胆囊管和胆总管的关系后,用4号线双重结扎胆囊管,在距胆总管0.5cm处切断胆囊管,并在近端用0号线再结扎1次。

胆囊动脉的剪断与结扎　胆囊动脉位于胆囊管后上方的深层组织中,向上轻拉胆囊管的远端,在其后上方的三角区内(三角区为右侧的胆囊管、胆囊、左侧的肝总管及上方的肝、右肝管),找到动脉,双重结扎,剪断。若十分明确局部解剖,也可根据具体情况,先剪断胆囊动脉,再剪断胆囊管,这样可以减少手术过程中的出血。

胆囊的剥离　在胆囊与肝交界的浆膜上,距肝1.0cm处切开浆膜,若有炎症可用手指或小纱布球沿切开的浆膜疏松间隙向下分离,若胆囊壁增厚可在浆膜下先注入灭菌生理盐水或盐酸普鲁卡因后进行分离。

肝组织的缝合　胆囊窝浆膜两侧用丝线进行间断缝合,这样可以防止渗出、粘连;若两侧的浆膜距离太远,也可不缝合。

3. 逆行性胆囊摘除法

若胆囊炎症严重,发生粘连不易分离胆囊管时,可进行先剥离胆囊,再分离胆囊管的逆行术。

用组织钳夹持胆囊底部牵引,在距肝1.0cm处胆囊周围浆膜下注入生理盐水,使之水肿,切开胆囊底部浆膜。

用手指或小纱布球沿切开的浆膜间隙分离胆囊,由底部到顶部,必要时可锐性分离,结扎出血点,但一切操作要紧靠胆囊进行,若粘连严重不易分离时,可先在胆囊底部作一小切口,伸进手指,边探查边进行分离。

分离到胆囊顶部时,找到胆囊动脉,分离,结扎,剪断。

夹住胆囊顶部向外轻引,分离浆膜找到胆囊管后,分离胆囊管至胆总管,结扎、剪断胆囊管去掉胆囊后,可在胆囊窝与胃、十二指肠间放置大网膜,既可以防止粘连、又可在下次肝手术时易分离此部组织。

[**注意事项**]

此处局部解剖组织复杂,加上发生病变,更使组织难以辨别,因此,在手术过程中极易发生误认、误伤,故一定要明确各组织之间的解剖关系,手术中易发生的事故如下:

1. 误伤胆总管

由于误把胆总管当作胆囊管进行分离或牵拉过紧,使胆总管成一角度,把胆总管部分或全部切断;或者由于胆囊管断端离胆总管太近,瘢痕压迫胆总管,使胆总管狭窄;或手术中牵力过大,把胆囊管扯断,用止血钳寻找断端时误伤胆总管等。因此,手术中一定要仔细、认真、轻拉、轻拽,打结时,要离胆总管恰当距离(一般为0.5cm)。

2. 误伤胆囊动脉

手术中误切或牵拉力过大,使动脉断裂造成大出血,可用手指伸进网膜压住动脉近端,使之暂时止血,然后仔细寻找动脉断端,结扎。

3. 胆囊充盈过度

要先引流出一部分胆汁,使胆囊松弛,可放掉胆囊中2/3胆汁,便于操作。若胆汁太少，胆囊缩小，则不易牵拉，若胆囊过大，则易弄破胆囊妨碍操作。

[**术后护理**] 术后以抗生素对犬连用3d，防止继发感染，禁食24h，禁食期间静脉输液以维持机体的营养需要，以后喂易消化的食物，3d后恢复正常饮食，1周后拆线。

第三节　犬胃切开术

[**适应症**] 犬胃切开术常用于胃内异物的取出，胃内肿瘤的切除，急性胃扩张－扭转的整复、减压或坏死胃壁的切除，慢性胃炎或食物过敏时胃壁活组织检查等。

[**器械**] 一般外科手术器械。

[**麻醉**] 全身麻醉，气管内插入气管导管，以保证呼吸道通畅，减少呼吸道死腔和防止胃内容物逆流误咽。

[**保定**] 仰卧保定。

[**术前准备**] 非紧急手术，术前应禁食24h以上。在急性胃扩张－扭转病犬，术前应积极补充血容量和调整酸碱平衡。对已出现休克症状的犬应纠正休克，快速静脉输液时，应在中心静脉压的监护下进行，静脉内注射林格尔氏液与5%葡萄糖或含糖盐水，剂量为每千克体重80~100ml，同时每千克体重静脉注射氢化可的松和氟美松各4~10mg，及适量抗生素。在静脉快速补液的同时，经口插入胃管以导出胃内蓄积的气体、液体或食物，以减轻胃内压力。

[**手术通路**] 脐前腹中线切口。从剑状突末端到脐之间做切口，但不可自剑状突旁侧切开，犬的膈肌在剑状突旁切开时，极易同时开放两侧胸腔，造成气胸而引起致命性危险。切口长度因动物体型、年龄大小及动物品种、疾病性质而不同。幼犬、小型犬和猫的切口，可选在剑状突到耻骨前缘之间的相应位置；胃扭转的腹壁切口及胸廓深的犬腹壁切口均可延长到脐后4~5cm处。

[**手术操作**]

沿腹中线切开腹壁，显露腹腔。对镰状韧带应予以切除，若不切除，不仅影响和妨碍手术操作，而且再次手术时因大片粘连而给手术造成困难。

在胃的腹面胃大弯与胃小弯之间的预定切开线两端，用艾利氏钳夹持胃壁的浆膜肌层，或用7号丝线在预定切开线的两端，通过浆膜肌层缝合两根牵引线。用艾利氏钳或两牵引线向后牵引胃壁，使胃壁显露切口之外。用数块温生理盐水纱布垫填塞在胃和腹壁切口之间，以抬高胃壁使其与腹腔内其他器官隔离开，以减少胃切开时对腹腔和腹壁切口的污染。

胃的切口位于胃腹面的胃体部，在胃大弯和胃小弯之间的血管稀少区内，纵向切开胃壁。先用手术刀在胃壁上向胃腔内戳一小口，退出手术刀，改用手术剪通过胃壁小切口扩大胃的切口。胃壁切口长度视需要而定。对胃腔各部检查时的切口长度要足够大。胃壁切开后，胃内容物流出，清除胃内容物后进行胃腔检查，应包括胃体部、胃底部、幽门、幽门窦及贲门部。检查有无异物、肿瘤、溃疡、炎症及胃壁是否坏死等。若胃壁发生了坏死，应将坏死的胃壁切除。

胃壁切口的缝合，第一层用3/0号铬制肠线或1~4号丝线进行康乃尔氏缝合，清除胃壁切口缘的血凝块及污物后，用3~4号丝线进行第二层的连续伦贝特氏缝合（图12-5）。

　　拆除胃壁上的牵引线或除去艾利氏钳，清理除去隔离的纱布垫后，用温生理盐水对胃壁进行冲洗。若术中胃内容物污染了腹腔，用温生理盐水对腹腔进行灌洗，然后转入无菌手术操作，最后缝合腹壁切口。

图12-5　胃的切开与缝合

1. 用艾利氏钳夹持预定切开线两端　2. 切开胃壁显露胃腔　3. 康乃尔缝合开始
4. 第一层康乃尔缝合开始　5. 第一层康乃尔缝合结束　6. 伦贝特氏缝合第二层

（引自林德贵《兽医外科手术学》）

　　[**术后护理**]　术后24h内禁饲，不限饮水。24h后给予少量肉汤或牛奶，术后3d可以给予软的易消化的食物，应少量多次喂给。在病的恢复期间，应注意动物是否发生水、电解质代谢紊乱及酸碱平衡失调，必要时应予以纠正。术后5d内每天定时给予抗生素，手术后还应密切观察胃的解剖复位情况，特别是对胃扩张-扭转的病犬，经胃切开减压修复后，注意犬的症状变化，一旦发现复发，应立即采取救治措施。

第四节　犬幽门肌切开术

　　[**适应症**]　用于消除犬顽固性幽门肌痉挛，幽门肌狭窄和促进胃的排空，避免发生胃扩张-扭转综合征，或作为胃扩张-扭转综合征治疗的一部分。

　　[**器械**]　一般外科手术器械。

　　[**麻醉**]　全身麻醉。

　　[**保定**]　仰卧保定。

[手术操作]

术前禁食24h以上，麻醉后插入胃导管，尽量排空胃内容物。

脐前腹中线切口。切开腹壁后用生理盐水纱布垫隔离腹壁切口，装置牵开器，充分显露胃、十二指肠和胰腺等脏器，用温生理盐水纱布垫隔离胰、肝和胆总管。

在胃大弯和胃小弯交界处的胃体部血管稀少区缝置牵引线，向腹壁切口处牵拉胃壁，或用艾利氏钳夹住胃壁向腹壁切口外牵引，如果胃内充满胃内容物或极度臌气，将难以钳夹，此时忌用暴力牵引，可由麻醉人员经犬的口腔插入胃导管导出胃内积气和液体，经减压后再将胃壁向切口处牵拉。

将幽门牵拉到腹壁切口处，在牵拉幽门之前应先切断胃肝韧带和与其相连的结缔组织，胃肝韧带位于肝与幽门之间，在切断胃肝韧带时应注意识别胆总管，以免误切胆总管。将幽门拉出腹壁切口外，并用温生理盐水纱布垫隔离，防止缩回。

在幽门窦、幽门和十二指肠近心端做一个足够长的直线切口。切口位于幽门的腹面、幽门前缘与后缘之间的无大血管区间。切口一端为十二指肠边缘，另一端到达胃壁。小心切开浆膜及纵行肌和环形肌纤维，使黏膜层膨出在切口之外。若黏膜不能向切口外膨出，切口两创缘可能会重新黏合。为此，在切开纵行肌纤维以后，对环形肌纤维必须完全切断。如果环形肌纤维未能完全切断，将限制黏膜下层从切口中膨出。在切断环形肌纤维时，可沿着不同的纵行部位进行切开，这样可以避免切透黏膜层。在环形肌完全切开之后，为了使黏膜下层尽量从切口中膨出，可用米氏钳或止血钳进行分离，使黏膜膨出切口外。在幽门的近心端要一直分离到胃壁的斜肌和结构正常的胃壁肌纤维，幽门的远心端应分离到穹窿部（图12-6），在这一部位，稍有疏忽就可能撕破附着在该处的浅表黏膜。矛盾的是，既要完全分离开肌层，当显露出向内倾斜的穹窿部黏膜后，又必须停止继续分离，以免撕破在此处反折而靠近表面的黏膜。在分离黏膜下层时可能出血，若有轻微的渗血，可用棉球或纱布球压迫1~2min，很少需要结扎止血。这种渗血可能是由于系膜受到牵拉使静脉回流受阻所致，当还纳回腹腔后渗血将自行停止。

为了检查膨出的黏膜有无破损，可用手指轻轻压迫十二指肠以阻塞肠腔，将胃内气体挤入幽门管进行检查。若有黄色泡沫状液体出现，说明黏膜有穿孔，可用3/0或4/0肠线做水平褥式缝合以闭合裂口，必要时可将一部分网膜松松地扎入线结内，使网膜紧贴缝合处又不致发生狭窄。对黏膜的小穿孔，也可用切一肌瓣的方法来修补：在幽门括约肌上切一肌瓣，用剥离器将其游离，转移肌瓣覆盖黏膜穿孔处，并将肌瓣固定于对侧幽门括约肌，必要时用网膜覆盖（图12-6）。凡黏膜发生了大的穿孔，则应进行幽门肌成形术（图12-7）。

用生理盐水冲洗幽门部及胃壁，拆除胃壁上的牵引固定线或撤去艾利氏钳，清点隔离纱布，在确定腹腔内没有遗留下任何异物的情况下，将幽门和胃还纳回腹腔内。最后按常规闭合腹壁切口。

[术后护理] 手术中幽门黏膜没有穿孔者，在麻醉苏醒后4h即可让犬饮糖盐水，24h后可给少量米汤、肉汤或牛奶，48h后即可恢复其正常的饲喂量。若幽门黏膜发生了穿孔，经缝合修补的犬，术后应禁食24h以上，可静脉内补液并供给能量。有部分犬术后发生呕吐，但在4~5d内即可停止。术后3~4d内常规使用抗生素，以预防腹壁切口的

感染。

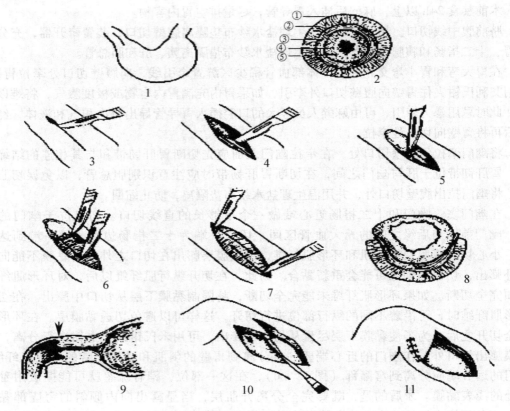

图12-6 犬幽门肌切开术

1. 幽门肌切开部位 2. 幽门肌组织分层：①浆膜 ②纵形肌 ③环形肌 ④黏膜下层 ⑤黏膜

3. 切开浆膜 4. 切开纵行肌纤维 5. 切开环形肌纤维

6、7. 在不同的径路上切开环形肌纤维 8. 黏膜膨出，幽门狭窄缓解

9. 箭头所指处为危险区（穹窿处），肥厚的幽门肌穿入十二指肠腔内，

十二指肠黏膜在此处反折，构成穹窿区

10. 黏膜穿孔，切一肌瓣，用剥离器剥离

11. 转移肌瓣覆盖住黏膜穿孔处，将肌瓣固定于对侧幽门括约肌上

（引自林德贵《兽医外科手术学》）

第五节　犬幽门肌成形术

[**适应症**] 本手术为减少胃内容物潴留，作为胃排空性手术，又是犬胃扩张-扭转综合征经手术整复后防止再发生的常规手术。

[**器械**] 同幽门肌切开术。

[**麻醉**] 同幽门肌切开术。

[**保定**] 同幽门肌切开术。

[手术操作]

术前禁食24h以上，麻醉后插入胃导管，尽量排空胃内容物。

脐前腹中线切口。切开腹壁后用生理盐水纱布垫隔离腹壁切口，装置牵开器，充分显露胃、十二指肠和胰腺等脏器，用温生理盐水纱布垫隔离胰、肝和胆总管。

用温生理盐水纱布将胃、幽门及十二指肠与腹腔隔离开，以防幽门切开后胃内容物污染腹腔。

手术方法开始与幽门肌切开术相同，纵行切开幽门纵行肌与环形肌纤维后，再切开黏膜层，吸去幽门切口内的胃内容物，用弯圆针带3/0或0号铬制肠线，在纵行切口的一端胃幽门交界处的浆膜外进针，黏膜层出针，然后针到纵行切口的另一端幽门十二指肠交界处的黏膜层进针，幽门外浆膜层出针，将该缝合线拉紧打结后，使幽门部的纵向切口变为横向，从而使幽门管变短变粗，幽门管内径明显增大。用3/0或0号铬制肠线对已变成横向的切口进行全层简单、间断缝合。缝毕，用生理盐水冲洗，将大网膜覆盖在幽门缝合区，以使术中的偶然污染引起的炎症反应局限化（图12－7）。

另一种缝合方法是两层缝合，第一层用3/0或0号铬制肠线进行全层间断缝合，经生理盐水冲洗后，再进行第二层伦贝特氏缝合。该缝合方法因造成了组织内翻，可能抵消了幽门成形术的目的，扩大了的幽门排出道经缝合后又有变狭窄的趋向。如果所做的幽门部纵向切口有足够的长度，可避免缝合后的狭窄。

[术后护理] 同幽门肌切开术。

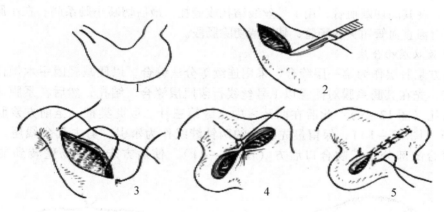

图12－7 幽门肌成形术

1. 幽门肌切开线　2. 切开幽门环形肌纤维及黏膜　3. 切口的两端系缝合线
4. 拉紧缝合线使纵向切口变为横向　5. 全层简单、间断缝合

第六节 肠管部分切除与吻合术

[适应症] 本手术适用于因各种类型肠变位引起的肠坏死、广泛性肠粘连、不宜修复的广泛性肠损伤或肠瘘，以及肠肿瘤的根治手术。

[术前准备] 由肠变位引起肠坏死的动物，大多伴有严重的水、电解质代谢紊乱和酸碱平衡失调，并常常发生中毒性休克。为了提高动物对手术的耐受性和手术治愈率，在术

前应纠正脱水和酸碱平衡紊乱，并防治休克。静脉注射胶体液（如全血、血浆）和晶体液（如林格尔氏液）、地塞米松、抗生素等药物，并在中心静脉的监护下进行。插入胃导管进行导胃以减轻胃肠内压力，同时积极进行术部、器械、敷料和药品的准备，进行紧急手术。

在非紧急情况下，术前24h禁食，2h禁水，并给以口服抗菌药物，如土霉素、新诺明或红霉素等，可有效地抑制厌氧菌和整个肠道菌群的繁殖。

［麻醉］犬、猫等进行全身麻醉，并进行气管插管，以防呕吐物逆流入气管内。

［保定］仰卧保定。

［手术操作］

采取脐前腹中线切口。

1. 按剖腹术方法打开腹腔

寻找病变部位，术者将涂以生理盐水的手伸入腹腔内寻找病变部，把病变部拉出创口外，检查其发生的原因。若为小肠内异物，拉出异物段肠管，在肠管的游离端侧方切开肠管，切开肠管后取出异物。若为肠套叠、肠绞窄等病，肠管已坏死，将肠管坏死部切除，做肠管端端吻合术。

2. 小肠部分切除

暴露待切除肠段、将其置于腹壁上的盐水纱垫中，在预定切除范围的肠系膜作"V"字形切开（图12-8）。先剪开表层浆膜，暴露其下系膜血管，用两把弯血管钳并排夹住系膜血管，在其间切断血管，用1号丝线结扎或缝扎，最后切断小肠系膜。在小肠预定切断处，用有齿直血管钳夹住肠管，切除待切除肠段。

3. 开放双层吻合法

以前方浆肌层作为第一层缝合、采用连续等分法缝合，以便减轻因手术操作所致的肠壁创伤，先在其肠系膜对侧缘以1号丝线行浆肌层缝合、结扎，然后在系膜缘做同样缝合、结扎（图12-9）；此后在两针之中点缝第三针。以此类推，至前方浆肌层全部缝合完毕（图12-10），保留最先缝合的两针缝线作为牵引，剪去其余线尾。翻动肠管使已缝合的部分位于吻合口后方（图12-11），使后方未缝合肠壁转到前方（图12-12）。

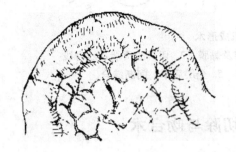

图12-8　预定切除线

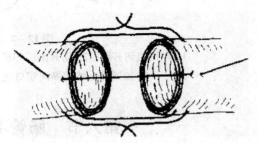

图12-9　两侧前方中点浆肌层缝合

用可吸收缝线进行肠壁全层缝合，在后壁中点缝合打结，然后分别连续扣锁缝合两侧肠壁全层（图12-13，图12-14，图12-15，图12-16）。转角处将缝线从肠内穿至肠外（图12-17），运用Connell氏连续缝合或Cushing氏连续缝合（褥式缝合）完成浆膜层对合（图 12 – 18），最后用 1 号丝线间断缝合浆肌层（图 12 – 19）。

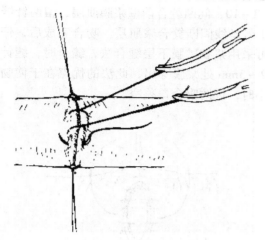

图 12 – 10　前壁浆肌层等分法缝合

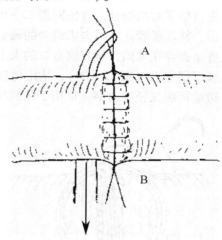

图 12 – 11　翻转肠管

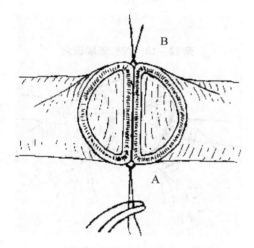

图 12 – 12　将后方未缝合肠壁翻至前方

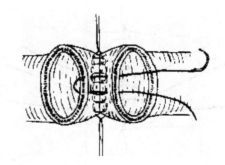

图 12 – 13　缝合后壁全层

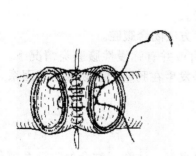

图 12 – 14　连续扣锁缝合

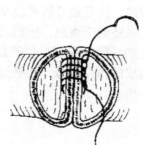

图 12 – 15　后壁全层连续扣锁缝合

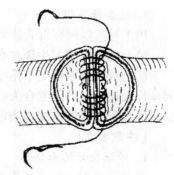

图 12 – 16　后壁扣锁缝合完毕

剪除所有缝线后，仔细检查缝合处有无缺陷，特别注意系膜缘，检查吻合口大小。

宠物外科手术

4. 开放单层吻合法

先行单层对端吻合，方法同图 12 - 9 及图 12 - 10，间断缝合前壁浆膜肌层，留两针缝线牵引，转动肠管显露后方未缝合的肠壁。用 1 号丝线间断缝合浆肌层。吻合完成后，仔细检查是否存在缺陷并检查吻合口的大小。尚可采用浆膜黏膜下层缝合法，缝合时，缝针从黏膜下层穿入（图 12 - 20），从距切口边缘 2 ~ 3mm 处浆膜穿出，此法的优点在于使吻合口边缘组织仅轻度内翻，适用于肠腔相对狭小时，以防吻合口狭窄。

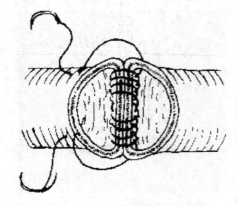

图 12 - 17　转角处将缝线穿至肠外

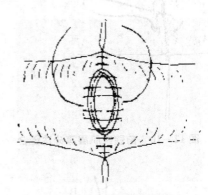

图 12 - 18　前壁连续缝合

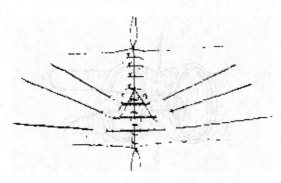

图 12 - 19　间断缝合浆肌层

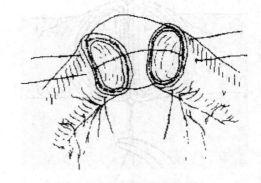

图 12 - 20　缝针从黏膜下穿入

5. 缝合肠系膜裂隙

用 1 号丝线间断缝合肠系膜裂隙，注意避开肠系膜血管。

缝合完毕，用温生理盐水冲洗，还纳于腹腔，按剖腹术方法闭合腹腔。

肠吻合在通常情况下是很安全的，除非在供血受到损害或并有弥漫性腹膜炎情况下。因操作失误所致的肠吻合失败，造成的吻合口漏，几乎都是发生在肠壁的系膜缘、多因系膜缘的血管及脂肪未能适当地清除所致。

[注意事项]

1. 保证良好的血供

通过手指扪及保留肠管断端系膜的动脉搏动，表示血供良好，注意肠吻合处附近系膜中不应有血肿存在，因血肿会使循环受到影响。

· 166 ·

2. 精确对合浆肌层

良好的愈合需要浆膜面的正确对合。吻合的肠壁之间不应有脂肪或其他组织。浆肌层缝合必须包含黏膜下层，因为大部分肠管张力位于此处。应特别注意吻合肠壁的系膜侧，吻合前须将终末血管及脂肪从肠壁上分离清除约 1cm 宽度，以便创造充足的视野及良好的浆膜面对合，亦不用担心供血不良，同时精确的缝合技术也极为重要。

3. 吻合肠段的近远段肠襻应游离足够的长度、以使吻合处无张力

4. 缝线打结时的松紧度应恰到好处

过松可致吻合处缝合不严密而致肠漏，过紧可导致吻合处组织供血障碍，甚至切断肠壁致肠漏。

5. 避免吻合处肠断端的损伤

处理吻合肠段的末端时不应过多钳夹。如果移开止血钳时发现浆膜上有钳夹口痕迹，显然表明钳夹过度。使用缝针操作时应熟练准确，针尖不能在肠壁内反复穿刺、转动等，以减小创伤。

6. 不熟练的医生可能发生的错误

一种是在塌陷的肠管上进行浆肌层缝合，另一种是将左手食指放于吻合口背面进行前方浆肌层缝合。这两种都易致缝针穿透前方肠壁而缝入后层的肠壁。当缝线结扎后就会导致肠狭窄或梗阻。若背面肠壁被缝线撕破则导致肠瘘或腹膜炎。预防方法十分简单，只需让助手提起已经缝合、打结的线尾并向上牵引，吻合处肠管即可充分张开。

7. 吻合处肠管存在张力时的吻合方法

因各种原因使吻合处存在张力时，由于吻合时肠管受到牵拉而变薄，且吻合处组织难以靠拢、此时应尽可能充分游离近、远端的肠襻。吻合后打结时可用肠钳提起近、远端肠襻使之尽量靠拢，同时注意缝合的边距、针距以 3 ~ 4mm 为宜。

[术后护理]

术后静脉补充营养物质，48h 后给以流质食物，7d 后可给予常食。全身给予抗生素和磺胺类药物，局部按一般创伤治疗。

第七节 结肠切除术

[适应症] 结肠疾病是犬、猫常见的消化道疾病之一。降结肠是结肠中最长的一段，也是最常发病的部位。结肠秘结由于过长时间的压迫可引起结肠的坏死，应将坏死肠段切除；巨结肠症时，结肠变粗，肠壁变的很薄，结肠失去蠕动功能，不能再恢复，也应将这段肠管切除；另外，结肠肿瘤时，将结肠部分切除术是最好的治疗手段。结肠的良性肿瘤需要将结肠部分切除，以完全去除瘤组织；结肠发生恶性肿瘤时，如果能在转移之前诊断出来，也要将结肠部分切除。由于结肠的解剖结构不同于小肠，手术方法也不同于小肠。

[局部解剖] 结肠位于腰下部，呈"匚"字形排列，分 3 部分，由回结肠口向前行至胃的幽门部，为上行结肠，转向左侧横过体正中线，即形成横结肠，在弯向后方，沿左腹面向后移行，为下行结肠，而后再斜向体正中线接直肠。

[器械] 常规手术器械及敷料，高压蒸汽灭菌备用。

[**麻醉**] 全身麻醉。

[**保定**] 仰卧保定。

[**手术操作**]

母犬采用脐后腹中线切口，公犬采用脐后腹中线旁切口，切口长 10～15cm。若要切除大部分结肠，切口应扩大到骨盆前缘。术部剃毛、清洗、消毒。

1. 切开腹壁

切开皮肤显露皮下脂肪，用镊子夹持脂肪并用剪刀剪除。然后，左手用镊子夹住腹白线（或腹直肌）向上提起，右手持刀用外向运刀的方式向腹腔内刺透腹膜，再改用手术剪伸入小切口内扩大手术切口，显露腹腔。检查腹壁切口内缘有无过长的镰状韧带，有则切除以便于操作。整个过程中注意止血。

2. 显露发病结肠

将手伸入腹腔，先把网膜和小肠推向腹腔前部，用湿的生理盐水纱布隔离。用手轻轻拉出结肠，找到发病部位，并让病部结肠充分显露。把欲切除肠段中的内容物挤向两边，在其两端健康肠段的肠系膜上用止血钳戳一小口，将细橡胶管穿入缠绕结肠一圈，抽紧，用止血钳或用肠钳在对肠系膜侧夹紧橡胶管以闭合结肠的两端，防止肠内容物进入术部。

3. 结扎血管

血管的结扎是整个手术的关键。结肠的血管分布与其他肠管不同，整个结肠的血液由两条主要的动脉供应，它们是结肠中动脉和肠系膜后动脉的分支。这两条动脉的走向是和肠管平行的，它们发出很多更小的分支到结肠。结肠切除前要先将切除区的这些小分支进行双重结扎，两条主要的动脉一定要注意保护，千万不能结扎或损伤。

4. 切除结肠

血管双重结扎好以后，在双重结扎线之间切（剪）断血管以及病段结肠的肠系膜，将病段结肠分离、切除。

5. 结肠吻合

结肠断端用酒精棉球擦一下，去除残留的内容物。将保留的结肠末端和结肠近心端牵引靠拢，使两端重叠。在重叠的两断端的肠系膜侧和对肠系膜侧各作牵引线，使两断端对齐，然后进行端端吻合。用 1 号缝线做两层缝合，第一层康乃尔缝合，第二层间断伦贝特氏缝合。吻合好后检查肠系膜缘有无间隙，必要时将肠系膜缝合 1～2 针。用生理盐水冲洗后还纳回腹腔内。

6. 缝合腹壁切口

用 4 号丝线连续缝合腹膜和腹横肌膜，再连续缝合肌层，切口内撒布抗生素，用碘酊棉球擦一下皮肤切口两外缘，然后间断缝合皮肤，再用碘酊棉球消毒切口，最后打上结系绷带。

[**注意事项**]

1. 一定要防止结肠中动脉和肠系膜后动脉分支这两条主要血管的损伤，千万不要将其结扎。对小分支双重结扎时一定不能结扎过度，即不要将供应未被切除的健康肠管的小分支动脉结扎，否则，吻合端肠管会因失去血液供应而无法愈合，引起严重后果。

2. 吻合肠管时一定要严密，但一定不能造成不通或狭窄。

3. 肠管吻合好以后，一定要将两端肠系膜缘间的空隙缝合，以防止此处肠嵌闭的发生。还要注意不要缝住供应健康肠管的小的血管分支。

[术后护理]

术后禁食 24h，禁食期间静脉输液以维持机体的营养需要，然后喂一些易消化的食物（如碎肉、煎鸡蛋、浓鸡汤、牛奶等），5d 后转入正常。

全身使用抗生素 5～7d 防止继发感染，并密切注意犬全身情况的变化。7～10d 后拆线。

第八节　盲肠切除术

[适应症] 盲肠炎或回盲部肿瘤等的外科疗法。

[局部解剖] 盲肠呈螺旋状弯曲，位于体正中线与右髂部之间，十二指肠和胰腺的腹侧。盲肠的前端开口于结肠的起始部，后端是尖形的盲端。

[器械] 一般外科手术器械外，肠钳两把。

[麻醉] 全身麻醉。

[保定] 左侧侧卧保定。

[手术操作]

术部在右肷部，从肋骨弓后方向髋骨连线，在连线中点，上方距腰椎横突 3 指宽为起点，沿着腹内斜肌方向前下方切开皮肤 5～8cm，切开腹外斜肌，按肌纤维方向钝性分离腹内斜肌和腹横肌，直达腹膜，切开腹膜，用创钩拉开创缘。手伸入腹腔，在十二指肠的内上方深层确认盲肠，将盲肠拉至创缘部，提起盲肠头，将血管（回盲肠动脉、静脉的回肠支和盲肠支）结扎，分离盲肠和回肠的结缔组织。用肠钳夹住盲肠基部，切断盲肠进行端端缝合。以连续缝合法缝合腹膜，结节缝合法缝合腹肌、皮肤。

盲肠部止血要确实，出血部位必须结扎止血，以防术后出血。切除盲肠时注意防止肠内容物污染其他脏器或腹腔。

[术后护理]

术后禁食 48h，静脉补充营养物质，48h 后逐渐给予流食，7d 后可饲喂常食。术后给以抗生素和磺胺类药物，预防感染。

第九节　脾脏摘除术

[适应症] 脾脏破裂、巨脾症、脾脏肿瘤等。

[局部解剖] 犬的脾长而狭窄，镰刀形，下端稍宽，上端尖，位于最后肋骨和第一腰椎横突的腹侧，在胃的左端和左肾之间。当胃充满时，脾的长轴方向与最后肋骨一致，较松弛地附着在大网膜上。

[器械] 一般外科手术器械。

[麻醉] 全身麻醉。

[保定] 仰卧保定或侧卧保定。

[手术操作]

术部在腹正中线，脐前方 4～5cm 处切开腹壁。如果是脾脏破裂，由于腹腔内大出血，开腹后腹腔内血液会大量涌出来，血压可能会急剧下降，因此，此时应该加快输液和输血的速度。术者将手伸入腹腔检查脾脏情况，若创口小可以扩大，继而将脾脏拉至创口或创口外，网膜可用浸有温生理盐水的纱布覆盖，防止干燥。分离脾脏周围的血管及结缔组织，在其基部结扎血管，确实结扎止血。用止血钳夹住基部与脾脏之间，然后切断将脾脏摘出。认为结扎确实，无出血后，将网膜及各种组织还纳腹腔，按剖腹术方法闭合腹腔。

[术后护理]

术后以抗生素或磺胺类药物进行全身或局部治疗。手术中脾脏的血管要结扎确实，以防出血。

第十节　疝的手术疗法

一、腹壁疝手术

[适应症]　腹壁疝。

[器械]　一般外科手术器械。

[麻醉]　全身麻醉。

[保定]　病变部向上的横卧保定。

[手术操作]

术部为病变部。沿着病变部纵行切开皮肤 5～8cm，钝性分离皮下组织至疝囊，还纳疝囊内容物。切开疝囊，纽扣状缝合疝环。将多余的皮肤切除，然后结节缝合皮肤。

[术后护理]　全身投给抗生素或磺胺类药物7d，局部手术创治疗。术后饲喂减量，进食八成左右，2～3d 后逐渐达到正常食量。

二、脐疝手术

[适应症]　脐疝。

[器械]　一般外科手术器械。

[麻醉]　全身麻醉。

[保定]　仰卧保定。

[手术操作]

疝部皮肤切开长度是脐环的 2 倍，钝性分离皮肤与疝囊。脐疝有非嵌顿性和嵌顿性两种：

非嵌顿性疝，将疝内容物还纳于腹腔，切开疝囊，用褥式缝合法闭合疝环，切除多余的皮肤，以结节缝合法缝合皮肤，用碘酊消毒。

嵌顿性疝，疝内容物不能还纳腹腔，首先找到未粘连部切开疝囊，然后钝性分离疝囊与疝内容物粘连部，逐渐分离开，将疝内容物还纳腹腔，用褥式缝合法闭合疝环，切除多余皮肤，以结节缝合法缝合皮肤。

[术后护理] 全身投给抗生素药物或磺胺类药物，连用7d，局部按创伤治疗。术后喂饲减量，进食八成左右，2～3d后逐渐达到正常食量。

三、腹股沟疝手术

[适应症] 腹股沟疝的一般外科疗法。腹股沟疝有先天性和后天性两种。

[器械] 一般外科手术器械。

[麻醉] 全身麻醉。

[保定] 仰卧保定，后躯抬高。

[手术操作]

术部在腹股沟部，先触摸腹股沟外环，纵向切开皮肤4～8cm，钝性分离皮下组织与疝囊至腹股沟管皮下环，还纳疝囊内容物于腹腔内，切开皮下环，用褥式缝合法缝合腹股沟管皮下环。若保留睾丸者，可用结节缝合法缝合皮肤。若不保留睾丸者，在闭合腹股沟管皮下环后，在睾丸上方将精索结扎，在结扎下部切断，连同睾丸一并摘除，然后皮肤用结节缝合法缝合，在创部涂以碘酊。

[术后护理] 全身投予抗生素或磺胺类药物，连用7d，局部按创伤治疗。术后喂食减量，每日进食八成左右，2～3d后逐渐达到正常食量。

四、会阴疝手术

[适应症] 会阴疝。

[局部解剖] 犬的会阴部是在尾的下方，从肛门至股内侧下方。在会阴部的骨盆腔后口部皮下有密集的会阴筋膜，会阴筋膜与臀部、后腹筋膜相连接，与荐结节韧带一并进入骨盆外底部。前部表面有肛门括约肌和尾骨肌，它们与会阴筋膜共同支持着骨盆腔外口。当老龄雄犬，这些骨盆外口的支持组织老化，起不到应有的作用则发生会阴疝。

[器械] 一般外科手术器械。

[麻醉] 全身麻醉。

[保定] 腹卧保定，在下腹部放置沙袋，使后躯抬高。

[手术操作]

术前禁食24h，温水灌肠，清除直肠内宿便，术部剃毛消毒。如为膀胱性会阴疝先导尿或直接膀胱穿刺，将膀胱内积尿清除。

1. 会阴部切口

手术切口选在肛门外侧，自尾根外侧向下至坐骨结节内侧作一弧形切开，钝性分离皮下组织，打开疝囊，辨清盆腔及腹腔内容物后再行处理，如内容物为膀胱可将其送回原位，个别病例复位困难时，用夹有纱布的长钳抵住膀胱将其复位。为防止再次脱出，也可用止血钳夹住疝囊底，沿其长轴捻转几圈，然后在钳子上套上线圈，用另一把钳子把线圈推向疝囊颈部打结，并在靠近疝囊的部位结扎，从尾肌到肛门括约肌上部用肠线作2～3针缝合，暂不打结，然后再由侧面的荐结节阔韧带到肛门括约肌作1～3针荷包缝合。疏松而多余的皮肤应做成梭形切除，结节缝合，10～12d 拆线。

2. 腹部切开口

灌肠除便，行仰卧保定，全身麻醉，术部剃毛消毒，于耻骨前缘沿腹中线切开腹腔，切口大小以 5～10cm 为宜。暴露肠系膜及肠管后找到直肠，食指沿直肠根部向四周探查。如膀胱性会阴病，触摸到膀胱颈，拇指与食指配合将膀胱勾出，如果疝孔比较小，或发生粘连，导致膀胱不易勾出，可以在会阴处施压，并用手指剥离膀胱，膀胱一般都能脱离疝囊而复位。检查膀胱的完整性。疝孔作荷包缝合，膀胱侧韧带与腹壁作 2～3 针结节缝合。如前列腺会阴疝无粘连发生，很容易复位。如内容物是脂肪组织等，可直接切除。整复后闭合腹壁，10d 拆线。

[术后护理] 术后给予 1～2 周的抗生素或磺胺类药物，局部按创伤治疗。注意防止术部污染。有人认为进行该手术时，同时进行去势术，可防止复发。

第十一节　直肠及肛门手术

一、直肠固定术

[适应症] 习惯性复发性直肠脱，直肠脱出部分未达到坏死程度，不需要直肠切除时，可把直肠固定在腹腔内，防止再脱出。

[器械] 一般外科手术器械，橡胶直肠塞。

[麻醉] 全身麻醉。

[保定] 侧卧保定。

[手术操作]

将脱出的直肠黏膜，用冷生理盐水洗净，除去附着在黏膜上的异物和污物，再用 0.1% 高锰酸钾溶液对脱出的直肠部进行消毒，涂抹碘甘油，用手将脱出的直肠部轻轻地还纳回去，再用橡胶直肠塞塞住。在左侧肷部荐结节的前方 2～3cm 与荐结节下方 2～3cm 之交点处作为起点，向下垂直切开皮肤 5～10cm，打开腹腔。由助手从肛门部将脱出的直肠往前送至腹部切口附近，术者将直肠牵引至腹腔，固定在左侧腹壁上。固定方法，要求缝针刺入浆膜和肌层，不要刺透黏膜，用 2～3 针结节缝合法将直肠固定在腹膜和腹肌上（腹壁）。然后依次缝合腹膜、肌层和皮肤，关闭腹壁切口。

[术后护理] 术后给予 7～10d 的抗生素治疗，局部按创伤处置，术后 10～12d 拆线。

二、直肠脱切除手术

[适应症] 直肠脱出难以整复者或直肠脱出的黏膜已变性、坏死者。

[器械] 一般外科手术器械，长形钢针两支。

[麻醉] 全身麻醉或尾椎硬膜外麻醉。

[保定] 侧卧保定，后躯抬高。

[手术操作]

术前禁食 12～24h，再用温肥皂水灌肠，排出肠内容物，保持直肠内无宿粪。用0.1%高锰酸钾溶液清洗消毒直肠黏膜。在距肛门2～3cm的健康黏膜处，用钢针在脱出的直肠水平方向刺入，上下一针、左右一针，两针呈"十"字形交叉状，在钢针的前方1～2cm处将脱出的直肠横行切断，注意不要残留变性、坏死黏膜，确实止血。用丝线连续缝合法将浆膜和浆膜、肌层和肌层、黏膜和黏膜缝在一起，用碘甘油涂抹缝合部。除去钢针，将直肠还纳回去。

[术后护理]术后48h内禁饲，静脉内补充营养物质。术后全身应用抗生素治疗7d。每天直肠用0.1%高锰酸钾溶液清洗，清洗后涂抹碘甘油。

三、锁肛重造手术

[适应症]锁肛。
[器械]一般外科手术器械。
[麻醉]全身麻醉或尾椎硬膜外麻醉。
[保定]侧卧保定，后躯抬高。
[手术操作]

在正常的肛门部可触知膨隆部，剪毛、消毒。在膨隆部中心纵向切开皮肤，切口大小要求相对为肛门孔径，用钝性分离法分开皮肤与皮下组织，直达直肠盲端，在盲端的顶部有一膜状隔称为肛膜，用丝线将肛膜两侧固定，钝性分离肛膜及直肠末端的周围组织，将内部粪便向直肠内推送，用止血钳夹住肛膜，将其切开，切开后排除内部粪便，用生理盐水清洗干净，再用青霉素溶液清洗直肠末端和肛膜切口部，将肛膜修整成圆形，皮肤创缘也修整成圆形，然后将肛膜的创缘与皮肤的创缘对应的缝合在一起，做成人工肛门。用0.1%新洁尔灭溶液消毒创部。

[术后护理]术后经常以消毒液清洗人造肛门，涂抹碘甘油溶液，防止感染。切口应适当，不应过大或过小。

四、犬肛门囊切除术

[适应症]慢性肛门囊炎、肛门囊脓肿、肛门囊瘘。
[局部解剖]在犬的肛门左右各有一个特殊的腺体称为肛门囊。肛门囊位于肛门外括约肌和肛门提肌之间，呈球形。根据犬的大小其肛门囊大小不等，从樱桃大到胡桃大。有长约1cm的排泄管，排泄管沿着肛门内外括约肌之间走向肛门黏膜和皮肤的移行部3mm的外侧呈漏斗开口。内括约肌和囊壁之间的下方有直肠动脉的两个分支。

[器械]一般外科手术器械。
[麻醉]全身麻醉或尾椎硬膜外麻醉。
[保定]侧卧保定，尾部向上抬起固定，暴露出肛门部。
[手术操作]

术前24h禁食，视情况可在术前灌肠排除直肠内宿粪，防止污染手术部位。用0.1%

新洁尔灭溶液或1%～2%来苏儿溶液清洗肛门部及周围，消毒。先将肛门囊内容物挤压排出，用1%～2%来苏儿溶液清洗囊内。用探针插入肛门囊内，作为标记，沿着探针切开肛门囊，用止血钳子夹住囊壁，将肛门囊与其他组织分离开，注意止血，结扎直肠动脉分支。注意勿伤及肛门内括约肌。分离排泄管后，随同排泄管以及肛门囊全部摘除，用缝合线将其空腔进2～3针埋没缝合。用结节缝合法缝合皮肤（图12–21），碘酊消毒。用同样方法切除对侧肛门囊。

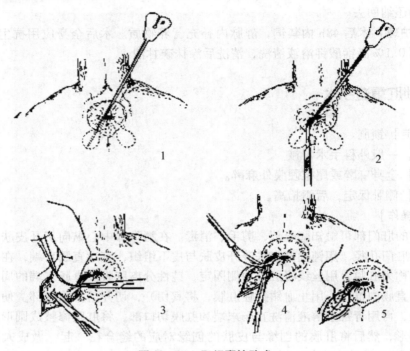

图 12 – 21　肛门囊摘除术

1. 有沟探针探查肛门囊的深度　2. 在探针指引下，切开肛门囊导管和肛门囊

3. 对于中型或大型品种犬，可用食指插入肛门囊，使其与肛门外括约肌分离

4. 牵引肛门囊，钝性分离其下层组织

5. 结节缝合肛外括约肌和皮下组织，再分别做皮内和皮肤结节缝合

（引自林德贵《兽医外科手术学》）

[术后护理] 术后用普鲁卡因青霉素进行创围封闭治疗，安装颈圈，防止啃咬。术后7d左右拆线。

第十三章　泌尿生殖系统手术

第一节　膀胱手术

一、膀胱破裂修补术

[**适应症**] 膀胱破裂。

[**局部解剖**] 犬的膀胱前端钝圆为膀胱顶，突向腹腔，后端逐渐变细为膀胱颈，与尿道相连，膀胱顶与膀胱颈之间是膀胱体。除膀胱颈突入骨盆外，大部分膀胱位于腹腔内，但不被大网膜覆盖，所以取出部分脏器很容易显露。膀胱的位置与贮尿量有关，充盈时呈长的卵圆形，膀胱顶可达脐部。公犬的膀胱位于直肠、生殖褶及前列腺的腹侧，母犬则位于子宫的后部及阴道的腹侧。

猫的膀胱呈梨形，位于腹腔后部，膀胱的腹侧有一条悬韧带与腹壁固定，两侧则有一对侧韧带与背部体壁固定。

[**器械**] 一般外科手术器械，尿道管。

[**麻醉**] 全身麻醉。

[**保定**] 仰卧保定，后躯稍垫高，后肢伸直向外后方开张保定。

[**术部**] 雌犬在耻骨前缘腹中线上切口，雄犬在腹中线旁2～3cm处作平行于腹中线的纵切口。

[**手术操作**]

1. 放出尿液

由后向前纵行切开皮肤和肌肉，到达腹膜后，先剪一小口，缓慢、间断地放出腹腔内的尿液。

2. 引出膀胱

切开腹壁后，手指伸入将肠管向前拨动，然后移入骨盆腔入口处，检查膀胱，如果膀胱与周围组织发生粘连，应认真细致地将粘连部剥离。用舌钳固定膀胱轻轻向外牵引，经切口拉出。

3. 缝合膀胱

拉出膀胱后，把膀胱破裂口剪修整齐，然后检查膀胱内部，如有结石、砂石、异物，肿瘤等，将其消除，并用大量生理盐水冲洗。用铬制肠线缝合破裂口，第一层作全层连续缝合，第二层作浆膜肌层间断内翻缝合。

4. 装置导管

原发性下尿道阻塞未解除之前，为了解决病犬排尿问题，应装置导管。导管能随时放出膀胱内积尿，使膀胱保持空虚状态，以减少缝合张力，防止膀胱粘连，有利于膀胱组织的愈合。下尿道通畅，可不用装置导管。

导管装置的方法是在膀胱体腹面，先用丝线通过浆膜肌层作一烟包缝合，缝线暂不抽紧打结，用外科刀在烟包缝合圈内，将膀胱切一小口，随即插入医用22号蕈状导尿管，并抽紧缝线固定。在腹壁切口旁边作一小切口，伸入止血钳夹住导管的游离端将其引出体外，并用结节缝合使之固定在腹壁上。

5. 冲洗腹腔

以大量灭菌生理盐水冲洗腹腔，尽量清除纤维蛋白凝块，缝合腹壁各层。

6. 闭合腹腔

[注意事项]

1. 查明膀胱破裂的原因，排除下尿道阻塞。

2. 装置导管应在膀胱的腹侧，这样便于排尿。

3. 固定导管的缝合丝线避免穿透黏膜层，防止引起膀胱结石。

[术后护理]

1. 术后应用抗生素抗菌消炎，防止感染。

2. 应用尿路消毒药，对消除膀胱和尿道的炎症有一定作用。

3. 原发性尿道阻塞原因排除后，用止血钳暂时关闭导尿管，根据术后膀胱机能恢复与尿道通畅情况，确定拔管时间。

二、膀胱造瘘术

[适应症] 因下尿道阻塞而导致膀胱过度膨胀或继发膀胱破裂，经膀胱造瘘作为永久性排尿通路，可省去对原尿道阻塞的治疗。

[器械] 同膀胱破裂修补术。

[麻醉] 同膀胱破裂修补术。

[保定] 同膀胱破裂修补术。

[术部] 同膀胱破裂修补术。

[手术操作]

打开腹腔后，将膀胱引至切口外，缝合膀胱破裂口。然后于膀胱的腹面作2~3cm长的纵切口，使膀胱切口黏膜外翻，与腹壁切口两侧腹膜、皮下组织和皮肤作结节缝合，即成为永久性膀胱瘘。

[术后护理] 术后应用抗生素抗菌消炎，防止感染。另外，还要定期用防腐药对瘘口边缘消毒。

三、膀胱切开术

[**适应症**] 膀胱结石，膀胱肿瘤等疾病的外科疗法。

[**器械**] 一般外科手术器械。

[**麻醉**] 全身麻醉。

[**保定**] 仰卧保定。

[**术部**] 雌犬在耻骨前缘腹中线上切口，雄犬在腹中线旁 2～3cm 处作平行于腹中线的纵切口。

[**手术操作**]

1. 腹壁切开

术部常规剪毛、消毒，纵行切开腹壁皮肤 3～5cm，然后依次切开肌肉和腹膜，暴露腹腔。

2. 膀胱切开

腹壁切开后，如果膀胱膨满，需要排空蓄积尿液，使膀胱空虚。用一或两指握住膀胱的基部，小心地把膀胱翻转出创口外，使膀胱背侧向上。然后用纱布隔离，防止尿液流入腹腔。

传统的膀胱切开位置是在膀胱的背侧，无血管处。因为在膀胱的腹侧面切开，在缝线处易形成结石。也有学者主张膀胱切开在其前端为好，因为该处血管比其他位置少。沿着膀胱的纵轴切开膀胱 2～3cm，在切口两端放置牵引线。

如果是膀胱肿瘤，切口则应该围绕肿瘤进行环形切开，切缘应在距肿瘤 0.5cm 以上的位置。

3. 取出结石

使用茶匙或胆囊勺除去结石或结石残渣。特别应注意取出狭窄的膀胱颈及近端尿道的结石。防止小的结石阻塞尿道，在尿道中插入导尿管，用反流灌注冲洗，保证尿道和膀胱颈畅通。

4. 膀胱缝合

在支持线之间，应用双层连续内翻缝合，保持缝线不露在膀胱腔内，因为缝线暴露在膀胱腔内，能增加结石复发的可能性。第一层应用库兴氏缝合，膀胱壁浆肌层连续内翻水平褥式缝合；第二层应用伦勃特氏缝合，膀胱壁浆肌层连续内翻垂直褥式缝合。缝合材料的选择应该采用吸收性缝合材料，例如聚乙醇酸缝线或铬制羊肠线。

5. 腹壁缝合

缝合膀胱壁之后，膀胱还纳腹腔内，常规缝合腹壁。

[**术后护理**]

1. 术后观察患畜排尿情况，特别在手术后 48～72h，有轻度血尿或尿中有少量血凝块属正常现象。如果血尿比较多，而且较浓，应采取止血措施。

2. 给予患畜抗生素治疗，防止术后感染。

第二节　尿道手术

一、公犬尿道切开术

[适应症]　尿道结石，肿瘤。

[器械]　一般外科手术器械，导尿管，小锐匙等。

[麻醉]　全身麻醉或局部浸润麻醉。

[保定]　仰卧保定。

[手术操作]

使用导尿插管或探针插入尿道，确定尿道阻塞部位。根据阻塞部位，选择手术通路，可分为前方尿道切开术和后方尿道切开术。

1. 前方尿道切开术

应用导尿管或探针插入尿道，确定阻塞部位是阴茎骨后方。术部确定为阴茎骨后方到阴囊之间。包皮腹侧面皮肤剃毛、消毒。左手握住阴茎骨提起包皮和阴茎，使皮肤紧张伸展。在阴茎骨后方和阴囊之间正中线做 3~4cm 的切口，切开皮肤，分离皮下组织，显露阴茎缩肌并移向侧方，切开尿道海绵体，使用插管或探针指示尿道。在结石处做纵行切开尿道 1~2cm。用钝刮匙插入尿道小心取出结石。然后导尿管进一步向前推进到膀胱，证明尿道通畅，冲洗创口。如果尿道无严重损伤，应用吸收性缝合材料缝合尿道。如果尿道损伤严重，进行外科处理，不缝合尿道，大约 3 周即可愈合。

2. 后方尿道切开术

术部选择在坐骨弓与阴囊之间，正中线切开。术前应用柔软的导尿管插入尿道。切开皮肤，钝性分离皮下组织，大的血管必须结扎止血，在结石部位切开尿道，取出结石，生理盐水冲洗尿道，清洗松散结石碎块。其他操作同尿道切开术。

[术后护理]　术后全身给予抗生素或磺胺类药物治疗 7d 左右。留置导尿管 48~36h 后拔出。术后注意排尿情况，若再出现排尿困难或尿闭时，马上拆除缝线，仔细探诊尿道是否有结石嵌留。

二、公猫尿道切开术

[适应症]　尿道结石或由于局部瘢痕收缩造成的尿道狭窄。

[器械]　一般外科手术器械，导尿管，小锐匙等。

[麻醉]　全身麻醉。

[保定]　仰卧保定。

[手术操作]

术部准备，阴茎前端到坐骨弓之间，皮肤剃毛、消毒，将阴茎从包皮拉出约 2cm 用手指固定。从尿道口插入细导尿管到结石阻塞部位，于阴茎腹侧正中切开皮肤，钝性分离皮下组织，结扎大的血管，在导尿管前端结石阻塞部切开尿道，取出结石。导尿管向前方推进到膀胱，排出尿液，用生理盐水冲洗膀胱和尿道。如果尿道无严重损伤，应用可吸收性缝线缝合尿道。如果尿道损伤严重，不能缝合，进行外科处理后，经过几天后即可愈合。

对于患下泌尿道结石性堵塞的公猫，可以实施尿道造口手术：猫趴卧保定，后躯垫高；常规消毒阴茎周围的皮肤，切开阴茎周围的皮肤，分离阴茎与周围的组织，使阴茎暴露于创口外 4 ~ 6cm，插导尿管，在阴茎头的背侧距阴茎头 2cm 向后纵向切开阴茎组织 3 ~ 4cm，使尿道暴露，将双腔导尿管插入膀胱，并注射 1ml 液体使双腔导尿管位置稳固，将尿道黏膜与创缘皮肤缝合在一起，导尿管连接尿袋，固定于背部，用纱布使尿袋固定。

[术后护理] 创部涂布抗生素软膏，创部冲洗 3d，建议采用静脉输液 4d 供应营养并纠正猫体内的酸碱平衡；为了防止猫自己咬坏导尿管，戴上伊丽莎白圈使猫不能咬坏创部组织和导尿物品，术后使用 7d 抗生素很有必要。

三、公犬尿道造口术

[适应症] 尿道上部结石的手术疗法。

[器械] 一般外科手术器械，导尿管等。

[麻醉] 全身麻醉。

[保定] 仰卧保定，两后肢向前方固定，暴露出会阴部。

[手术操作]

术前禁食 24h。术前用温肥皂水灌肠，除去直肠内宿粪，防止污染。

术部在会阴部正中线上，距肛门下方 3 ~ 5cm 处术部剪毛，消毒。用生理盐水清洗包皮及阴茎头部，将导尿管插入尿道内直至术部。

在术部切开皮肤长 3 ~ 4cm，出血时注意止血，大血管结扎止血，依次切开皮下组织、阴茎退缩肌、尿道海绵体和尿道黏膜，长 2 ~ 3cm 的尿道创口。用小锐匙插入尿道内取出结石，导尿管从创口向深部插入，检查尿道是否通畅。然后将尿道黏膜与皮肤对合，用连续缝合法缝合黏膜和皮肤，即完成手术造口。用碘酊消毒创部。

[术后护理] 术后创部以普鲁卡因青霉素做创围封闭治疗 5 ~ 7d。10d 左右拆线。

四、雌性犬尿道造瘘术

[适应症] 雌犬的尿道周围炎、尿道内或尿道周围肿瘤等原因造成尿道狭窄形成尿闭时或摘除肿瘤时的前处置。

[器械] 一般外科手术器械外，导尿管、金属探针、钝钩等。

[麻醉] 全身麻醉。

[保定] 仰卧保定或侧卧保定。

[手术操作]

在耻骨前方腹正中线剪毛，消毒。将消毒的导尿管从尿道外口部插入尿道并固定。

术部在耻骨前缘前方 2 ~ 3cm 处，沿腹正中线向后方切开皮肤 4 ~ 5cm，钝性分离皮肤，切开耻骨前腱和骨盆内脂肪组织，暴露出膨隆部。

切开脂肪组织后，可以触及插入尿道深部的尿道探针。在尿道下方用创钩拉开创口并固定。在尿道的腹侧面切开尿道2cm左右，直至尿道黏膜。

缝合尿道，将切开尿道部的前方黏膜与皮肤切开创的前方皮肤缝合在一起，固定。从此处向后方以连续缝合法将左侧尿道黏膜与左侧皮肤创缘缝合在一起，然后再以同样方法缝合右侧尿道黏膜和右侧皮肤创缘缝合在一起。

闭合尿道，将导尿管撤出，后部尿道口用结节缝合方法闭合。用灭菌生理盐水冲洗创部，涂布碘酊消毒。

[术后护理] 全身给予抗生素或磺胺类药物5~7d。术后局部注意污染，术后2~3d确认从尿道口排尿，必要时可从该部导尿。

五、公猫会阴部尿道造口术

公猫会阴部尿道造口术是一种外科手术方法，它是指在公猫会阴部的骨盆部尿道和皮肤之间造成一个永久性的开口。

[适应症] 包括反复性尿道梗阻，插导尿管或冲洗解决不了的尿道梗阻、尿道闭锁以及尿道损伤或肿瘤，病变的部位在阴茎部尿道。

[器械] 一般外科手术器械。

[麻醉] 根据临床症状、血常规来综合评估猫的全身状况，选择合适的麻醉方式和麻醉剂量。

[保定] 患猫仰卧或俯卧保定，其中俯卧保定更利于该手术的实施。对于俯卧保定的猫，在其后腹部垫一个长约15cm椭圆形或圆柱形物，以充分暴露会阴部。固定后肢，将尾巴拉向背侧。清理直肠中的粪便，用丝线荷包缝合肛门（应避免缝到肛周囊）。也可以将一小块棉花或纱布塞入肛门，防止手术中有排泄物污染创口。常规消毒。

[手术操作]

对于状况比较差，出现食欲废绝、呕吐等尿毒症症状的猫，及时纠正酸中毒，调节体液电解质平衡十分重要。如果膀胱没有积尿，或者尿液已经被排空，手术前要先给猫补液。如果膀胱里的积尿无法排出，则在手术中将尿液排空之后立即给予补液。猫的会阴部，包括尾根腹侧的部位进行剃毛。

如果猫未去势，应首先实施去势术。围绕阴囊和包皮椭圆形切开皮肤，肛门和切口顶端间的位置至少要间隔1cm。应充分去掉阴囊和包皮基部的皮肤，使皮肤与尿道缝合时有轻度的紧张性。

皮下沿阴茎仔细的钝性分离出坐骨海绵体肌和坐骨尿道肌。将阴囊前后动脉烧烙或者捻转止血，出血不严重时则不需要处理。用剪刀将坐骨海绵体肌和坐骨尿道肌在靠近坐骨的一端剪开，这样可以减少出血。把阴茎牵向一侧，使对侧紧张，以利于坐骨附着部的分离。用剪刀小心地剪开腹侧耻骨附着部。把阴茎和骨盆部尿道向背侧拉，仔细地钝性分离腹侧，使阴茎和骨盆部尿道游离并易于向外牵引。当分离处的拉力很小，甚至没有时，表明尿道组织已充分游离。

在阴茎的背侧可以看到阴茎退缩肌、尿道球腺海绵体肌和尿道球腺。将阴茎退缩肌与尿道分离，在肛门外括约肌处将其横断。分离的时候一定要仔细，以免破坏直肠和盆神经。

如果有可能的话，应该先进行插管，以确定尿道的位置。将阴茎部尿道从阴茎头至尿道球腺这一段从背侧切开。在尿道球腺处，骨盆部尿道的直径大约可以达到4mm。

去掉远端的部分阴茎，在被切断的阴茎断端用可吸收缝线进行扣状缝合止血，出血不严重时可不进行缝合。将切开的骨盆部尿道和大约2/3的阴茎部尿道用4/0的单股尼龙线或聚丙烯线，或者用5/0的合成可吸收缝线同皮肤结节缝合，尿道黏膜与皮肤一定要很好的对合。

固定导尿管，去掉肛门周围的荷包缝合线或肛门内的堵塞物。

[术后护理]

手术后为了阻止猫舔伤口，需要给猫戴伊丽莎白脖领7~10d，直到拆线。在恢复期间用碎纸条来代替猫沙。每天用生理盐水冲洗创口，并涂抹抗生素软膏，直到3~5d去掉导尿管。为了防止上行性泌尿道感染，连续使用抗生素10~20d。

第三节 肾脏手术

一、犬肾切除术

[适应症] 化脓性肾炎、肿瘤、结石及肾外伤等。

[局部解剖] 犬的肾脏位于腰椎下腹膜后，每个肾的前端背侧面和腹侧面均由腹膜覆盖，而肾的后端只有腹侧面由腹膜覆盖。肾脏由腹膜外纤维蜂窝组织和肾膜固定在脂肪组织中。肾的固定不牢固，左肾有较大的活动性，右肾活动性较小，前部与肝的右叶相邻，胃充满时，可以使左肾后移。有13%的犬左肾的肾动脉为成对动脉，而右肾动脉都是单一的。

[器械] 一般外科手术器械。

[麻醉] 全身麻醉。

[保定] 仰卧或侧卧保定。

[手术操作]

仰卧保定术部切口在腹下正中线脐前方。侧卧保定术部切口在最后肋骨后方2cm，自腰椎横突向下与肋骨弓平行切口。其中腹下正中线切口，手术径路较好，可以使两肾全面显露、检查。

1. 肾脏显露

左肾显露：将结肠移向右侧，在降结肠系膜后方显露左肾。

右肾显露：右肾前端紧贴于肝脏右叶的后方，将十二指肠近端移向左侧，在十二指肠系膜后方显露右肾。

2. 分离肾脏

犬的左肾活动性较大，腹膜和后肾筋膜用镊子提起，用剪刀剪断，用手指和纱布从肾脏剥下筋膜。当肾松动时，将肾从腰下部提起，显露出肾动脉、肾静脉和输尿管。右肾的分离比左肾困难些。

3. 肾脏血管的结扎和切断

在直视条件下，以食指、中指夹持肾脏，显露肾动脉、肾静脉、输尿管。首先充分分离肾动脉，放置血管钳，贯穿结扎肾动脉，近心端3道结扎，远心端1道结扎。如果是肾癌瘤，应首先结扎肾静脉。分离肾静脉，放置血管钳，近心端与远心端各1道结扎。肾动脉与肾静脉不能集束结扎，因为易发生动、静脉瘘。

4. 输尿管分离

在肾盂找到输尿管，充分分离输尿管直到膀胱。注意结扎伸延到膀胱的输尿管断端，远心端两道结扎，近心端1道结扎，防止形成尿盲管，因为尿盲管能造成感染。输尿管断端结扎切断后，用石炭酸或白金耳烧灼。摘除肾脏。

5. 缝合腹壁切口

缝合前，清除摘除肾脏后脂肪组织中的凝血块，确实止血。逐层缝合腹壁切口。

［术后护理］术后给患畜纠正水、电解质和酸碱平衡紊乱；全身给予抗生素治疗，防止术部感染。

二、犬肾切开术

［适应症］肾结石、肾盂结石、肾盂肿瘤。

［器械］一般外科手术器械。

［麻醉］全身麻醉。

［保定］仰卧保定。

［手术操作］

术部切口在腹下正中线脐前方。

1. 显露肾脏

将肾脏显露后，使用血管钳暂时阻断肾动脉和肾静脉。将肾脏固定在拇指和食指间，充分露出肾的凸面。

2. 肾脏切开

用手术刀从肾脏凸面纵行矢状面切开皮质和髓质部达到肾盂，除去结石。然后用生理盐水冲洗沉积在肾组织内或肾盂的矿物质沉积物。从肾盂的输尿管口插入纤细柔软插管，用生理盐水轻微冲洗输尿管，证明输尿管畅通。肾的切口位置出血量很少，因为该手术切口，不损伤主要血管。

3. 肾脏缝合

缝合肾脏前，取下暂时阻断肾动脉、肾静脉的血管钳，观察切面血液循环恢复情况，对小出血点，压迫止血。然后用拇指和食指将切开的肾脏两瓣紧密对合，轻轻压迫，使肾组织瓣由纤维蛋白胶接起来，只需要肾脏被膜连续缝合，不需要肾组织褥式缝合，该法称为"无缝合肾切开闭合法"。

4. 逐层缝合腹壁切口

［术后护理］

1. 术中和术后，静脉给予补液，有利于从尿道排出血液凝块。

2. 因为术后血尿将持续几天，术后要给予止血药。

[注意事项]

1. 由于犬、猫肾盂甚小，如果肾盂结石，不应做肾盂切开，因为肾盂切开术有损伤血管的危险。

2. 肾脏切开术能出现暂时性肾机能降低20%～40%，因此，要注意观察肾机能恢复过程。

3. 如果两侧肾结石，患病动物患有严重氮血症。在一次手术时，只能做一个肾的切开，不能同时做两个肾切开。要间隔一段时期，待肾机能恢复正常时，再做另一侧手术。

第四节　输尿管吻合术

[适应症] 输尿管损伤、输尿管结石。

[器械] 一般外科手术器械。

[麻醉] 全身麻醉。

[保定] 仰卧保定。

[手术操作]

腹下正中线切口。

1. 输尿管断端的修整和缝合

将吻合的两个输尿管断端分别剪成三角铲形，使连接的两端呈"尖与底"连接（图13－1）。在6倍放大镜或手术显微镜帮助下，使用纤细聚乙醇酸缝线缝合。缝合前，吻合两端先放置支持缝线，然后进行连续缝合。

2. 检查缝合效果

输尿管吻合缝合完毕，使用细注射针直接注入少量灭菌生理盐水到输尿管腔内，加大腔内压力，观察是否在吻合处有泄漏。吻合处如有轻微渗漏，可以涂布氟化组织黏合剂，使该处形成薄膜，防止渗漏。这种组织黏合剂比其他黏合剂毒性小，炎性反应轻微，不影响正常的组织愈合。

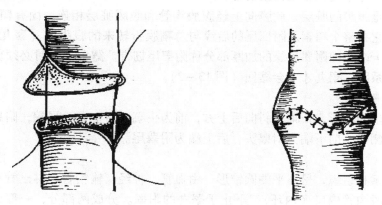

图13－1　输尿管断端缝合

3. 常规逐层缝合腹部切口

[术后护理]

（1）观察患畜的排尿情况，患畜静脉注射 5% 葡萄糖溶液，促进动物排尿。

（2）给予患畜抗生素药物，防止术后感染。

第五节　去 势 术

一、公犬、公猫去势术

[局部解剖]

1. 阴囊

犬、猫的阴囊位于腹股沟部与肛门之间的中央部。阴囊为皮肤、肉膜、睾外提肌和鞘膜组成的袋状囊，内有睾丸、附睾和一部分精索，其上方狭窄为阴囊颈，远端游离部为阴囊底。

（1）阴囊皮肤　较薄，易于移动和伸展，表面正中线上有一条阴囊缝际将阴囊分成左右两半。去势术时，阴囊缝际是手术的定位标记。

（2）肉膜与肉膜下筋膜　肉膜位于皮肤内面，由少量弹性纤维、平滑肌构成，沿阴囊缝际形成一隔膜，称做阴囊中隔。肉膜与阴囊皮肤牢固地结合，当肉膜收缩时，阴囊皮肤起皱褶。肉膜下筋膜薄而坚固，与肉膜紧密相连，它在阴囊底部的纤维与鞘膜密接，构成阴囊韧带。

（3）睾外提肌　位于总鞘膜外，是一条宽的横纹肌，向下则逐渐变薄。

（4）鞘膜　由总鞘膜和固有鞘膜组成。

总鞘膜是由腹横筋膜与紧贴于其内的腹膜壁层延伸至阴囊内形成，呈灰白色坚韧有弹性的薄膜，包在睾丸外面。总鞘膜与固有鞘膜之间形成鞘膜腔，在阴囊颈部和腹股沟管内形成鞘膜管，精索通过鞘膜管。管的上端有鞘环（内环）与腹腔相通。总鞘膜折转到固有鞘膜的腹膜褶，称睾丸系膜或鞘膜韧带。

固有鞘膜是腹膜的脏层，此膜向上经腹股沟管和腹膜脏层相连。固有鞘膜包着睾丸、附睾和精索，它在整个精索及附睾尾的后缘与总鞘膜折转来的腹膜褶（睾丸系膜）相连。在睾丸系膜的下端，即附睾后缘的加厚部分称附睾尾韧带。露睾去势时必须剪开附睾尾韧带、撕开睾丸系膜，睾丸才不会缩回（图 13-2）。

2. 睾丸与附睾

犬的睾丸呈卵圆形，长轴略斜向后上方，前为头端，后上方为尾端，附睾较大，紧贴于睾丸的背外侧面，前下端为附睾头，后上端为附睾尾。

3. 精索

精索为一索状组织，呈扁平的圆锥形，由血管、神经、输精管、淋巴管和睾内提肌等组成，上起腹股沟管内口（内环），下止于睾丸的附睾。分成两部分，一部分含有弯曲的精索内动脉、精索内静脉及其蔓状丛，及由不太发达的平滑肌组成的睾内提肌、精索神经丛和淋巴管；另一部分为由浆膜形成的输精管褶，褶内有输精管通过。

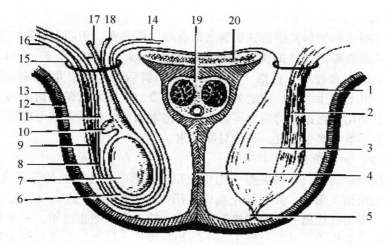

图 13 - 2　阴囊模式图

1. 精索　2. 提睾肌　3. 总鞘膜　4. 阴囊中隔　5. 阴囊韧带
6. 固有鞘膜　7. 睾丸　8. 总鞘膜　9. 提睾肌　10. 附睾　11. 鞘膜腔　12. 肉膜
13. 阴囊皮肤　14. 腹膜　15. 腹股沟管　16. 提睾肌筋膜（腹直肌鞘外叶）
17. 精索内的血管　18. 输精管　19. 阴茎（切断）　20. 耻骨（切断）

4. 腹股沟管及鞘膜管

腹股沟管是漏斗形的肌肉缝隙，位于腹股沟部的腹外斜肌和腹内斜肌之间。鞘膜管是腹膜的延续部分，位于腹股沟管内，它和腹股沟管一样，也有内口和外口，内口与腹腔相通，外口与鞘膜相通。管内有精索通过，睾外提肌位于鞘膜管的外侧壁外面。整个鞘膜管因为在上 1/3 处有一缩小的峡，因此它的形状是上下粗，中间细，去势后一旦发生肠脱落时，这一狭窄常妨碍肠管的还纳。

二、公犬去势术

[**适应症**]　适用于犬的睾丸癌或经一般治疗无效的睾丸炎症。切除两侧睾丸用于良性前列腺肥大和绝育。还可用于改变公犬的不良习性，如发情时的野外游走和别的公犬咬斗、尿标记等。去势后不改变公犬的兴奋性，不引起嗜睡，也不改变犬的护卫、狩猎和玩耍表演能力。

[**器械**]　一般外科手术器械。

[**麻醉**]　全身麻醉。

[**保定**]　仰卧保定，两后肢向后外方伸展固定，充分显露阴囊部。

[**手术操作**]

术前对去势犬进行全身检查，注意有无体温升高、呼吸异常等全身变化。如有则应待恢复正常后再行去势。还应对阴囊、睾丸、前列腺、泌尿道进行检查。若泌尿道、前列腺有感染，应在去势前 1 周进行抗生素药物治疗，直到感染被控制后再行去势。去势前剃去阴囊部及阴茎包皮鞘后 2/3 区域内的被毛。

1. 显露睾丸

术者用两手指将两侧睾丸推挤到阴囊底部前端，使睾丸位于阴囊缝际两侧的阴囊底部最前的部位。从阴囊最低部位的阴囊缝际向前的腹中线上，做一个 5～6cm 的皮肤切口，依次切开皮下组织。术者左手食指、中指推一侧阴囊后方，使睾丸连同鞘膜向切口内突出，并使包裹睾丸的鞘膜绷紧。固定睾丸，切开鞘膜，使睾丸从鞘膜切口内露出。术者左手抓住睾丸，右手用止血钳夹持附睾尾韧带，并将附睾尾韧带从附睾尾部撕下，右手将睾丸系膜撕开，左手继续牵引睾丸，充分显露精索。

2. 结扎精索、切断精索、去掉睾丸

用三钳法在精索的近心端钳夹第一把止血钳，在第二把止血钳的近睾丸侧的精索上，紧靠第一把止血钳钳夹第二、第三把止血钳。用 4～7 号丝线，紧靠第一把止血钳钳夹精索处进行结扎，当结扎线第一个结扣接近打紧时，松去第一把止血钳，并使线结恰好位于第一把止血钳的精索压痕，然后打紧第一个结扣和第二个结扣，完成对精索的结扎，剪去线尾。在第二把与第三把钳夹精索的止血钳之间，切断精索。用镊子夹持少许精索断端组织，松开第二把钳夹精索的止血钳，观察精索断端有无出血，在确认精索断端无出血时，方将精索断端还纳回鞘膜管内（图 13 - 3）。

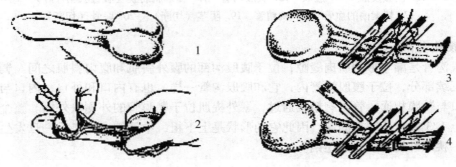

图 13 - 3　公犬去势示意图

1. 切口定位　2. 显露睾丸和精索　3. 精索上钳夹把止血钳，在紧靠第一把止血钳处的精索上结扎精索　4. 松去第 1 把止血钳，使线结扎在钳痕处，在第二把与第三把止血钳之间切断精索

在同一皮肤切口内，按上述同样的操作，切除另一侧睾丸。在显露另一侧睾丸时，切忌切透阴囊中隔。

3. 缝合阴囊切口

用 20 铬制肠线或 4 号丝线间断缝合皮下组织，用 4～7 号丝线间断缝合皮肤，打结系绷带。

[术后护理]　术后阴囊潮红和轻度肿胀，一般不需治疗。伴有泌尿道感染和阴囊切口有感染倾向者，在去势后应给予抗菌药物治疗。

三、公猫去势术

[适应症]　防止猫乱交配和对猫进行选育，对不能作为种用的公猫进行去势。公猫去势后可减少其本身特有的臭味和发情时的性行为，如猫在夜间的叫声等。

[器械] 一般外科手术器械。

[麻醉] 全身麻醉。

[保定] 左侧或右侧卧保定，两后肢向腹前方伸展，猫尾要反向背部提举固定，充分显露肛门下方的阴囊。

[手术操作]

剃去阴囊部被毛，常规消毒。将两侧睾丸同时用手推挤到阴囊底部，用食指、中指和拇指固定一侧睾丸，并使阴囊皮肤绷紧。在距阴囊缝际一侧 0.5～0.7cm 处平行阴囊缝际做一个 3～4cm 的皮肤切口，切开肉膜和总鞘膜，显露睾丸。术者左手抓住睾丸，右手用剪刀剪断阴囊韧带，向上撕开睾丸系膜，然后将睾丸引出阴囊切口外，充分显露精索，结扎精索和去掉睾丸的方法同公犬去势术。两侧阴囊切口开放。

[术后护理] 术后适当运动，便于创液排出。术后无需治疗，也可给予口服抗生素药物 3～5d。术后阴囊严重肿胀或出血不止，可能是结扎线不确实或松脱，排液不畅，应及时全身麻醉，重新结扎止血和排除创内堵塞物，清创。

四、卵巢摘除术

[适应症] 卵巢囊肿、卵巢肿瘤、重度卵巢炎等卵巢不治之症的外科疗法。以及经宠物主人的要求，为犬、猫做绝育手术。

[局部解剖] 卵巢细长而表面光滑，犬卵巢长约 2cm，猫卵巢长约 1cm。卵巢位于同侧肾脏后方 1～2cm 处。右侧卵巢在降十二指肠和外侧腹壁之间，左卵巢在降结肠和外侧腹壁之间，或位于脾脏中部与腹壁之间。怀孕后卵巢可向后、向腹下移动。犬的卵巢完全由卵巢囊覆盖，而猫的卵巢仅部分被卵巢囊覆盖，在性成熟前卵巢表面光滑，性成熟后卵巢表面变粗糙和有不规则的突起。卵巢囊为壁很薄的一个腹膜褶囊，它包围着卵巢。输卵管在囊内延伸，输卵管先向前行（升），再向后行（降），终端与子宫角相连。卵巢通过固有韧带附着于子宫角，通过卵巢悬吊韧带附着于最后肋骨内侧的筋膜上。

[器械] 一般外科手术器械，小钝钩一支。

[保定和麻醉] 手术台上仰卧保定，四肢牵张保定，全身麻醉。

[手术操作]

术前禁食 12～24h。术部在脐的后方 4～5cm，在白线侧方腹壁上。术部剪毛、消毒。

皮肤切开，在脐后白线侧方切开皮肤 2～4cm，切开筋膜和肌层露出腹膜，剪开腹膜，打开腹腔，切勿损伤乳房。术者将手伸入腹腔内探查子宫角，子宫角常被肠管覆盖，不能立即见到，此时可用钝钩向前方压迫肠管，以便更好地寻找子宫角。如仍见不到，可再将后躯抬高一些使肠管倾向膈肌而找到直肠，子宫体常与直肠相接，仰卧时，它位于直肠上面。找到子宫角后，术者沿着子宫角向前寻找卵巢，找到卵巢后，将卵巢用手指钩至创口外，集束结扎卵巢动脉，再结扎卵巢系膜及子宫动脉的分支，然后剪断卵巢周围组织，摘除卵巢。

用同样方法摘除另一侧卵巢，充分止血。按剖腹术方法闭合腹腔。

[术后护理] 术后给予抗生素或磺胺类药物 5～7d，以防感染。

第六节　隐睾阴囊固定手术

[适应症]　隐睾亦称睾丸下降不全，是指一侧或两侧睾丸未进入阴囊，停留于下降途中的任何部位。由于停留部位不同又分为腹腔隐睾和腹股沟隐睾。也有一侧性隐睾和两侧性隐睾。本手术是将隐睾之睾丸牵引至阴囊内的手术。

[器械]　一般外科手术器械，细的导尿管一支。

[麻醉]　全身麻醉。

[保定]　仰卧保定或半仰卧保定。

[手术操作]

术部在下腹部后方阴茎侧方3~4cm处，距耻骨前缘10~15cm。

按剖腹术的方法打开腹腔。单侧隐睾者则在无睾丸侧切开腹腔。切口长约10cm左右。打开腹腔后寻找隐睾，隐睾多在肾脏的后方或腹股沟内环处，也可在腹股沟管内。

找到隐睾后，视其精索的长短，隐睾的精索长短不一。精索长者较好，可以牵引至阴囊内便于固定；精索短者，牵引至阴囊内有一定困难，现分别叙述如下：

精索长者，在同侧腹壁后寻找腹股沟管的内环，待找到内环时，用导尿管从内环插入腹股管内，探查其底部位置。若直通至阴囊底部时，拔出导尿管，术者用手轻轻拉动隐睾从内环向腹股管内推送，直至阴囊底部。切开阴囊后，以1~2针穿过睾丸外膜，将睾丸缝合固定于阴囊底壁上。再以同样方法固定对侧隐睾。

精索短者或腹股沟管未达到阴囊内时，无法使隐睾达到阴囊内者，可将导尿管从腹股沟管内环插入，探至腹股沟管的最末端，将导尿管从腹股沟管内拔出，有时最末端在股内侧距阴囊有段距离，术者用手轻轻拉动隐睾从内环向腹股沟管的最末端推送，送至不能再送时，暂时将睾丸固定在此处。待3~4个月后，再度造管牵引睾丸至阴囊底部，加以固定。

按剖腹术的方法闭合腹腔。手术创部以碘酊消毒，整理创缘。

[术后护理]　术后给予抗生素或磺胺类药物治疗1~2周。术后宠物应放在干燥、清洁地方，防止污染。术部按创伤处置。手术时牵拉睾丸时，应轻轻牵拉，以防拉断精索。用导尿管探查腹股沟管时，尽量向管的左右扩大，以便睾丸易于通过。7~10d后拆线。

第七节　犬的前列腺摘除术

[适应症]　前列腺肥大和前列腺肿瘤的外科疗法。

[局部解剖]　犬的前列腺是主要的副性腺器官。前列腺位于或接近耻骨前缘，环绕在膀胱颈和尿道起始部，呈环形卷曲的球状为两个叶的小器官。其位置是由膀胱膨满和直肠扩张状态不同而有差异。当膀胱空虚时，位于骨盆腔内；当膀胱膨满时，位于耻骨前缘附近。小型犬从直肠内容易触摸到，大型犬，前躯抬高，一手从腹后部向后方压迫膀胱，另一手指从直肠内可以触诊。

[**器械**] 一般外科手术器械，导尿管一支。

[**保定和麻醉**] 手术台仰卧保定，全身麻醉。

[**手术操作**]

术部在阴茎侧方 3～4cm，从耻骨前缘 5cm 左右向前切开。

术者左手握住阴茎头部，右手将导尿管从尿道口插入，直至膀胱内将尿导出。

打开腹腔，在术部距耻骨前缘 5cm 处向前切开皮肤 10cm 左右。充分止血，腹壁后静脉用双重结扎后从中切断。按剖腹术方法切开腹壁，打开腹腔。

打开腹腔后，将肠管轻轻推向前方，暴露出膀胱，前列腺及尿道，把膀胱和前列腺向前拉至创口部。可见分布于前列腺的血管，在膀胱外侧韧带的后方，左右腹膜皱襞内进入前列腺，将前列腺分支双重结扎后从中切断。

把导尿管从膀胱中向后牵拉退至前列腺前端，在前列腺前端环形切断膀胱颈与前列腺的连接，将膀胱分开固定。在前列腺后端环形切断尿道与前列腺的连接，在未切断前先将尿道用 4 根缝线从上、下、左、右固定，以防切断后尿道退至骨盆腔内。

双重结扎前列腺前方与输精管并行血管并从中切断。使前列腺与其他组织完全分离。

将膀胱颈部的断端与尿道断端对接，将导尿管徐徐地插入膀胱内，将两断端用连续缝合法缝合连在一起。按剖腹术方法闭合腹腔。用碘酊消毒术部。

[**术后护理**] 术后给予抗生素或磺胺类药物治疗 1～2 周。局部按创伤处置。术后导尿管留置 48h，防止尿闭和尿道粘连。

第八节　子宫手术

一、子宫切除术

[**适应症**] 由于某些原因胎儿已经腐烂，子宫扭转，剖腹产时，发现子宫已经变成暗紫色或坏死时，为了保证母体安全可切除子宫，对于子宫蓄脓症治疗无效时、子宫肿瘤等均可实施本手术。

[**局部解剖**] 犬和猫的子宫很细小，甚至经产的母犬、母猫子宫也较细。子宫由颈、体和两个长的角构成。子宫角背面与降结肠、腰肌和腹横筋膜、输尿管相接触，腹面与膀胱、网膜和小肠相接触。在非怀孕的犬、猫，子宫角直径不变，几乎是向前伸直的。子宫角的横断面，猫近似于圆形，而犬呈背、腹压扁状。怀孕后子宫变粗，怀孕 1 个月后，子宫位于腹腔底部。在怀孕子宫膨大的过程中，阴道端和卵巢端的位置几乎不改变，子宫角中部变弯曲向前下方沉降，抵达肋弓的内侧。

子宫阔韧带是把卵巢、输卵管和子宫附着于腰下外侧壁上的脏层腹膜褶。子宫阔韧带悬吊除阴道后部之外的所有内生殖器官，可区分为相连续的 3 部分，即子宫系膜，来自骨盆腔外侧壁和腰下部腹腔外侧壁，至阴道前半部、子宫颈、子宫体和子宫角等器官的外侧部；卵巢系膜为阔韧带的前部，自腰下部腹腔外侧壁，至卵巢和固定卵巢的韧带；输卵管系膜附着于卵巢系膜，并与卵巢系膜一起组成卵巢囊。

卵巢动脉起自肾动脉至髂外动脉之间的中点，大小、位置和弯曲的程度随子宫的发育情况而定；在接近卵巢系膜内，分作两支或多支，分布于卵巢、卵巢囊、输卵管和子宫角；至子宫角的一支，在子宫系膜内与子宫动脉相吻合。子宫动脉起自阴部内动脉，分布于子宫阔韧带内，沿子宫体、子宫颈向前延伸，并与卵巢动脉的子宫支吻合。

[器械] 一般外科手术器械，肠钳两把。

[麻醉] 全身麻醉，若母犬体弱衰竭时，可进行局部麻醉。

[保定] 仰卧保定或侧卧保定。

[手术操作]

术部在脐部至耻骨前缘之间的腹正中线侧方 2~3cm 处。

打开腹腔 术部剪毛、消毒，在术部切开皮肤 7~10cm，按剖腹术的方法切开腹部筋膜和腹肌，露出腹膜，切开腹膜。术者以手指伸入腹腔内，寻找子宫，将子宫拉向创口或创口外。

摘除子宫 将子宫阔韧带上的子宫中动脉分别进行双重结扎并逐一从中切断，然后每隔4cm 左右系束结扎子宫阔韧带，再在卵巢处双重结扎卵巢动脉，并从中切断，再切断子宫阔韧带，使一侧子宫角和卵巢分离于腹壁。再用同样方法将对侧的子宫角和卵巢从腹壁上切下。将切断的子宫角和子宫体拉出创口或创口外。在子宫体与子宫颈外用肠钳夹住子宫颈部，在其后方 2~3cm 处用另一肠钳夹住子宫颈固定，在两肠钳之间切断子宫，取出子宫体和子宫角以及卵巢。将子宫颈断端用灭菌生理盐水清洗，除去内容物，用烟包缝合法缝合。

闭合腹腔 按剖腹术方法依次缝合腹膜、腹肌和皮肤。碘酊消毒，并整理创缘。

[术后护理] 术后给予抗生素或磺胺药物治疗 1 周左右。局部按创伤处置。注意保暖、防止感冒。

二、剖腹产手术

[适应症] 难产的外科疗法。阵痛开始后 24h 以上产不出胎者为难产，剖腹产手术是对犬、猫难产最好的治疗方法。

[器械] 一般外科手术器械。

[麻醉] 全身麻醉，母体衰竭时应进行局部麻醉。

[保定] 侧卧保定或仰卧保定。

[手术操作]

小型犬多在腹正中线的脐部至耻骨前缘之间，白线侧方 2~3cm 处。在术部切开皮肤 10cm 左右，切开筋膜、腹肌和腹膜。打开腹腔后，将其腹腔器官移至前方，暴露出子宫。将妊娠子宫拉至创口外，注意轻轻牵拉，因为难产后的妊娠子宫易损伤。在胎儿数多的一侧，靠近子宫体近处切开子宫大弯部，避开血管纵行切开长 5~8cm 的切口，或与胎儿同等大小的切口，露出胎膜，切开胎膜取出胎儿，同时将胎膜取出，依次取出一侧子宫角的胎儿。再通过子宫体从切口处取出另一侧子宫角的胎儿及胎膜。若胎儿数多时，也可同时切开两侧子宫角分别取出胎儿和胎膜。确切检查两侧子宫角内的胎儿和胎膜完全取出后，用温生理盐水冲洗子宫角内腔，排出冲洗液及其内容物，用消毒纱布擦干，注意防止污染腹腔及其器官。

以连续缝合法全层缝合子宫壁，再以包埋缝合法缝合浆膜和肌层。

若子宫有明显变化，呈暗紫色或者已达坏死程度，出现不可逆反应，应将子宫全部摘除。闭合腹腔，子宫缝合后，用温生理盐水清洗后，还纳于腹腔内。按剖腹术方法缝合腹壁各层，闭合腹腔。7~10d拆线。

[术后护理]

术后全身给予抗生素或磺胺类药物7~10d。子宫收缩不全时，给予小剂量垂体后叶素或卵泡激素，促进子宫收缩。注意监护和保暖，术中防止子宫内污物、液体流入腹腔，造成污染腹腔、腹膜及腹腔脏器等，易引起腹膜炎和腹腔器官粘连，特别是肠粘连。术中减少肠管脱出于创口外，减少其暴露时间。

第九节　阴道手术

一、阴道脱出整复术

[适应症] 顽固性和习惯性阴道脱出保守疗法无效时，可实施本手术。

[器械] 一般外科手术器械，导尿管一支。

[麻醉] 全身麻醉。

[保定] 仰卧或侧卧保定，后躯抬高姿势。

[手术操作]

术前禁食12h，手术时用温肥皂水灌肠，排出直肠内宿粪。用1%新洁尔灭溶液清洗和消毒阴门及阴道脱出部分。

首先，将导尿管从尿道外口插入尿道内并固定，作为标志，以免手术时伤及尿道。

用钳子将阴道脱出部分钳住并拉向阴门外，再以缝合线在阴道脱出的上方健康部分缝合并固定，防止切除脱出部后阴道退回阴道内，不利缝合。

切除脱出部分，将松弛和肿胀的阴道壁在尿道外口前方三角形切除阴道黏膜。切除的范围决定于犬的体格大小和阴道黏膜松弛的状态。彻底止血，创面以结节缝合或连续缝合法缝合。

除去钳子和固定的缝合线，阴道壁自然还纳，向阴道内塞入洗必泰栓剂。

[术后护理] 术后全身给予抗生素或磺胺类药物1周左右。阴道内每日塞以洗必泰栓剂，每日两次，每次1~2粒。阴道部黏膜易出血，术中出血较多，对犬的血管可行系束结扎止血，小出血采用压迫止血，若出血不止，而且面积较大，不易发现血管时进行填充压迫止血。

二、阴道肿瘤切除术

[适应症] 阴道肿瘤的手术治疗，或者是在发情期阴道壁水肿脱出阴门外时可实施此手术。

[器械] 一般外科手术器械，导尿管一支。

[麻醉] 全身麻醉。

[保定] 侧卧保定。

[手术操作]

术前禁食12h，手术时先用温肥皂水灌肠，排除直肠内宿粪。用1%新洁尔灭溶液清洗和消毒阴门及阴道内。

首先，将导尿管从尿道外口插入尿道内并固定，作为标志，以防手术时损伤尿道。

切除肿瘤，用钳子将肿瘤基部夹住，然后，在其下方用集束结扎法分别结扎，结扎部位的多少依据瘤体大小，大者多结扎几处，小者则少结扎几处。注意结扎口之间相距不应过大，否则易出血。结扎后，在结扎的上方切除肿瘤。以结节缝合法或连续缝合法缝合阴道壁。若肿瘤瘤体较多，可采用上述方法分别切除。

[术后护理] 术后全身给予抗生素药物3~5d。阴道内每日塞以洗必泰栓剂，每日两次，每次1~2粒。如术后出血不止，按阴道脱出手术处置。

第十节　乳腺肿瘤切除手术

[局部解剖] 犬、猫的乳腺位于胸腹下两侧皮下，左右各一排，称纺锤形排列，在前后乳区的中间处变窄，在乳头处乳腺发达。乳腺自腋窝胸部向后延伸至股内侧耻骨前缘。犬正常每侧有5个乳腺，也有4~6个不等；猫每侧有4个乳腺。根据部位不同，乳腺从前向后分别称为胸前乳区（第一）、胸后乳区（第二）、腹前乳区（第三）、腹后乳区（第四）及腹股沟乳区（第五）。胸部乳腺与胸肌连接紧密，腹部与腹股沟部乳腺则连接疏松而悬垂，尤其发情期或泌乳期更显著。腺体组织位于皮肤与皮肌、乳腺悬韧带之间。

第一和第二乳腺动脉血供给来自胸内动脉的胸骨分支和肋间及胸外动脉的分支，第三乳腺主要由腹壁前浅动脉（来自腹壁前动脉）和胸内动脉分支，后者与腹壁后浅动脉分支（由阴部外动脉分出）相吻合而终止，并供给第四、第五乳腺动脉血。不过，前腹壁深动脉分支、部分腹外侧壁动脉、阴唇动脉及旋髂深动脉等也参与腹部和腹股沟乳腺的血液循环。静脉一般伴随同名动脉而行（图13-4）。第一、第二乳腺静脉血回流主要进入腹壁前浅静脉和胸内静脉，第三、第四及第五乳腺静脉主要汇入腹壁后浅静脉。小的静脉有时越过腹中线至对侧腋淋巴结位于胸肌下，接受第一、第二乳腺淋巴的回流。腹股沟浅淋巴结位于腹股沟外环附近，接受第四、第五乳腺淋巴的回流。第三乳腺淋巴最常引流入腋淋巴结，但在犬也可向后引流。不过，如仅有4对乳腺时，第二与第三乳腺间无淋巴联系（图13-5）。

[适应症] 乳腺肿瘤是乳房切除术的主要适应症。另外，乳房外伤或感染有时也需做乳腺切除术（犬、猫在1岁半以前做绝育手术，可防止乳腺肿瘤及生殖系统疾病的发生）。

[麻醉] 全身麻醉。

[保定] 仰卧位保定，四肢向两侧牵拉固定，以充分暴露胸部和腹股沟部。

[手术操作]

乳腺切除的选择取决于动物体况和乳房患病的部位及淋巴流向。有以下4种乳腺切除

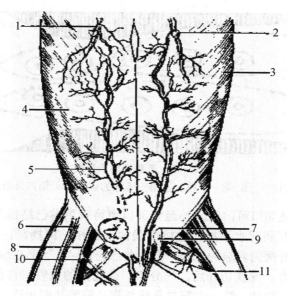

图 13-4　乳腺动静脉分布

1. 腹壁前浅动静脉　2. 腹前乳头　3. 第十三肋骨　4. 腹外斜肌　5. 腹壁后浅动静脉
6. 缝匠肌　7. 腹股沟外环　8. 股动静脉　9. 壳膜囊　10. 耻骨肌　11. 阴部外动静脉

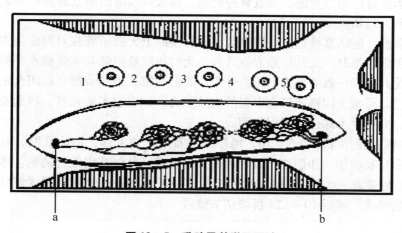

图 13-5　乳腺及其淋巴回流

a. 腋淋巴结　b. 浅腹股沟淋巴结

方法，可选其中一种：

1. 单个乳腺切除：仅切除一个乳腺。

2. 区域乳腺切除：切除几个患病乳腺或切除同一淋巴流向的乳腺（图 13-6，b 及 c）。

3. 一侧乳腺切除：切除整个一侧乳腺链（图 13-6，a）。

4. 两侧乳腺切除：切除所有乳腺。

皮肤切口视使用方法不同而异。对于单个、区域或同侧乳腺的切除，在所涉及乳腺的周围做椭圆形皮肤切口。切口外侧缘应是在乳腺组织的外侧，切口内侧缘应在腹中线。第

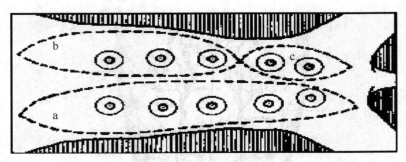

图 13 - 6　乳腺切除示意图

a. 同侧乳腺的切除　b. 第一、第二及第三乳腺的切除　c. 第四及第五乳腺的切除

一乳腺切除时，其皮肤切口可向前延伸至腋部以便将腋下淋巴结摘除；第五乳腺的切除，皮肤切口可向后延伸至阴唇水平处，应将腹股沟淋巴结一同摘除。对于两侧乳腺全切除者，仍是以椭圆形切开两侧乳腺的皮肤，但胸前部应做"Y"形皮肤切口，以免在缝合胸后部时产生过多的张力。皮肤切开后，先分离、结扎大的血管，再做深层分离。分离时，尤其注意腹壁后浅动、静脉。第一、第二乳腺与胸肌筋膜紧密相连，故需仔细分离使其游离。其他乳腺与腹壁肌筋膜连接疏松，易钝性分离开。若肿瘤已侵蚀体壁肌肉和筋膜，需小心分离肌肉和筋膜一同切除。如胸部乳腺肿瘤未增大或未侵蚀周围组织，腋淋巴结一般不予切除，因该淋巴结位置深，接近臂神经丛。腹股沟浅淋巴结紧靠腹股沟乳腺，通常连同腹股沟脂肪一起切除。

缝合皮肤前，应认真检查皮肤内侧缘，确保皮肤上无残留乳腺及肿瘤组织。皮肤缝合是本手术最困难的部分，尤其切除双侧乳腺。大的皮肤缺损缝合需先做水平褥式缝合，使皮肤创缘靠拢并保持一致的张力和压力分布。然后做第二道结节缝合以闭合创缘。如皮肤结节缝合恰当，可减少因褥式缝合引起的皮肤张力。如有过多的死腔，特别在腹股沟部易出现血清肿，应在手术部位安置引流管。

[**术后护理**] 使用腹绷带 5～7d，用厚的纱布块压迫术部，消除死腔，防止血清肿或血肿、污染和自我损伤。如创腔比较大可放入引流管，并保持引流管通畅。术后应用抗生素 3～5d，控制感染。术后 2～3d 拔除引流管，并于术后 4～5d 拆除褥式缝线，以减轻局部刺激和瘢痕形成。术后 10～12d 拆除结节缝线。

第十四章　臀尾部手术

第一节　断尾术

[**适应症**] 某些品种犬为了美观，有断尾整形的要求而进行本手术。手术根据犬种不同，断尾的部位也不同尾部疾病，如肿瘤、溃疡等，需要进行断尾治疗。断尾的时间，仔犬于生后 7~10d 内断尾为宜，成年犬可随时断尾。

[**器械**] 一般外科手术器械。

1. 仔犬断尾术

仔犬断尾手术一般应在生后 7~10d 进行，这时断尾出血少和应激反应小。断尾长度根据不同品种的建议标准（表 14-1）及畜主的选择来决定。

[**麻醉**] 0.25% 盐酸普鲁卡因局部浸润麻醉或不麻醉。

[**手术操作**]

尾局部常规剪毛消毒后，用橡皮筋扎住尾根。在预定截断处前约 0.2cm 环形切开皮肤及皮下软组织。然后向尾根移动皮肤及皮下组织约 0.2cm，用剪刀齐尾根侧皮缘剪断尾椎。对合背、腹侧皮肤后，做 3~4 针结节缝合。除去止血带，用灭菌纱布轻轻挤压并擦去创口的血液，每日涂擦碘酊。7~8d 拆除皮肤缝线。若为可吸收缝线，一般可在术后被吸收或被母犬舔掉。

2. 成年犬断尾术

[**麻醉**] 全身麻醉或硬膜外腔麻醉。

[**手术操作**]

尾术部剪毛消毒，尾根部用橡皮筋结扎止血。用手指触及预定截断部位的椎间隙。在截断处做背、腹侧皮肤瓣切开，皮肤瓣的基部在预定截断的尾椎间隙处。结扎截断处的尾椎侧方和腹侧的血管。横向切断尾椎肌肉，从椎间隙截断尾椎。稍松开橡皮筋，根据出血点找出血管断端，用可吸收性缝线穿过其周围肌肉、筋膜进行结扎止血。对合截断断端背、腹侧皮瓣，覆盖尾的断端（图 14-1）。然后应用非吸收缝线做间断皮肤缝合。

幼犬断尾术与成年犬断尾基本相同。

[**术后护理**] 术后应用抗生素 4~5d，保持尾部清洁，10d 后拆除皮肤缝线。

表14-1 不同犬的品种建议断尾留的长度

犬的品种	保留尾椎的长度
拳师犬	2~3尾椎
杜宾犬	2~3尾椎
罗维那犬	1~2尾椎
大刚毛犬	1~2尾椎
玩具型狸	2~3尾椎
苏格兰狸	留1/3长
猎狐犬	留1/3长
可卡犬	留2/5长（雌）、留1/2长（雄）
匈牙利猎犬（维兹拉猎犬）	留1/2长
贵妇犬	留1/2~2/3长
得兰特犬（德国刚毛指猎犬）	留1/2~2/3长

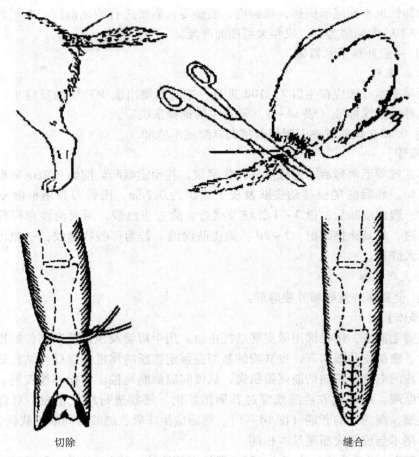

切除　　　　　　　　　　　　缝合

图14-1 犬断尾示意图

拳师犬、杜宾犬

苏格兰、猎狐犬、爱台儿犬

罗威那犬、大刚毛犬

贵妇犬

可卡犬、得兰特犬

玩具型㹴

图 14 - 2　各种犬断尾后的形状

第二节　尾肌切断术

[**适应症**] 犬的卷尾和斜尾多数为尾肌发育不均所致，可切断尾肌来矫正。

[**器械**] 一般外科手术器械，细的球头弯刀一把或尖刃弯刀一把。

[**麻醉**] 全身麻醉或硬膜外麻醉。

[**保定**] 侧卧保定。

[**手术操作**]

卷尾矫正法，卷尾的术部在弯曲部的顶点。术部剪毛、消毒。

在弯曲部的顶点，背侧正中纵行切一小口，弯刀从此小口平行插入一侧皮肤和背侧荐尾肌，刀尖不要穿透对侧皮肤，从皮肤上用手控制使刀到达尾的侧面，使刀进入背侧荐尾肌的腹侧，刀刃向上转与背侧荐尾肌呈垂直，轻轻按压切断背侧荐尾肌，当切断该肌时可听到肌断的声音，创口缝合 1~2 针。用同样的方法切断对侧的背侧荐尾肌。

斜尾矫正法，斜尾术部在尾的腹侧面，术部剪毛、消毒。

在尾根部的腹侧面距肛门 5~6cm 的一侧，将皮肤纵行切开一小口，弯刀平行插入腹侧荐尾肌的腹侧面，刀刃向下转与腹侧荐尾肌垂直，轻轻按压切断腹侧荐尾肌，当切断该肌时可听到肌断的声音，创口缝 1~2 针，碘酊消毒创口。用卷轴绷带包扎。

[**术后护理**] 术后 4~5d 解除绷带。

第十五章 四肢手术

第一节 骨折的整复与固定

骨折的治疗包括整复与固定。整复是将移位的骨折段恢复正常或接近正常解剖位置，重建骨骼的支架结构。固定是用固定材料加以固定以维持整复后位置，使骨折愈合牢固。

一、骨折的整复

骨骼与其附着的肌肉类似于一个附设弹性的杠杆系统。肌肉一直处于收缩状态（正常强力），屈肌群与伸肌群彼此颉颃，维持关节的对抗平衡。一旦发生骨折，所有骨骼肌会竭力地收缩，骨断端重叠移位，骨变短，如局部软组织损伤则加剧肌肉挛缩。由肌肉收缩引起的拉力则恒定而连续，即使在全身麻醉条件下，最初收缩和骨重叠移位主要是肌源性，对全身麻醉，肌松药及对抗牵引均有效。但几天后，由于局部浸润性炎性反应，会使收缩性变得更为持久，整复也会愈加困难。保护好软组织、良好的血液供给、准确的复位和有效的固定，均会在很大程度上促进骨折的愈合。其中整复尤为重要，因为骨折片段得到解剖性复位，并配合固定，可确保骨折端更大程度的稳定。整复可分为闭合性整复和开放性整复两种。

（一）闭合性整复

即用手法整复，并结合牵引和对抗牵引。闭合性整复适用于新鲜较稳定的骨折，用此法复位可获得满意的效果。建议用下列几种方法：

1. 利用牵引、对抗牵引和手法进行整复。

2. 利用牵引、对抗牵引和反折手法进行整复。

3. 利用动物自身体重牵引、反牵引作用整复。动物仰卧于手术台上，患肢垂直悬吊，利用身体自重，使痉挛收缩的肌肉疲劳，产生牵引、对抗牵引力，悬吊 10~30min，可使肌肉疲劳，然后进行手法整复。

4. 戈登伸展（Gordon extender）架整复。通过缓慢逐渐增加压力维持一定时间（如10~30min），待肌肉疲劳、松弛时整复。使用时，逐步旋扭蝶形螺母，增加患肢的牵引力，每间隔5min旋紧螺母，增加其牵引力。

（二）开放性整复

指手术切开骨折部的软组织，暴露骨折段，在直视下采用各种技术，使其达到解剖复位，为内固定创造条件。开放性整复技术在小动物骨折利用率很高，其适应症为：骨折不稳定和较复杂，骨折已数天以上，骨折已累及关节面，骨折需要内固定。

开放性整复操作的基本原则是要求术者熟知局部解剖，操作时要求尽量减少软组织的损伤（如骨膜的剥离，骨、软组织、血管和神经的分离等操作）。按照规程稳步操作，更要严防组织的感染。具体的操作技术可归纳如下几种：

图 15 - 1　利用杠杆力整复骨折
（引自林德贵《兽医外科手术学》）

图 15 - 2　利用抓骨钳整复骨折
（引自林德贵《兽医外科手术学》）

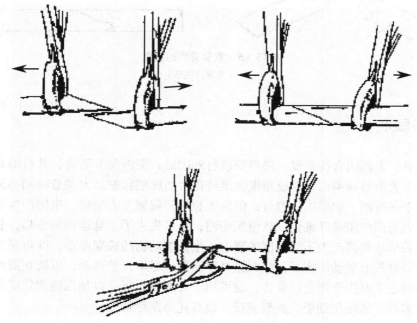

图 15 - 3　利用抓骨钳使骨折片复位，用创巾钳暂时固定法
（引自林德贵《兽医外科手术学》）

1. 利用某些器械发挥杠杆作用，如骨刀、拉钩柄或刀柄等，借以增加整复的力量（图15-1）。

2. 利用抓骨钳直接作用于骨断端上，使其复位（图15-2）。

3. 将力直接加在骨断端上，向相反方向牵拉和矫正、转动，使骨断端复位和用抓骨钳或创巾钳施行暂时固定（图15-3）。

4. 利用抓骨钳在两骨断端上的直接作用力，同时并用杠杆的力（图15-4）。

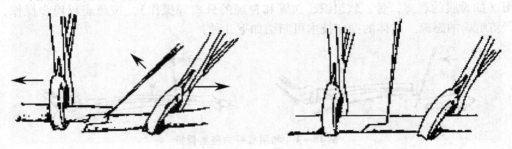

图15-4　同时应用抓骨钳和杠杆整复骨折

（引自林德贵《兽医外科手术学》）

5. 重叠骨折的整复较为困难，特别是受伤若干天后，肌肉发生挛缩，整复时翘起两断端，对准并压迫到正常位置（图15-5）。

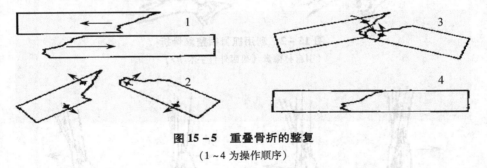

图15-5　重叠骨折的整复

（1~4为操作顺序）

二、外固定

整复之后，尤其闭合性整复，必须要进行外固定，限制关节活动，其目的是使病畜疼痛减轻，减少骨折断端离位、形成角度和维持正常的解剖状态。大关节特别是肘、膝关节的固定有利于保持硬、软组织的愈合，但由于长时间限制关节活动，也能产生不必要的副作用。最常见的副作用是纤维化、软组织萎缩，结果失去了正常运动的步幅，长期限制关节活动，其关节软骨将产生不同程度的衰退，生长期动物的长期制动，则可导致关节韧带松弛。所以限制关节活动的病畜，应根据具体情况，尽早开始活动，以防止肌肉萎缩和关节僵硬。外固定主要用于闭合性骨折，也可用于开放性骨折，以加强内固定的作用。外固定的方法有多种，如硬化绷带、夹板绷带、改良托马斯绷带等。

三、内固定技术

凡实行骨折开放复位的，原则上应使用内固定。内固定技术需要有各种特殊器材，包括髓内针、骨螺钉、金属丝和接骨板等。上述的器材有较长一段时间滞留在体内，故要求特制的金属，对组织不出现有害作用和腐蚀作用。当不同的金属器材相互接触，由于电解和化学反应，会对组织产生腐蚀作用，也会影响骨愈合。

（一）操作者要遵循下列最基本的原则

内固定的治疗技术是治疗骨折的重要方法，能在动物的不同部位进行。为确保内固定取得良好的效果，操作者要遵循下列最基本的原则：

1. 操作者要具有解剖的知识，如骨的结构，神经和血管的分布或供应，肌肉的分离，腱和韧带的附着等。

2. 骨的整复和固定，要有力学作用的观点，如骨段间的压力、张力、扭转力和弯曲力等，有助于合理的整复，促进骨折的愈合。

3. 手术通路的选择、内固定的方法确定要依据骨折的类型、骨折的部位等，做出合理的设计和安排。

4. 对 X 线摄片要具备正确的判断能力。X 线摄片是骨损伤的重要依据，不仅用于诊断，也可指导治疗。

（二）内固定技术的种类

1. 髓内针固定

适用于长骨干骨折。髓内针的成角应力控制较强，而对扭转应力控制较差。髓内针有多种类型，依针的横断面可分圆形、菱形、三叶形和"V"字形 4 种。使用最多的是圆形髓内针，有不同的直径和大小。髓内针用于骨折治疗，既可单独应用，又可与其他方法联合应用。对稳定性良好的骨折，髓内针能单独使用。坚硬的钢针能稳定骨折的角度和维持其长度。将针插入骨折两端的骨质层内。针太短，固定难奏效，但也不能过长，否则影响关节活动。针的直径与骨折腔内径最狭部相当，有针的挤力才能产生良好效果。

髓内针固定有非开放性固定和开放性固定两种。对于稳定、容易整复的单纯闭合性骨折，一般采用非开放性髓内针固定，即整复后，针头从体外骨近端钻入，对某些稳定、非粉碎性长骨开放性骨折也可采用开放性髓内针固定，有两种钻入方式，一种仍从体外骨的一端插入髓内针，另一种则是从骨折近端先逆行钻入，再做顺行钻入（图 15 - 6）。

髓内针多用于股骨、胫骨、肱骨、尺骨和某些小骨的单纯性骨折。如髓内针固定达不到稳定骨折的要求，可加用辅助固定，以防止骨断段的转动和短缩。常用的辅助技术有：

（1）环形结扎和半环形结扎（图 15 - 7，1、2）；

（2）插入骨螺钉时的延缓效应（图 15 - 7，4）；

（3）Kirschner 夹板辅助髓内针固定（图 15 - 7，3）；

（4）同时插入两个或多个髓内针（图 15 - 7，5）；

（5）骨间矫形金属丝对骨针的固定（图 15 - 7，6）。

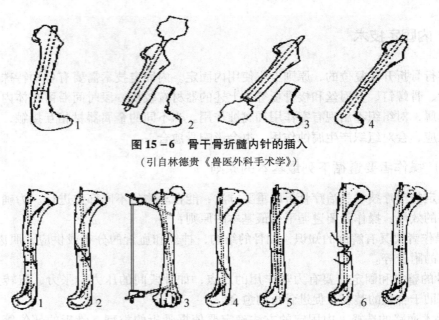

图 15 – 6　骨干骨折髓内针的插入

（引自林德贵《兽医外科手术学》）

图 15 – 7　常用辅助技术

1. 环形结扎　2. 半环形结扎　3. Kirschner 夹板

4. 插入骨螺钉　5. 两个髓内针　6. 骨间矫形金属丝

（引自林德贵《兽医外科手术学》）

2. 骨螺钉固定

有皮质骨螺钉和松骨质骨螺钉两种。松骨质骨螺钉的螺纹较深，螺纹距离较宽，能牢固的固定松骨质，多用于骺端和干骺端骨折。松骨质骨螺钉在靠近螺帽的 1/3 ~ 2/3 长度缺螺纹，该部直径为螺柱直径。当固定骨折时螺钉的螺纹越过骨折线后，再继续拧紧，可产生良好的压力作用（图 15 – 8）。

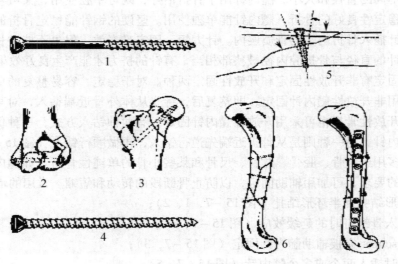

图 15 – 8　骨螺钉

1、2、3. 松质骨螺钉及其使用　4、5. 皮质骨螺钉及其使用　6、7. 骨螺钉的辅助固定皮质骨螺钉的螺纹密而浅，多用于骨干骨折。为了加强螺钉的固定作用，先用骨钻打孔，再用螺纹弓旋出螺纹，最后装螺钉固定。当骨干斜骨折固定时，螺钉的插入方向应在皮质垂直线与骨折面垂直线夹角的2分处。为了使皮质骨螺钉发挥应有的加压固定作用，可在近侧骨的皮质以螺纹为直径的钻头钻孔（滑动孔），而远侧皮质的孔以螺钉柱为直径（螺纹孔），这样骨间能产生较好的压力作用（图15－8）。

在骨干的复杂骨折，骨螺钉能帮助骨端整复和辅助固定作用，对形成圆筒状骨体的骨折整复有积极作用（图15－8）。

3. 环形结扎和半环形结扎金属丝固定

该技术很少单独使用，主要应用于长斜骨折或螺旋骨折以及某些复杂骨折，为辅助固定或帮助使骨断端稳定在整复的解剖位置上。该技术使用时，应有足够的强度，又不得力量过大而将骨片压碎，注意血液循环，保持和软组织的连接。用弯止血钳或专门器械将金属丝传递过去。如果长的斜骨折需多个环形结扎，环与环之间应保持1~1.5cm的距离，过密将影响骨的活动。另外，用金属丝建立骨的圆筒状解剖结构时，不得有骨断片的丢失（图15－9）。

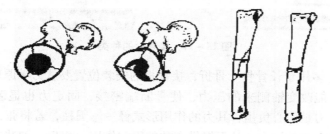

图15－9 用金属丝建立骨的圆筒解剖结构

4. 张力带金属丝固定

多用于肘突、大转子和跟结等的骨折，与髓内针共同完成固定。张力带的原理是将原有的拉力主动分散，抵消或转变为压缩力。其操作方法是，先切开软组织，将骨折端复位，选肘突的后内或后外角将针插入，针朝向前下皮质，以稳定骨断端。若针尖达不到远侧皮质，只到骨髓腔内，则其作用将降低。针插进之后在远端骨折段的近端，用骨钻做一横孔，穿金属丝，与钢针剩余端之间做"8"形缠绕并扭紧。用力不宜过大，否则将破坏力的平衡（图15－10）。

图15－10 张力带金属丝的使用
1. 股骨大转子骨折 2. 胫骨内侧踝骨折 3. 肱骨大结节骨折

5. 接骨板固定

接骨板固定和骨螺钉固定是最早应用的接骨技术。接骨板的种类很多（图 15 – 11）。经验表明，接骨时两侧骨断端接触过紧或留有间隙，都得不到正常骨的愈合过程，会出现断端坏死或大量假骨增殖，延迟骨的愈合。在临床上经常使用各样压力器，或改进接骨板的孔形等，目的是使断端紧密相接，增加骨断端间的压力，防止骨断端活动。假骨的形成不能达到骨的第一期愈合时，则拖延治疗时间，严重影响骨折的治愈率。接骨板依其功能分为张力板、中和板及支持板 3 种。

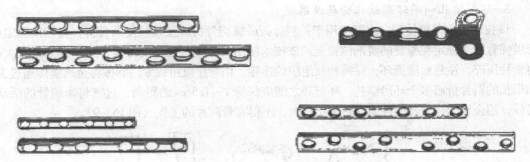

图 15 – 11　接骨板的种类

（1）张力板　多用于长骨骨干骨折，接骨板的安装位置要从力学原理考虑。应将接骨板装在张力一侧，能改变轴侧来的压力，使骨断端密接，固定力也显著增强。以股骨为例，长骨体重的压力是偏心负担，其力的作用形式像一弯圆柱，若将张力板装在圆柱的凸侧面，能抵抗来自上方的压力，从而提供有效的固定作用。相反，如装在凹侧面，将起不到固定作用，由于张力板承受过多压力，会再度造成骨折。股骨骨干骨折，选择外侧为手术通路，是力学的需要（图 15 – 12）。

（2）中和板　将接骨板装在张力的一侧，能起中和/或抵消张力、弯曲力、分散力等的作用，上述的各种力在骨折愈合过程中均可遇到。在复杂骨折中为使单骨片保持在整复位置，常把中和板与骨螺钉同时并用，以达到固定的目的。在复杂骨折中也可用金属丝形环结扎代替螺钉，完成中和作用（图 15 – 13）。

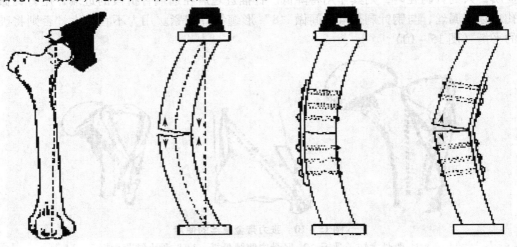

图 15 – 12　接骨板的固定原理

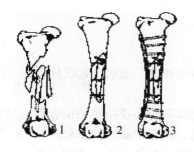 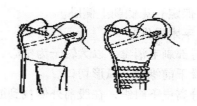

图 15 – 13 中和板、螺钉、环形结扎金属丝的应用
1. 复杂性骨折 2. 螺钉和环形金属丝
3. 中和板、螺钉和环形金属丝

图 15 – 14 支持板的应用
1. 适合大转子的弯度，固定股骨颈骨折
2. 接骨板固定骨干

（3）支持板 用于松骨质的骨骺和干骺端的骨折。支持板是斜向支撑骨折断端，能保持骨的长度和适当的功能高度，其支撑点靠骨的皮质层（图 15 – 14）。

第二节 膝盖骨脱位整复术

[适应症] 犬膝盖骨内侧脱位的整复疗法。

[器械] 一般外科手术器械，弯刃刀一把。

[麻醉] 全身麻醉。

[保定] 患肢位于下侧的侧卧保定。

[手术操作]

膝关节前方及内侧剃毛、消毒。以股胫关节的角顶做一个 1/2 的线为假想线，以假想线的水平线和膝盖骨内侧垂线相交点为术部。术部进行局部麻醉。用弯刃刀刺入皮肤和筋膜，刀刃向内刺入到达膝盖骨内侧直韧带下方，将刀刃转向上方，切断紧张的膝盖骨内侧直韧带，关节即可整复。皮肤以结节缝合法缝合 2～3 针，用碘酊消毒，皮肤创进行包扎。

[术后护理] 预防感染，限制运动，术后 5～7d 拆线。

第三节 股骨的手术

一、犬股骨头和股骨颈切除术

[适应症] 犬股骨头和股骨颈切除术适用于犬髋关节发育不良、同时伴有关节炎的髋关节脱位、不可修复的髋关节骨折、累－卡－佩疾病等。该手术将股骨头和股骨颈完全切除，使股骨保留部分通过该区域的肌肉、韧带和腱形成一个假关节。尽管这个假关节并不如真关节那么好，但它可以明显减轻疼痛。该方法在小型犬的效果比较好，但所有体型的犬均可实施该手术。肥胖犬和肌肉萎缩的犬的预后不会太好。

[器械] 一般外科手术器械，骨凿。

[**麻醉**] 全身麻醉。

[**保定**] 患侧朝上侧卧。

[**手术操作**]

臀部剃毛消毒。以大转子为中心,近端始于近背中线处,远端止近股骨1/3 ~1/2处,在股骨干前缘做一弧形切口。

分离皮下组织,在股前外侧找到股二头肌与臀筋膜和阔筋膜张肌的结合部,沿股二头肌前缘切开,将阔筋膜张肌切断,可见股外侧动静脉,从臀中肌延伸下来。

分离暴露股三角区(背:臀中肌、臀深肌;外:股外侧肌;内:股直肌)。

将臀中肌和股二头肌向后拉,阔筋膜和阔筋膜张肌向上拉,部分分离臀中肌和股外侧肌的附着部,并剥离髋关节肌(有些犬的该肌肉并不明显)。钝性分开关节囊上附着的脂肪,暴露关节囊。顺股骨颈方向剪开关节囊,并向远端分离,要尽量向远端分离,这样可以保证股骨颈被尽可能完全切除。向外旋转股骨,用弯剪伸到关节囊内剪断圆韧带(有时候不能将圆韧带完全剪断,但这也没有关系)。

骨凿与骨干成45°角切下股骨颈和股骨头。用止血钳夹住股骨头,用剪刀将连接在股骨颈上的关节囊、肌腱,以及仍连着股骨头的部分圆韧带剪断。用肠线闭合关节囊,将分离的肌肉回复原位并用肠线缝合,常规缝合皮肤做结系绷带。

[**术后护理**]

1. 术后需要进行严格监护。早期可能需要给予止疼药,如吗啡、盐酸曲马多等。

2. 术后不应该限制活动,反而在早期就应该鼓励患犬积极使用手术肢,这有助于保持髋关节良好的活动范围。最初时每天分4组,每组20 ~30次对患肢进行被动活动。在拆线前牵遛病犬,或者让其在限定的范围内活动对其恢复都有好处。

[**并发症**] 手术肢会发生萎缩,并出现一定程度的缩短,而施术髋关节的活动范围也会受到一定程度的限制。有的犬在手术后出现了髌骨内方脱位,这可能与髋关节的结构发生了改变有关。此外,对坐骨神经的损伤也是实施股骨头和股骨颈切除术潜在的并发症之一。

二、犬猫股骨远端髁间"T"形骨折内固定术

[**适应症**] 股骨远端粉碎性骨折及髁间"T"形骨折。

[**器械**] 常规外科器械及手摇骨钻、骨锯、克氏针、螺钉、骨锤、骨钳等。

[**麻醉**] 全身麻醉。

[**保定**] 仰卧位固定3条健肢。

[**手术操作**]

大腿部及膝关节周围剃毛、消毒,自大腿中部前外侧经膝关节至胫骨近端切开皮肤、皮下组织、阔筋膜,钝性分离股外侧肌与股直肌,暴露断端,沿股骨干分离股直肌、外展肌,使其充分游离,沿骨折远端向下纵向切开股膝关节囊、股胫关节囊,向外侧牵引股四头肌肌腱及髌骨,使其髁端及膝关节暴露,由助手将膝关节屈曲,用手及弯头止血钳撬动两髁部骨折块,使其解剖复位,注意避免损伤关节软骨。根据动物股骨大小选择1根直径1.5 ~2.0mm克氏针,从外髁垂直钻入内髁,以针尖刚好钻出内髁为宜,这样髁间骨折即

得到固定，"T"形骨折转为股骨远端骨折。用手法使两骨折断端对合复位后避开滑车关节面，自内外髁外侧与股骨干约呈30°夹角交叉钻入两根克氏针，针头钻出骨膜为止，此时股骨远端骨折亦得到固定。

如果并发骨折部近端斜骨折及滑车关节骨折时，前者可将脱落的楔形骨片用1～2枚螺钉固定于骨干上，后者用脱落骨片填补滑车关节面后，用可吸收缝线固定于附近筋膜上。

用生理盐水冲洗骨折部，去除细小碎骨片，使髌骨复位于滑车内，创内彻底止血，用可吸收缝线缝合关节囊，逐层缝合切口，用夹板对患肢进行外固定限制其活动。

X光拍片确认钢针深度是否适当，复位是否良好。

[术后处理] 氨苄青霉素类或头孢类等广谱抗生素治疗1周，适当补液，1周后拆除皮肤缝线。经3～4周X光片证实骨折愈合后，拆除夹板作膝关节屈伸活动锻炼，逐渐增加运动量。待病畜运动基本正常，骨折愈合牢固后，拆除内固定物。

三、股骨干骨折内固定术

[适应症] 适应于股骨骨干中部和远端骨干骨折的治疗。

[器械] 一般外科手术器械，骨科手术器械。

[麻醉] 采用全身麻醉，均可应用吸入或非吸入麻醉。

[保定] 侧卧或半仰卧保定，患肢在上，游离，另3肢固定。

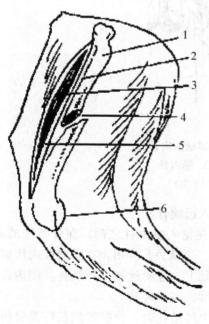

图 15-15　股外侧手术通路
1. 大转子　2. 皮肤切口　3. 肌膜切口
4. 股骨骨干骨折　5. 股外侧直肌　6. 股骨外侧髁

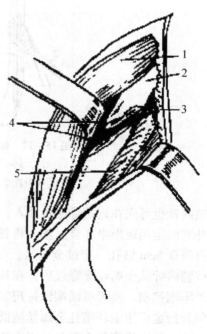

图 15-16　股外侧手术通路深层解剖
1. 股外侧直肌　2. 股骨干　3. 股二头肌
4. 骨折部位　5. 内收肌

[**手术操作**]

手术通路在大腿外侧，皮肤切开方向是大转子向股骨外髁之间的联线，切口沿股骨外轮廓的弯曲和平行股二头肌的前缘切开，皮下组织在同一线切开。在股筋膜板上造一个2～3mm的小切口，接着在股二头肌上扩延，把股二头肌向后方牵拉，同时将股筋膜拉向前方，则使股骨或骨折区明显暴露（图14-15、图14-16）。为充分显露骨干的远端，将股外侧直肌和股二头肌用拉钩分别拉向前后，找到股动脉分支并进行结扎。

先对患部进行检查和清理，除去凝血块、挫灭组织及骨碎片。利用骨钳将骨断端复位，再用抓骨钳或巾钳把整复的两断端骨暂时固定。

在大转子的顶端内侧后部做一皮肤小切口，骨钻从此钻孔并将髓内针引入，沿大转子的内侧进入股骨大转子窝，针的方向是沿着后侧皮质向下伸延，其尖端从骨折近端骨的远端露出。然后将近端骨与远端骨整复在同一线上，用手或抓骨钳固定，髓内针沿近端骨远端，插入远端骨近端，针尖一直达到远端骨松质内（图15-17）。

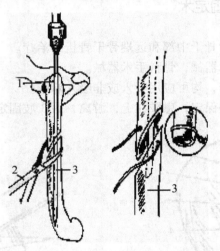

图15-17 髓内针和矫形金属丝固定骨折
1. 大转子 2. 复位钳 3. 髓内针
（引自林德贵《兽医外科手术学》）

髓内针也可先在近端骨逆行插入，再改顺行插入远端骨。

补充固定用矫形半环金属丝。将骨断端复位，在钻入髓内针之前，在骨折线的两侧，距骨折线0.5cm钻孔，穿过金属丝，先从一孔穿入，再从另孔穿出，在骨髓腔内形成一套状。待髓内针从金属丝套穿过后，在骨折整复的基础上，金属丝做半环结扎。髓内针则被金属丝牢固控制，使骨折断端保持规定的角度和长度，减少转动。

斜骨折也可用全环结扎金属丝辅助固定。应用全环结扎时，骨折的斜长应是骨折部直径的2倍，否则将降低金属丝的固定效果。

骨干骨折也可用接骨板和骨螺钉固定。显露骨折部位后，清除骨碎片和血肿，先将骨折断端整复到正常解剖位置，用延迟螺钉或环扎金属丝固定，再装接骨板。装接骨板一般没有必要剥离骨膜，因为这样将更有利于骨的愈合（图15-18）。

接骨完毕，清理创口和切口闭合。股二头肌的前缘与股外侧直肌的后缘缝合，用吸收缝线或非吸收缝线间断缝合。筋膜、皮下组织和皮肤常规缝合。

[术后护理] 骨折整复之后，在骨愈合期间，早期限制关节活动，在屈膝关节的同时使跗关节伸展，并使胫骨近端后侧呈现下沉位置。用改良托马斯夹板绷带，或一般的夹板绷带包扎，直至骨连接为止。注意早期活动，防止关节僵硬。

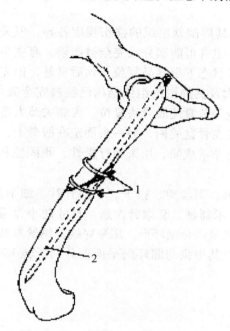

图 15-18 股骨全环金属丝固定骨折

1. 全环金属丝结扎 2. 髓内针

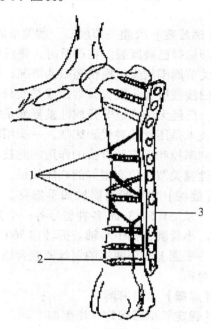

图 15-19 接骨板固定骨折

1. 粉碎性骨折 2. 骨螺钉 3. 接骨板

[股骨其他类型骨折的处理方法]

股骨干的粉碎性骨折常使用髓内针，金属丝和骨螺钉相结合的方法。髓内针从股骨大转子与股骨头之间的凹陷插入骨髓腔，直到股骨远端的松质骨，然后分别用金属丝或/和骨螺钉将骨折碎片整合。有时粉碎性骨折也可采用接骨板和金属丝结合的方法，其具体操作是，先用接骨板将股骨近、远两断面固定，再用金属丝将碎片整合（图 15-19），但这种方法的治疗效果不如前一种的治疗效果确实。

股骨远端的骨折常采用髓内针与接骨板相结合的方法。这是因为股骨远端骨折部以松质骨为主，单纯用一种方式固定不是十分确实，将髓内针与接骨板相结合起来比较好。

股骨大转子骨折和股骨头骨折通常应进行内固定术，内固定方法常常为骨螺钉和髓内针联合使用。使用时将骨螺钉与髓内针从大转子外侧通过股骨颈钉入股骨头，应避免骨螺钉和髓内针暴露于髋关节内，影响关节的运动。需要注意的是，对于小于 5 个月的幼犬，内固定后容易造成髋关节的变形和退变，如髋内翻、股骨颈变短等。

第四节　髋关节手术

一、犬髋关节人造圆韧带手术

[适应症] 犬髋关节脱臼。髋关节脱臼时虽然其周围软组织的损伤程度各异，但关节囊和圆韧带已被撕裂。在严重时，臀浅肌、臀深肌也有可能部分或完全被撕裂。有些半脱位或关节周围软组织损伤轻微的情况，在全身麻醉状态下很容易复位，预后良好，但先天性髋臼浅或股骨头发育异常，或是受外伤后关节囊及其周围的组织结构已经被完全破坏，此时，已经无法通过非开放性整复或是简单的缝合关节囊使股骨头复位。犬髋关节人造圆韧带技术是用丝线替代圆韧带，一头用套索针固定在骨盆腔内，另一头固定在股骨上，从而起到牵拉和固定股骨头的作用。此技术在国外已非常成熟，用来治疗慢性、顽固性和难整复性髋关节脱位有很好的临床效果。

[器械] 常用骨科器械如手摇钻、骨凿、骨锤、钢丝剪、钳子、小圆骨针、细钢丝、钻头（从 φ1.5～3mm 各种型号各一个）及一般手术器械。套索针由适当尺寸的小骨圆针制成。小骨圆针在中心轴处折转作 360°，使其中央呈闭合圆环形，用来穿线，钢丝与圆环在同一平面上，环两端的钢丝留置合适长度后，在其中央与圆环同平面上分别折转 180°，两头对称。

[麻醉] 全身麻醉。

[保定] 侧卧保定，患侧向上。

[手术操作]

1. 以大转子为中心，作一上短下长的弧形皮肤切口，大转子以下切口位于股骨前缘，起点约在股骨中部；大转子以上切口稍向头侧弯曲，延伸至接近背中线处。一次性切开皮肤及皮下筋膜。分离皮下结缔组织后，就可看到股阔筋膜张肌呈放射状覆盖于股四头肌，并且与股二头肌的止点筋膜相混。顺皮肤切口方向，在股二头肌前缘切开股阔筋膜张肌腱，剪断其在大转子附近的附着点。充分暴露臀浅肌、股二头肌、股外侧肌。

2. 在大转子水平处，切断臀浅肌腱膜，并把臀浅肌向背侧牵引，暴露大转子及臀中肌。离股二头肌与股外侧肌的肌沟，在靠近大转子侧的股外侧肌下方钝性分离股外侧肌与股骨干近端的联系。在接近大转子处（约1cm）横断该肌肉，充分止血。有的不横断此肌肉，仅按上述方法将其与股骨做钝性分离，其余步骤大致相同。

3. 在转子窝处用止血钳充分分离臀深肌与其下面组织的联系。并留置止血钳于臀深肌下方。应特别注意不要损伤坐骨神经，坐骨神经位于臀中肌后方，斜向穿过髋臼唇后方，并沿着股骨颈后方远端向前下方延伸。从股骨远端向近端方向稍向下倾斜地凿下大转子。把凿下的大转子向背侧牵引，分离臀深肌与关节囊之间的联系，直至充分显露髋关节囊及髋臼缘。

4. 用外科剪剪开关节囊显露髋关节，注意不损伤股骨头关节面，把后肢向远端牵引，使髋关节间隙增大。用预先准备好的小弯剪伸入关节间隙，将股骨头韧带完全剪断。沿股骨颈方向一周完全剪断关节囊。这样可轻松的将股骨头脱出髋臼，人为制造髋关节前上方脱位。对于髋臼较浅的犬，只要将股骨头韧带剪断，就能将股骨头完全脱位。而对于髋臼很深的犬，只有将髋关节周围关节囊完全剪断，才能使股骨头完全脱位。

5. 使用直径为 1.5～3mm 的钻头（具体大小依犬的体形而定），钻头从股骨头凹处钻入，在股骨干外侧的大转子正下方约 1cm 处的第三转子处钻出（为第一孔道）。将钻好孔的股骨头复位，并使后肢回复至自然状态。钻头从第三转子处的孔道进入，逆着刚才钻的孔道推进。当到达髋臼时，向髋臼壁上钻，要求把孔钻在髋臼窝内，以减少关节软骨的损伤。在髋臼壁上穿孔，也可以在直视下直接用钻头钻孔。髋臼窝内的骨组织很薄，钻孔时用力要轻。

6. 在股骨外侧方，大转子切除部位与刚钻的孔之间的骨皮质上前后方向钻一小的孔道（为第二孔道）。这个操作可以在丝线穿过第一孔道和固定大转子后进行。双股 10 号丝线从套索针的中央环中穿过，止血钳夹住套索针的一端，使股骨头再次脱位，竖直方向将套索针推入髋臼窝内的孔道内进入骨盆。当完全塞入时，拉紧双侧的丝线，这样套索针就旋转 90°横架在髋臼窝内的孔道上。将细钢丝折成双股，钢丝折弯处从大转子切除部下方的孔道伸入从股骨头顶处穿出，引导 4 股丝线通过第一孔道。收紧丝线将股骨头复位。将其中的两根丝线也是借助细钢丝帮助从第二孔道的一端穿入，另一端穿出，收紧缝线，确定股骨头完好固定后，将穿过第一孔道的丝线与另两股丝线系紧。

7. 关节囊不缝合（假设严重脱位后无法缝合关节囊）。

8. 固定大转子在后肢自然状态下，将大转子归位。术者在犬背侧，使用合适的小圆骨针，用手摇钻顺着股骨干方向，略呈倾斜钻入，当感觉到无抵抗时停止，取下手摇钻，在离大转子上方向约 0.5cm 处将小圆骨针剪断，断端剪成一斜面。将此断端稍向犬背侧方向弯成一个小圆弧形，在此小圆骨针弯适当位置，按以上步骤再钻一根小圆骨针固定大转子。用单根细钢丝穿过第二个孔道，作交叉后，钢丝的一端从两个小圆骨针的圆形圈中依次穿过、两钢丝末端收紧后拧紧。从侧面看钢丝呈 "8" 字形，用骨锤敲击两小骨针的圆环，使其嵌入大转子内。离基部约 1cm 处剪断拧紧的钢丝，把断端折转，埋于组织内。

9. 结节缝合股外侧肌及其断端，将臀浅肌固定于大转子上方。结节缝合股阔筋膜张肌腱，常规结节缝合皮肤，将后肢用绷带屈曲悬吊固定。

[术后护理] 每天皮下注射适量氨苄西林两次，连续 5d。加强营养。关在笼中静养，限制活动 7d 左右。以后逐步加强运动。

二、犬髋关节脱位整复术

[适应症] 股骨头与髋臼脱位的整复疗法。

[麻醉] 全身麻醉。

[保定] 仰卧保定。

[手术操作]

由助手将患肢牵拉，以便于关节整复。根据关节脱位方向用不同整复方法矫正。

前背侧方脱位时，助手将患肢用力向下方牵拉，术者将股骨头用力向内侧方压迫整复，使股骨头还纳髋臼窝内。

前腹侧方脱位时，助手将患肢用力向前下方牵拉，术者将股骨头用力向后方压迫整复，使股骨头还纳髋臼窝内。

整复后，后肢各关节保持成屈曲状态，用"8"字形绷带包扎固定。

[术后护理] 关在笼中静养，限制活动7d左右。以后逐步加强运动。

第五节　截 肢 术

[适应症] 四肢受到严重损伤或由于创伤继发严重细菌感染，发生坏死、坏疽等。

[器械] 一般外科手术器械和骨科器械。

[保定和麻醉] 患肢在上的横卧保定，全身麻醉。

[手术操作]

截肢部位由损伤部位及程度而定。一般于损伤部位的上部切断关节，若是臂骨或股骨下端损伤时，可以从骨的中部切断。术部剃毛、消毒。在切断部的上方3~5cm处，进行环形局部麻醉。术者持刀沿患肢在术部环形切开皮肤一周，钝性分离皮下组织，剥开上方皮肤，充分止血，在切皮部上方4~5cm处切断肌肉，切断肌肉时对大血管进行结扎止血。把肌肉断端稍向上牵拉，暴露骨骼，用骨膜刮剥离骨膜，剥开后用骨锯将骨锯断，用骨挫修理骨茬，用灭菌生理盐水清洗，牵拉骨膜包住骨端，将骨膜用烟包缝合法缝合。拉下上方的肌肉整理包在骨断端，施行褥式缝合法缝合肌肉。皮肤包围断端进行结节缝合。碘酊消毒，纱布绷带包扎。

若为关节部，则切开关节周围皮肤，分离皮下组织，再切开关节囊，将其关节切断，用皮肤包围关节断端进行结节缝合，碘酊消毒。

[术后护理] 术后进行抗生素治疗，促进愈合，防止感染。

第六节　胫骨手术

一、胫骨干骨折固定术

[适应症] 各种胫骨骨干的骨折。

[器械] 一般外科手术器械，骨科手术器械。

[麻醉] 全身麻醉。

[保定] 侧卧保定，患肢置于倒卧的对侧或倒卧侧。

[手术操作]

胫骨干的手术通路，多数在小腿的内侧，也可在小腿外侧。内侧没有肌肉覆盖，对骨干的显露比较容易。外侧的手术通路用在某些病例，为了避免覆盖在皮下的大接骨板或环扎金属丝的不良影响时采用。

1. 胫骨内侧通路

在胫骨内侧皮肤切口，其方向是从胫骨结节向内踝的连线。分离皮下组织时，注意手术通路上的隐动脉和静脉的分支，可采用保护或将其结扎，该支与骨干相交叉，很容易发现。牵拉胫骨前肌、长趾屈肌和腘肌，能获得较为宽阔的视野（图 15 – 20）。

2. 胫骨外侧通路

皮肤切口是在胫骨结节的前外侧向外踝引线，筋膜沿着胫骨骨干的前侧切开。将胫骨前肌和长趾伸肌拉向后侧，则能很好地暴露其骨干。外侧隐静脉的前支横过切口的远端 1/3，是避开还是结扎，应根据具体情况而定（图 15 – 21）。

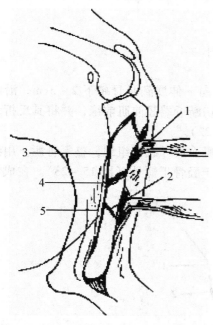 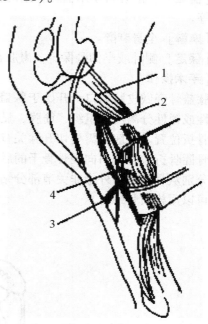

图 15 – 20　胫骨骨干骨折内侧手术通路　　　　图 15 – 21　胫骨骨干骨折外侧手术通路
1. 前胫骨肌　2. 隐动脉前侧分支　　　　　　　　1. 前胫骨肌　2. 拉钩　3. 骨折线
3. 腘肌　4. 骨折线　5. 长趾屈肌　　　　　　　　　　　　4. 外侧隐静脉前支

（引自林德贵《兽医外科手术学》）

[手术操作]

1. 应用髓内针

选大小适宜的髓内针，从胫骨近端插入，先在膝韧带的内侧皮肤做一小切口，经此切口，针从胫骨结节的前内侧刺入，向近端骨的远端引伸，待远、近端骨整复，髓内针继续钻向远端骨，直至其远端内侧踝的水平处。胫骨骨干骨折时，髓内针不常用逆行法装针，这样可避免损伤胫骨近端软骨。

2. 半环形矫形金属丝结扎

目的是防止远端骨转动和错位，其方法是在骨折线两侧各钻一孔，金属丝从近端孔穿入骨髓腔，并围绕髓内针，再从远端骨孔穿出，两端金属丝拧紧，有辅助髓内针的功效。对长斜骨折或螺旋骨折，也可使用环扎法辅助固定。

3. 应用矫形接骨板和螺钉

在横骨折的情况下，多用于内侧胫骨表面。

[术后护理] 用抗生素预防感染，早期要逐步进行运动。

二、胫骨近端骨折内固定

[适应症] 胫骨近端骨骺分离和胫骨结节撕裂。

[器械] 一般外科手术器械、细的钢针、松质骨螺钉、张力带金属丝、钩状器械或创巾钳等。

[麻醉] 全身麻醉。

[保定] 侧卧或半仰卧保定，患肢在卧倒的对侧。

[手术操作]

膝盖骨旁做皮肤切口，开始于膝盖骨的近端，向下伸展到胫骨嵴下 2 ~ 3cm。沿此切线钝性或锐性分离皮下组织、筋膜，显露胫前肌，切断近端胫前肌前缘，并将其反折，即暴露骨折位置。一般不需要切开膝关节囊（图 15 – 22）。

骨骺骨折端多半斜向胫骨骨干的后外侧。清除凝血块，破碎组织，整复骨骺。用细的钢针分别从骨骺的内外缘非关节部分钻入，并交叉于胫骨干骺处（图 15 – 23）。在成年的犬也可以用松质骨螺钉。

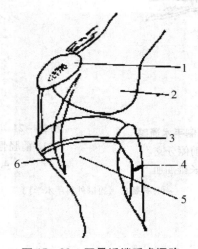

图 15 – 22　胫骨近端手术通路
1. 膝盖骨　2. 股骨外髁　3. 胫骨股骺骨折线　4. 腓骨骨折　5. 胫骨近端　6. 皮肤切开线

当胫骨结节撕裂，宜选用张力带金属丝的固定方法。胫骨结节的骨折和撕裂，是股四头肌牵拉的结果，所以骨折段常常位于胫骨近端，复位时使膝关节伸展，利用钩状器械或创巾钳抓住，慢慢拉向确定的位置。在未成熟的动物胫骨结节软而易碎，在整复过程要特别留意。

未成熟的动物内固定时，可用细的钢针两根，通过胫骨结节进入胫骨的干骺端，不要干扰生长板。当动物骨端生长板早期闭锁时，可用松质骨螺钉或张力带金属丝进行固定（图 15 – 24）。

闭合时，先将胫前肌还回到原来解剖位置，筋膜、皮下组织和皮肤常规缝合。

[术后护理] 术后在胫骨部放置带垫绷带 24h。早期，逐步进行运动，开始要用牵引绳控制。针的取出要根据骨折愈合情况而定。

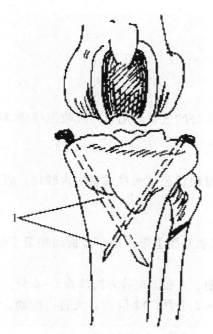

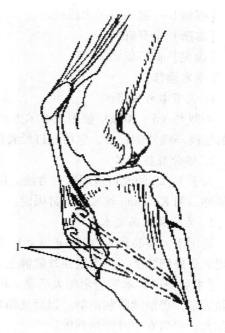

图 15-23 胫骨骨骺断离和髓内针固定
1. 金属针

图 15-24 胫骨结撕裂，张力金属丝固定
1. 金属针

第七节 肘肿切除术

[适应症] 肘部黏液囊水肿、化脓性或纤维素性黏液囊炎以及黏液囊肿瘤等。

[器械] 一般外科手术器械。

[麻醉] 全身麻醉或局部麻醉。

[保定] 侧卧保定。

[手术操作]

肘部剃毛、消毒。沿肘肿部纵行切开皮肤，切口长度比肘肿部稍长些。钝性分离皮肤与肿胀部的结缔组织，分离直至肘肿的基部，注意止血，较大血管断端可进行结扎止血或用电烙铁止血。沿其基部分离将肘肿全部切除。充分止血后，整理创缘，将多余的皮肤剪去，以结节缝合法缝合皮肤，碘酊消毒。

[术后护理] 术后以普鲁卡因青霉素做创围封闭治疗，每天 1 次。切除肘肿时注意不要伤及关节囊，切除多余皮肤时，不要切除过多，以免缝合时缺皮，也可防止术后站立时手术创哆开。

第八节 犬膝关节前十字韧带断裂的修复

[适应症] 前十字韧带断裂。

[器械] 一般外科手术器械。

[麻醉] 全身麻醉。

[保定] 仰卧保定。

[手术操作]

1. 关节囊外固定术

小型犬（5～10kg）使用该手术方法可以获得良好的效果。用不可吸收缝线或者吸收慢的缝线环绕外侧籽骨，然后通过胫骨嵴拉紧缝线。

2. 腓骨头移位术

大于 10 kg 的犬可应用这种方法。用外侧侧韧带组织胫骨前移或者向内转位，将腓骨头前移，用 Kirsehne 丝或骨螺钉固定。

3. 关节囊内固定术

适用于大型品种犬（20 kg 以上）。制作外侧张肌筋膜上带，在半月板间韧带下通过，翻到股骨外侧髁上，并固定在外侧髁上。

[术后护理] 术后应限制犬活动，可以应用模型、夹板固定等方法静养 2～8 周。随后去除固定，仍继续限制活动。以后逐渐增加活动 1～2 个月。12 周后让犬自由活动。对于工作犬，术后 6 个月开始训练。

第九节　爪部手术

一、犬的狼爪切除术

[适应症] 初生仔犬狼爪切除、成犬狼爪过长或损伤趾球者，以及妨碍运动时或为了美观应宠物主人要求而切除狼爪。

[局部解剖] 狼爪是位于前后肢的系部稍下方，其尖端未达到地面的小爪。两前肢均有，后肢有时一肢可见，也有两肢均有，特别的也有两重并列而生。狼爪附着状态由于个体不同而有差异，有时附着在中指骨或中足骨，有的仅附着在结缔组织部。

[器械] 一般外科手术器械。

[麻醉] 局部麻醉。

[保定] 侧卧保定。

[手术操作]

初生仔犬的狼爪，可在生后 7d 内切除，局部剪毛、消毒。用 2% 盐酸普鲁卡因溶液于狼爪上方做局部麻醉。麻醉后用手术刀或手术剪切断狼爪，以结节缝合法缝合皮肤 1～2 针即可，碘酊消毒，术后 5～7d 拆线。

成犬狼爪用同样方法切除。

[术后护理] 该手术为四肢末端手术，术后将犬放在干燥清洁地方，防止污染。

二、猫爪切除术

[**适应症**] 爪的外伤，交通事故伤。此外，猫爪拔除术还是猫的外科整形术，主要是避免家养宠物猫锐利的钩爪伤人，抓破衣服及陈列物品，应主人要求拔除猫爪。

[**局部解剖**] 猫的爪从侧方看呈压扁的圆锥形，弯曲，前端尖锐，爪型属于钩爪。爪壁呈圆锥形，爪鞘基部称冠状缘，在皮下与末节骨基部的轮状沟嵌合。

猫的远端指（趾）节骨，即第三指（趾）节骨，由爪突和爪嵴两个主要部分组成。爪突是一个弯的锥形突，伸入爪甲内，爪嵴是一个隆凸形骨，构成第三指（趾）节骨的基础，其近端接第二指节骨的远端。指（趾）深屈腱附着于爪嵴的掌（跖）侧，指（趾）总伸肌腱附着于爪嵴的背侧。

爪的生发层在近端爪嵴，是切断爪的部位，只有将生发层全部除去，方能防止爪的再生长。若有残留生发层存在，在几周或一个月，能长出不完全的或畸形的角质（图15－25）。

[**器械**] 一般组织切开、止血、缝合器械；专用趾甲剪、电烙铁、长刃直剪等。

[**麻醉**] 全身麻醉。

[**保定**] 侧卧保定。

[**手术操作**]

手术方法有两种，即切开肌肉剥离趾甲法和烧烙法。

切开肌肉剥离趾甲法 先剪毛，避免出血，用橡皮筋扎住腕骨上1/3，消毒，顺序切开每个趾甲的皮肤、肌肉、剥离、拔除趾甲及端骨，止血，撒上抗生素粉剂，结节缝合每个趾甲腔，碘酊消毒后，包扎压迫绷带。

烧烙法 用趾甲剪修趾甲到肉芽部，再用烙铁烧入趾甲深部胚细胞及端骨，破坏其生长点、神经，致使整个趾甲脱落。每个趾都涂上康复新或抗生素软膏，然后完全解除保定。

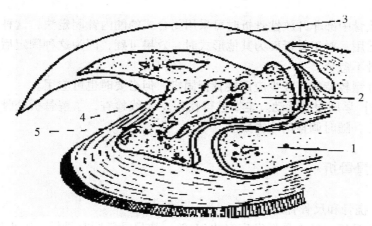

图15－25　猫去爪

1. 第二指（趾）骨　2. 第三指（趾）骨　3. 爪甲　4. 不正确断爪　5. 正确断爪

[**术后护理**] 术后 2 ~ 3d 除去包扎绷带，进行开放疗法，7 ~ 10d 可以拆除缝线。按常规护理，烧烙的趾甲每天必须涂康复新直到结痂。全身给以青霉素治疗 5 ~ 7d，术后将猫放在干燥清洁地方，防止污染。

第十节　肱骨、桡尺骨、指骨与趾骨骨折

一、肱骨骨折

[**适应症**] 肱骨骨折。

骨折时，较常发生于中部肱骨干上，可以见到横骨折、斜骨折或螺旋形的骨折。肱骨近端和远端的骨折不常见。

[**器械**] 一般外科手术器械，骨折内固定或外固定手术器械。

[**麻醉**] 全身麻醉。

[**保定**] 侧卧保定，患侧肢向上。

[**手术操作**]

由于肱骨所处的位置和其本身的特殊形态，中部骨折时，最常使用的固定方法为内固定。内固定中以髓内针固定和金属丝的联合应用较为常见。

手术时，沿肱骨纵轴进行皮肤切口，分离皮下结缔组织，将臂三头肌拉向后方，将臂头肌与胸浅肌拉向前内方，对臂肌和与臂肌伴行的桡神经进行分离，即可暴露肱骨干。髓内针的插入可以采取顺向或逆向插入两种方法。顺向插入时，在肱骨大结节稍下方的皮肤上做一小的皮肤切口，然后将髓内针通过此皮肤切口打入髓腔，直至肱骨远端，使髓内针针尖位于肱骨远端内侧髁或位于肱骨远端鹰嘴窝稍上方。逆向插入时，指将髓内针从肱骨断面的近端插入，从肱骨近端大结节处打出，对合完毕后再将髓内针沿反方向打入远端。为防止肱骨在髓内针固定后转动，可用金属丝辅助固定。

有人主张肱骨中部非开放性骨折时可采用闭合式的髓内针固定法，这种方法在骨折断面为锯齿面时适用，对于骨折面为其他形式时，效果可疑，因为这种固定后，肱骨可以发生转动，导致骨不愈合。

由于肱骨外型较特殊，较少应用接骨板固定，但必要时也可应用。

[**术后护理**] 早期限制活动。定期进行临床及 X 线检查，了解骨折处骨的生长及骨折断端的对合状态，随时调整治疗方案。

二、桡尺骨骨折

[**适应症**] 桡骨和尺骨骨折。

桡骨和尺骨骨折，约占骨折发病率的 31 %，桡尺骨常同时骨折，以小型品种犬多发。骨折可发生于一肢，也可发生于双肢。发生部位常位在中部或远端 1/3 处，以横骨折和斜骨折多发。有时也可见到鹰嘴撕脱，发生鹰嘴撕脱时，应使用内固定术。

[器械] 一般外科手术器械，骨折内固定或外固定手术器械。

[麻醉] 全身麻醉。

[保定] 侧卧保定，患侧肢向上。

[手术操作]

桡尺骨中部或远1/3骨折　对于小型品种犬，常采用外固定技术加以固定，可取得良好的治疗效果，但对于大型品种的犬，往往需要进行内固定术治疗。

采用外固定治疗时，往往用夹板行外固定术。固定用夹板必须质轻，韧性好，长度为患股近端关节上部到肢体远端的长度。固定前，先将夹板磨平、打光、作成适当厚度。固定时，先在夹板与肢体接触部位垫上纱布或棉花，然后用夹板加以固定。夹板的松紧度要合适，过紧容易引起患肢循环障碍，过松则引起松脱。夹板时间一般至少要持续3～4周以上，否则难以达到治疗效果。必要时，再加以托马斯支架外固定。固定后，应叮嘱畜主注意监护，既要防止动物拆卸夹板，也要防止绷带缠绕过紧，造成的肢端水肿。如果夹板松脱或过紧，应及时重新装置。

需要进行内固定治疗时，往往采用的是髓内针固定的方法。髓内针的长度与直径要适当。长度一般比患骨的长度略短，髓内针的直径应与骨髓腔最窄处的直径大小相当。手术时，常在患处外侧而作切口，暴露骨折断端，操作时应注意避免血管与神经的损伤。清除淤血和坏死组织块以后，装置髓内针。髓内针安装时可以逆向法，即先将髓内针由骨折断端处插入，由近端或远端关节处打出（注意避免损伤关节），直到留在骨折断端处的髓内针的长度不影响骨折断端的对合。将骨折断端对合后，再将髓内针逆向打入骨髓腔，使髓内针不遗留在体外，几乎全部进入髓内腔，只有很少部分遗留在临近关节处的皮下。

鹰嘴撕脱内固定时，先用骨钻在骨折线远端的尺骨上由外侧向内侧钻一小孔，此小孔应与骨折线及尺骨后缘有适当距离，然后用髓内针或骨螺钉由近端向远端的方向将撕脱的鹰嘴复位，将金属一端由外向内通过尺骨上的小孔穿入，由内侧拉出后，再由外向内绕过露在鹰嘴表面的髓内针或骨螺钉，与另一端拧合，造成金属丝为"8"字形，使骨折面对合整齐。有时为了防止鹰嘴的转动，可用另一髓内针平行于先前的髓内针或骨螺钉加强固定。如果撕脱的鹰嘴造成了肘关节的损伤，术后护理时，不应严格限制肘关节的活动，否则易造成肘关节的僵硬和运动不灵活。

[术后护理] 既要保证肘关节能适当的活动，又要避免患肢负重。解决的办法可以通过使用绷带适当屈曲固定患肢腕关节来完成。

三、指骨与趾骨骨折

[适应症] 指骨与趾骨骨折。

[器械] 一般外科手术器械，骨折内固定或外固定手术器械。

[麻醉] 全身麻醉。

[保定] 侧卧保定，患侧肢向上。

[手术操作]

较少使用内固定方法，常常进行夹板外固定，可以取得较好的愈合效果。固定时，夹板近端应在骨折线近端关节之上，远端应比指（趾）端略长，使患肢在负重时，肢的受力通过夹板上传至肢体骨折线近端的健康部位，为骨折处骨的生长提供一个安静的生长环境。

手术时应根据术部的具体情况选择适宜的固定方法，将各种方法灵活地加以应用，不可千篇一律照搬照抄。

外固定手术时，夹板的松紧度一定要合适。过松容易造成夹板松脱，过紧则造成患肢的循环障碍，长时间可导致患肢的缺血、坏死及愈合失败。另外，外固定时，应注意将骨折断端复位，尽量使骨折端面对合良好，防止断面的错位和肢体的扭曲。固定完毕后，应拍 X 线片检查对合情况。

内固定手术时，所选用的固定材料要合适，即接骨板形状，髓内针长度与粗细，骨螺钉的长度与粗细等要与骨折局部形状、受力适合，不可因为固定材料的选用不当造成局部循环受阻，组织坏死，骨延迟愈合或不愈合，也不可因为固定材料质量不好，术后断裂造成手术的失败。另外，各种固定材料的使用应以骨折断面密接、对合良好为原则。不可人为的过多的植入固定材料，也不可为了少植入固定材料，而给固定带来困难，造成固定不确实。

骨折手术后，护理要注意保持创伤局部安静。要注意补钙，加强营养，促进愈合。

对于开放性骨折，应尽量将患部按外科创伤处理的要求进行清创，有效及时地使用抗生素，防止感染，争取一期愈合；内固定手术过程中应严格按照无菌技术要求进行操作。手术后要注意全身与局部的抗菌治疗，防止骨折部的感染。

为了防止术后骨的不愈合和延迟愈合的发生，手术时应注意做到无菌操作，整复良好，固定恰当，创内不留有坏死组织与骨碎片，对于与软组织相连的骨折碎片应尽量保留，尽最大限度的保留健康的骨膜组织和保持局部血液循环良好，也应避免神经组织的受压与损伤。

[术后护理] 骨折固定后，应定期进行临床及 X 线检查，了解骨折处骨的生长及骨折断端的对合状态，随时调整治疗方案。一般来说，骨折后 4~6 周内应严格限制动物的活动，以后可以进行较为轻松的活动，进行患肢的功能锻炼，避免长时间不运动造成患肢肌肉萎缩、关节挛缩和关节的纤维性粘连，导致患肢机能的丧失。

第十六章　实验实训

实训一　小动物保定法

【目的要求】

通过保定实习使学生了解各种保定法的意义。

【时间安排】

1. 时间　2 学时。

2. 安排　全班示教犬、猫的手术台各种保定法。然后分组独立操作。

3. 步骤

首先由教师讲解保定法的意义、实习内容和要求及操作过程中应该注意的问题，然后给全班同学示范、指导学生独立操作，在下课前 15min 由教师总结学生在操作中存在的问题，解答学生提出的疑问。

【实训内容】

一、保定的目的和意义

保定可以使未驯服或凶猛犬的检查和简单治疗得以顺利进行，也可用于捕犬。可以防止人被犬咬伤，尤其对于性情急躁、具有攻击性的犬只。

二、犬保定法

1. 扎口保定法

为防止人被犬咬伤，尤其对于性情急躁、具有攻击性的的犬只，应采用扎口保定。

（1）长嘴犬扎口保定法　用绷带（或细的软绳），在其中间绕两次，打一活结圈，套在嘴后额面部，在下颌间隙系紧。然后将绷带两游离端沿下颌拉向耳后，在颈背侧枕部收紧打结。这种保定可靠，一般不易被自抓松脱。另一种扎口法即先打开口腔，将活结圈套在下颌犬齿后方勒紧，再将两游离端从下颌绕过鼻背侧，打结即可。

（2）短嘴犬扎口保定法　用绷带（或细的软绳），在其 1/3 处打个活结圈，套在嘴后颜面，于下颌间隙处收紧。其两游离端向后拉至耳后枕部打一个结，并将其中一长的游离绷带经额部引至鼻部穿过绷带圈，再返转至耳后与另一游离端收紧打结。

2. 口笼保定法

犬口笼多用牛皮革制成。可根据动物个体大小选用适宜的口笼给犬套上，将其带子绕过耳扣牢。现市场上或宠物用品商店售有各种型号和不同形状的口笼，此法主要用于大型品种犬。

3. 徒手犬头保定法

保定者站在犬一侧，一手托住犬下颌部，一手固定犬头背部，握紧犬嘴。此法适用于幼年犬和温驯的成年犬。

4. 站立保定法

在很多情况下，站立保定有助于体检和治疗。

（1）地面站立保定法 犬站立于地面时，保定者蹲于犬右侧，左手抓住犬脖圈，右手用牵引带套住犬嘴。再将脖圈及牵引带移交右手，左手托住犬腹部。此法适用于大型品种犬的保定。

（2）诊疗台站立保定法 犬一般应在诊疗台上诊疗，但有的犬因胆怯，不愿站立，影响操作。保定者站在犬一侧，一手臂托住胸前部，另一手臂搂住臀部，使犬靠近保定者胸前。为防止犬咬，先作扎口保定。

5. 徒手侧卧保定法

犬扎口保定后，将犬置于诊疗台按倒。保定者站于犬背侧，两手分别抓住下方前、后肢的前臂部和大腿部，其两手臂分别压住犬颈部和臀部，并将犬背紧贴保定者腹前部。此法适用于注射和较简单的治疗。

6. 手术台保定法

犬手术台保定法有侧卧、仰卧和腹卧保定 3 种。保定前，动物应进行麻醉。根据手术需要，选择不同体位。

7. 犬夹保定法

用犬夹夹持犬颈部，强行将犬按倒在地，并由助手按住四肢。本法多用于未驯服或凶猛犬的检查和简单治疗，也可用于捕犬。

三、猫的保定法

1. 布卷裹保定法

将帆布或人造革缝制的保定布铺在诊疗台上。保定者抓起猫背肩部皮肤放在保定布近端1/4处，按压猫体使之伏卧。随即提起近端布覆盖猫体，并顺势连布带猫向外翻滚，将猫卷裹系紧。由于猫四肢被紧紧地裹住不能伸展，猫呈"直棒"状，丧失了活动能力，便可根据需要拉出头颈或后躯进行诊治。

2. 猫袋保定法

用厚布、人造革或帆布缝制与猫身等长的圆筒形保定袋，两端开口均系上可以抽动的带子。将猫头从近端袋口装入，猫头便从远端袋口露出，此时将袋口带子抽紧（不影响呼吸），使头不能缩回袋内。再抽紧近端袋，使两肢露在外面。这样，便可进行头部检查、测量直肠温度及灌肠等。

3. 扎口保定法

尽管猫嘴短平，仍可用扎口保定法，以免被咬致伤。其方法与短嘴犬扎口保定相同。

4. 保定架保定法

保定架支架用金属或木材制成，用金属或竹筒制成两瓣保定筒，固定在支架上。将猫放在两瓣保定筒之间，合拢保定筒，使猫躯干固定在保定筒内，其余部位均露在筒外。适用于测量体温、注射及灌肠等。

5. 猫的颈枷保定

猫的颈枷保定与犬的保定相似。

【注意问题】

1. 保定时，要避免发生医护人员被抓伤或咬伤。
2. 保定时，不能强行操作或使用暴力，以免对动物造成肢体损伤。

【动物与器械的准备】

1. 实习动物：犬、猫数只。
2. 先看多媒体学习各种保定法。

实训二　手术动物准备和消毒

【目的要求】

通过实习要求学生了解手术过程的主要环节，掌握术前准备工作中的一些操作技术。

【时间安排】

1. 时间　2 学时。
2. 安排　首先由教师讲解本次实习内容，目的要求；结合实验动物讲解术前临床一般检查方法；示范术部剪毛、剃毛和消毒方法；手臂的消毒；器械、敷料的准备和消毒方法；学生分组由教师带领进行独立操作。

教师归纳本次实习的优点、缺点，并进行答疑。

【实训内容】

1. 术前动物的准备

检查动物的营养状况、黏膜、体温、脉搏、呼吸和全身检查及局部检查。根据病情术前予以治疗，最后决定能否手术。将检查结果写入病志。

对动物进行适当清洗，以减少污染机会，必要时可禁饲 1d。某些手术术前进行盲肠穿刺、导尿和清肠等。

2. 术部准备

（1）术部剃毛　动物被毛浓密、柔软、具有大量微生物和污物。术前对术部用肥皂水大量冲洗、擦干，然后剪毛、剃毛，再用消毒水清洗。

在兽医临床也有用脱毛剂代替剪毛，脱毛剂配方为：硫化钠 6.0～8.0g、蒸馏水 1 000ml 制成溶液。硫化钡 50.0g、氧化锌 1 000g、淀粉 1 000g 制成糊精。硫化钠 3 份、洗衣粉 1 份、淀粉 7 份加水调成糊状。用前先剪毛水洗，再用上述处方某一种涂擦，约经

10min 用温水洗去脱下的被毛。

（2）术部消毒　临床常用以下两种方法，手术者可以根据需要与条件选择一种。

① 5% 碘酊两次涂擦消毒法：剪毛、剃毛（或脱毛剂脱毛），1%～2% 来苏儿洗刷术部及周围皮肤，灭菌纱布擦干，涂擦 70% 酒精脱脂，第一次涂 5% 碘酊，局部麻醉，第二次涂擦，术部隔离，70% 酒精脱碘，手术。

② 0.1% 新洁尔灭或 0.5% 洗必泰溶液消毒法：剪毛、剃毛（或脱毛剂脱毛），温水洗刷，灭菌纱布擦干，用其中 1 种涂擦两次，手术。

眼结膜多用 2%～4% 硼酸液消毒。

对口腔、鼻腔、阴道、肛门用 1% 新洁尔灭或者 0.1% 高锰酸钾等消毒。爪部用 2% 来苏儿液消毒。

（3）术部隔离　为防止动物骚动、挣扎时灰尘、毛屑等落入术部，采用有孔手术巾覆盖术区或用两块或 4 块手术巾围在切口周围。将手术切口部位露出，用创巾钳或者用缝针缝合固定，机体其他部位用无菌创巾遮盖。

3. 手臂的消毒

人的手臂和皮肤存在许多皮脂腺、汗腺和毛囊，有大量的微生物存在，手的皱纹、甲缘等地方也有微生物存在。为保证手术无菌要求，手臂的消毒应该引起足够的重视。

消毒前应修剪指甲剔除甲缘下甲垢，手臂有创口时暂用胶布封闭，再进行消毒。

（1）手臂的洗刷　用肥皂在流水下清洗手臂再用指刷（毛刷）按手指、指间、手掌、手背、腕部、肘部顺序擦刷，然后用流水将肥皂冲洗，再用无菌小毛巾擦拭干。

（2）手臂的消毒　常用方法有 3 种，可任选 1 种。在上述基础上将手臂浸泡在 70% 酒精桶内，并用纱布轻擦手臂或在 0.1% 新洁尔灭溶液中浸洗 5min 或在 0.5% 温氨水中反复擦洗（两盆氨水分别浸泡 3min），灭菌纱布块擦干，再在 70% 酒精内浸泡，用灭菌纱布块擦干。不论哪种方法，最后均涂抹 2% 碘酊于指的皱褶部分和甲缘，再用 70% 酒精脱碘，待手术。

4. 常用器械和敷料的消毒

常用的消毒法和灭菌法有：煮沸灭菌法、高压蒸汽灭菌法和化学药品消毒法。煮沸灭菌法：应用广泛，方法简便。加入常水，煮沸 3～5min 将器械放入，待第二次水沸时计算时间，15min 即可达到杀菌目的。如污染芽孢杆菌需煮沸 60min 以上。如消毒金属器械，须将表面保护油擦拭干净，等水沸后浸入液面以下。玻璃器皿，如注射器应将内芯抽出，用小块纱布将每套分别包好，避免弄错和互相碰撞。注射针头和缝针放在盒内或别在纱布上便于取用。

高压灭菌器灭菌法：常用的有手提式和立式。蒸汽压 15～20lb/m²，温度可达 121℃，经 30min 可达到可靠灭菌目的。

化学药品消毒法：化学药品消毒法灭菌并不十分理想，对细菌的芽孢和油脂中的细菌很难杀灭。化学药品消毒能力与药物的浓度，温度和作用时间等因素有关。浸泡之前，应除去污物和油脂。消毒后的器械在应用前用灭菌生理盐水冲洗。

常用的化学药品和浸泡时间如下：

（1）70% 酒精　浸泡 1h，每两周更换一次。

（2）0.1% 新洁尔灭　浸泡时间 30min。为了防止金属器械生锈，在 1 000ml 0.1% 液中加入5g亚硝酸钠。除0.1%新洁尔灭外，还有0.1%洗必泰液（浸泡15min），0.1%杜米芬液（浸泡5～10min），该类药物遇肥皂降低消毒作用，它们与碘酊、高锰酸钾、升汞等配伍禁，故避免混用。

（3）三含溶液　配方为甲醛20.0ml、石炭酸3.0ml、硫酸钠15.0ml、蒸馏水1 000.0ml。消毒器械，浸泡30min。2h以上可杀灭芽孢。

（4）5%来苏儿（煤酚皂）溶液　浸泡30min，临床常用喷洒地面和消毒手术台。消毒器械时，用前应用灭菌生理盐水洗净残留的消毒药液。

（5）10%甲醛福尔马林溶液　浸泡30min，用于塑料布、导尿管等物品。

（6）0.1%氧氰化高汞溶液　浸泡30min。用于精密仪器的消毒。

5. 常用器械与物品的灭菌

（1）金属器械　事先检查器械是否好用，刀刃锋利程度，止血钳闭合情况，弹力如何，注射针头是否通顺，尖端是否锐利等。能够拆开的器械最好拆开灭菌，有锋利器械用纱布包扎好。钳、夹宜打开。临床常用煮沸灭菌法或高压蒸汽灭菌法。煮沸时，沸水后再将器械放入，紧急情况下，可以用化学毒剂浸泡。

（2）玻璃、搪瓷类器皿　注射器与内芯分开后包在一起。常用煮沸灭菌法或高压蒸汽灭菌法。较大的搪瓷器如器械盘、搪瓷盆等用高压蒸汽灭菌或用煮沸灭菌。紧急情况下倒入少量酒精使酒精布满搪瓷底，点燃，酒精耗尽自然熄灭。

（3）手术衣、巾、帽、口罩敷料　手术衣等洗净、整理、折叠好。手术用小块纱布裁好（25cm×25cm）叠成方形，10块为1包，大块纱布5块为1包，松紧适宜，放入纱布缸内，不宜过紧。采用高压蒸汽灭菌法。

（4）缝合材料

丝（棉）线：灭菌前将缝线缠在线轴上或玻璃板上缠得松紧适当，根据手术大小决定缠的数量。常用高压蒸气灭菌法或煮沸灭菌法。

肠线：市售商品，肠线封闭在玻璃管内，用时用酒精消毒玻璃管外面，打破玻璃管，取出肠线，放在灭菌温生理盐水泡软备用。

橡胶制品：胶手套煮沸灭菌时，用纱布块隔开，成对包扎在一起。高压蒸气灭菌时，用灭菌消石粉手套内外撒布均匀，并用纱布块插入手套内，防止橡胶粘连。各种橡胶导管常用化学消毒剂浸泡消毒。

6. 术后器械和物品的处理与保存

术后，清点器械并用常水清洗，能拆洗的器械（止血钳等）拆开清洗，洗刷时要特别注意止血钳的齿槽，外科刀柄槽，剪、钳的动轴部位，洗后擦干，有烤（烘）箱可放存其内烤干，再放入器械柜内保存。

被脓汁等污染的器械应放入化学消毒药液内浸泡，然后再洗净，擦干，保存。不经常用的器械干燥后，器械表面涂上一层凡士林存放。

被血液污染的敷料和创布，放在凉水中浸泡数小时，然后用肥皂搓洗，清水冲净，晾干保存。碘酊污染的敷料，用2%硫代硫酸钠浸泡1h，碘退色后，用清水冲洗，晾干保存。

用过的胶手套用肥皂水洗净（被脓汁污染的用化学消毒药浸泡），晾干保存。

【注意问题】

1. 刷洗手臂时，要充分彻底，不得马虎，已消毒过的手臂严禁接触未经消毒过的物品。

2. 手术前、后一定要有专人清点器械，丢失物品一定要追查原因。损坏的器械要报损，不要再混入完好的器械中。

3. 煮沸消毒时，冷水放入玻璃制品，沸后再放入金属器械，带刃器械事先用纱布包裹好刃部。

4. 高压蒸汽消毒前，放入的物品，不可过挤，以免妨碍蒸汽的流通。消毒时应将消毒器内冷空气排净。注意安全阀门的灵活程度。灭菌过程中严禁开启。

实训三 麻 醉 法

【目的要求】

1. 要求学生学会各种麻醉的操作方法，并了解麻醉程度及麻醉的重要意义。

2. 要求熟练的掌握常用的几种局部麻醉法。

3. 要求学生能掌握和解决麻醉当中的并发症及急救措施、注意问题。

【时间安排】

1. 时间　2学时。

2. 安排　由教师讲解本次实习的内容，目的要求，让学生了解各种麻醉方法的使用范围及优缺点、全身麻醉的分期，了解各种麻醉药的使用规范。

【实训内容】

1. 麻醉的意义

（1）简化保定方法，节省保定人力。

（2）便于手术的操作（例如麻醉可减免腹腔手术时的内脏膨出，使肌肉松弛便于缝合，术部的安定便于某些细微的手术操作等）。

（3）为无菌手术操作创造有利条件（因动物骚动时易造成污染的机会）。

（4）避免手术的不良刺激，防止外伤性休克。

（5）在手术过程中避免人、畜的意外损伤，保证手术的安全顺利进行。

2. 麻醉方法

（1）浸润麻醉　沿手术切口线皮下注射或深部分层注射麻醉药，阻滞神经末梢，称局部浸润麻醉，常用麻醉剂为0.25%～1%盐酸普鲁卡因溶液。为了防止将麻醉药直接注入血管中产生毒性反应，应该在每次注药前回抽注射器。一般是先将针头插至所需深度，然后边抽退针头，边注入药液。有时在一个刺入点可向相反方向注射两次药液。局部浸润麻醉的方式有多种，如直线浸润、菱形浸润、扇形浸润、基部浸润和分层浸润等，可根据手术需要选用。为了保证深层组织麻醉作用完全，也为了减少单位时间内组织中麻醉药液的过多积聚和吸收，可采用逐层浸润麻醉法。即用低浓度（0.25%）和较大量的麻醉药液浸润一层随即切开一层的方法将组织逐层切开。由于这种麻醉药液浓度很小，部分药液随切口流出或在手术过程中被纱布吸走，故使用较大剂量药液也不易引起中毒。

此外，为了减少药物吸收的毒副作用，延长麻醉时间，常在药物中加入适量 0.1% 的盐酸肾上腺素。

（2）吸入麻醉 用挥发性较强的液态麻醉药剂（如乙醚、氯仿及氟烷等）或气体麻醉剂（如氧化亚氮、环丙烷等），通过呼吸道以蒸气或气体状态吸入肺内，经微血管进入血液以产生麻醉的方法，称为吸入麻醉。如果利用气管插管直接将麻醉气体送入气管，称为气管内麻醉。吸入麻醉是有较长历史的麻醉方法，其优点是较容易和迅速地控制麻醉深度和较快的终止麻醉，但缺点是操作较复杂；而且往往需要专用的麻醉装置。

① 常用吸入麻醉药

a. 乙醚 为无色透明液体，有特殊气味，易挥发（沸点 35℃），较空气重 2.6 倍，其蒸气易燃，甚至可能爆炸。在光和空气作用下乙醚可产生有毒的乙醛及过氧化物，故乙醚应装入有色瓶内，在阴凉处避光贮存。乙醚对呼吸道黏膜有强烈刺激性，可使其分泌增多，如随唾液进入胃内可引起呕吐。在麻醉前使用阿托品可减少分泌。乙醚也可能引起胃肠道平滑肌的紧张性降低，有时导致胃扩张或肠蠕动的减弱。施行乙醚麻醉时，因其对心脏、肝脏无毒性，对肾脏刺激作用也很弱，同时外科麻醉所需浓度与呼吸麻痹浓度约相差 3 倍，安全范围是比较广的，肌肉松弛也良好，但麻醉诱导期较长。此外，容易发生乙醚燃烧、爆炸等意外事故；麻醉初期由于呼吸道受刺激而引起反射性的呼吸频数，随着麻醉的发生，呼吸中枢兴奋性降低，呼吸数逐渐减少，呼吸深度增加；乙醚达到中毒浓度时呼吸变浅和无节律，并发生缺氧现象。目前已被淘汰，但可用于啮齿类动物麻醉。

b. 氟烷 为一种氟类液体挥发性麻醉药。本药无色透明，有水果样香味，无刺激性，易被动物吸入，也不易燃易爆。在光作用下缓慢分解，生成氯化氢、溴化氢和光气。该药麻醉性能强、诱导和苏醒均快，对呼吸道黏膜无刺激性，对肝肾功能无损害，是兽医临床最常用的吸入麻醉药。该药因麻醉性能强，对心肺有抑制作用，故在麻醉中严格控制麻醉深度。为减少麻醉用药量，吸入麻醉前，需要麻醉前用药和麻醉诱导（多用 25% 硫喷妥钠溶液）。临床上常与氧化亚氮或其他非吸入性麻醉药合并使用。

c. 安氟醚 为一种氟类吸入麻醉药，无色、透明，具有愉快的乙醚样气味，动物乐于接受。麻醉性能强（麻醉浓度犬猫分别为 2.2% 和 1.2%），但比氟烷、异氟醚弱。诱导和苏醒均迅速。南京农业大学动物医院在临床上犬安氟醚麻醉已应用多年，麻醉效果较好。如果没有精制安氟醚挥发器，也可用乙醚麻醉机挥发器替代。麻醉时，去除其挥发器内棉芯，注入 5~10ml 安氟醚。

d. 异氟醚 是一种新的氟类吸入麻醉药。有轻度刺激性气味，但不会引起动物屏息和咳嗽。麻醉性能强，其麻醉浓度犬、猫分别为 1.28%、1.63%。血压下降与氟烷、安氟醚相同，不过心率增加，心输出量和心搏动减少低于氟烷。对心肌抑制作用较其他氟类吸入麻醉药轻，不引起心律失常。本药对呼吸抑制明显，苏醒均比其他氟类吸入麻醉药快，更易控制麻醉深度。异氟醚在体内代谢很少，故对肝、肾影响更小。

② 吸入麻醉需要的材料与设备

a. 气管插管 通常由橡胶或塑料制成，是一个弯曲的末端为斜面并与麻醉环路相结合的管子。要根据动物个体的大小，选择合适的气管插管。选择气管插管时尽量使用口径较大的。

b. 套囊 是防止漏气的装置，附着在气管插管壁距开口斜面 2~5cm 处，长 4~5cm

不等。套囊接有 30~40cm 长的细乳胶管。当气管插管插入气管后，用空注射器连接细乳胶管的另一端并注入空气，使套囊充气，使套囊与气管壁可紧密接触，而不漏气。

c. 牙垫　为一硬塑料管，管的内径略大于气管插管的外径。当气管插管经口腔插入后，将牙垫从气管插管的一端套入，送入口腔内达最后臼齿处，另一端在口腔外固定。

d. 喉镜　将喉镜叶片插入口腔，暴露声门裂，进行明视插管。

e. 麻醉机装置

氧气瓶　内装高压液化氧气，经减压器与高压胶管进入流量表。

流量表　气化氧经流量表进入呼吸囊内。每分钟放出的氧气流量可直接从流量表上读出。

氧气快速阀门　是呼吸囊充气的快速阀门，开放后便有大量氧气不经流量表直接进入呼吸囊内。

呼吸囊　可通过挤压该囊控制呼吸，也可贮存气体。呼吸囊随动物自发呼吸而起伏。呼吸囊的大小应与动物个体大小成正比。

③ 插管方法

插管前应进行麻醉前给药（阿托品、镇静、镇痛药等）和诱导麻醉（静脉注射硫喷妥钠）。

a. 明视插管　犬正常的头部位置为口腔轴与气管轴成 90°角，将犬嘴上举可使两轴的角度趋近 180°。这时，把喉头下压，舌稍拉向前，易将气管插管插入气管。犬气管内插管时，主要取胸卧位，如操作者熟练，也可取侧卧位或仰卧位。在助手帮助下，头仰起，头颈伸直，打开口腔，操作者一手拉出舌头，另一手持喉镜柄，并将喉镜叶片伸入口腔压住舌基部和会厌软骨，暴露声门。选择适宜气管插管，在其末端涂润滑剂后，沿喉镜弧缘插入喉部，并经声门裂，将其插入气管。气管插管插至胸腔入口处为宜。其插管后端套入牙垫或用纱布绷带固定在上颌或下颌犬齿后方，以防滑脱。如咽喉部敏感妨碍插管，可用 2% 利多卡因溶液或追加硫喷妥钠，再插入。轻压胸侧壁，如气流从气管插管喷出，或触摸颈部仅一个硬质索状物，提示插管通过，调整挥发器档次，控制麻醉深度。

b. 气管切开插管　如上、下颌骨折、口腔手术，不能经口腔气管插管时，可做气管切开插管。其优点是减少呼吸阻力，又能较顺利地排除气管内分泌物。

3. 麻醉的监护和复苏

（1）手术动物的监护　手术动物的麻醉事故，与患畜的年龄与健康状况、麻醉方法和外科手术等有关，但监护疏忽是致死性麻醉事故的最常见原因。

手术期间，对患畜的监护范围很广。手术期间的主要关注点是手术过程，而麻醉监护常处于次要地位。如无辅助人员在场，外科医生也能成功进行手术，这是因为麻醉人员和术者通常是同一人。在很多情况下，麻醉监护由助手进行，仅偶尔由第二位兽医师负责。现代化的仪器设备，如麻醉监测系统和生理监测系统可快速客观反映出机体在麻醉下的总体状况，但这些设备需要很大的经济投资，由于条件的限制，麻醉监护以临床观察为主。

在生命指征消失之前，通常存在一些征兆，及早发觉这些异常，是成功救治的关键。因此，麻醉监护的目的是及早发觉机体生理平衡异常，以便能及时治疗。麻醉监护是借助人的感官和特定监护仪器观察、检查、记录器官的功能改变。由于麻醉监护是治疗的基础，因而麻醉监护需按系统进行，其结果才可靠。

　　特别要注意患畜在诱导麻醉与手术准备期间的监护。因剪毛和动物摆放的工作令人注意力分散，许多麻醉事故就出现在这个时期。在诱导麻醉期，由于麻醉药的作用，存在呼吸抑制及随后血氧不足与高碳酸血的危险。此时期的监护应检查脉搏，观察黏膜颜色，指压齿根黏膜观察毛细血管再充盈时间，以及呼吸深度与频率等。

　　手术期间的患畜监护重点是中枢神经系统、呼吸系统、心血管系统、体温和肾功能。监护的程度最好视麻醉前检查结果和手术的种类与持续时间而定。通常兽医人员和仪器设备有限，但借助简单的手段如视诊、触诊和听诊，也能及时发觉大多数麻醉并发症。

　　① 麻醉深度：麻醉深度取决于手术引起的疼痛刺激。应通过眼睑反射、眼球位置和咬肌紧张度来判断麻醉深度。呼吸频率和血压的变化也是重要的表现。如出现动物的眼球不再偏转而是处于中间的位置，且凝视不动，又瞳孔放大，对光反射微弱，甚至消失，乃是高深度抑制的表现，表示麻醉已过深。

　　② 呼吸：几乎所有的麻醉药均抑制呼吸，因而监护呼吸具有特别的意义。必须确保呼吸的正常功能，即患畜相应的吸入氧气和排出二氧化碳的需求。其前提是充足的每分钟通气量。首先应注意观察呼吸的通畅度。吸入麻醉时麻醉机的呼吸通路、气管内插管（或是吸入面罩）会影响呼吸的通畅度。如果麻醉技术不当，会人为地影响动物的呼吸通畅度，继而呼吸的频率和幅度也会随之发生变化。故呼吸的通畅度、呼吸频率和呼吸的幅度都是观察的重点。若是呼吸道通畅度不好，甚至发生不同程度的阻塞时，则动物会表现呼吸困难，胸廓的呼吸动作加强，鼻孔的开张度加大，甚至黏膜发绀。观察胸廓的呼吸动作如同应用呼吸监视器那样，仅限于确定呼吸频率。借助听诊器听诊是一简单的方法，可确定呼吸频率和呼吸杂音。

　　还可以应用潮气量表做较为准确的潮气量测量。呼吸变深、浅和频率增快等，都是呼吸功能不全的表现。如果发现潮气量锐减，继之很快会发生低血氧症。潮气量的减少，多是深麻醉时呼吸重度抑制的表现。从潮气量表可以比较精确地知道潮气量减少的程度，并可测知每分钟通气量的变化。

　　可视黏膜的颜色可提供有关患畜的氧气供应和外周循环功能情况。这可通过齿龈以及舌部的黏膜颜色来判断。动脉血的氧饱和度降低表现为黏膜发绀。借助这种方法可粗略地判断缺氧的程度，因为观察可视黏膜的颜色受周围环境光线的颜色与亮度的影响。此外，当血红蛋白降低至 $5g/dl$ 时也可出现黏膜发绀。但在贫血动物因氧饱和度极低，则不会明显见到黏膜发绀。观察可视黏膜的颜色为最基本的监护，应在手术期间定期进行。

　　有条件者可做动脉采血进行血气分析。它可提供氧气和二氧化碳分压资料，判断吸入氧气和排出二氧化碳是否满足患畜的需求。又可测定血液 pH 和碳酸氢根以及电解质浓度，监测机体水、电解质和酸碱平衡。

　　二氧化碳监测仪可连续不断地测定呼出气体的二氧化碳浓度与分压。其原理是以二氧化碳吸收红外线为基础，可通过侧气流或主气流来测定呼气末二氧化碳浓度。呼气末二氧化碳浓度取决于体内代谢、二氧化碳输送至肺和通气状况。监测呼气末二氧化碳浓度变化，就能记录体内这些功能的变化。所测出的呼气末二氧化碳浓度应介于 4% ~5% 之间。如呼气末二氧化碳浓度升高，则表示每分钟通气量不足。其结果是二氧化碳积聚于血液中，导致呼吸性酸中毒。这可影响心肌功能、中枢神经系统、血红蛋白与氧的结合以及电解质平衡。监测呼气末二氧化碳浓度有助于减少血气分析次数，甚至取代之。

在吸入麻醉时，连续不断地监测吸入的氧气浓度，可以确保患畜的氧气供给，因为吸入气体混合物的组成只取决于麻醉机的功能和麻醉助手的调节。它可避免由于机器和麻醉失误导致吸入氧气浓度降至21%以下。

近年来，脉搏血氧饱和度仪亦应用于兽医临床。它依据光电比色原理，能无创伤连续监测动脉血红蛋白的氧饱和度。脉搏血氧饱和度的意义在于早期发觉手术期间出现的低氧症，也可用于评价氧气疗法和人工通气疗法的有效性。脉搏血氧饱和度在医学常规麻醉中属于最低监护。

③ 循环系统：对血液循环系统的监控，主要是应用无创伤方法如摸脉搏、确定毛细血管再充盈时间和心脏听诊。有条件者，可应用心电图仪监护。

摸脉搏是一项最古老、最可靠和最有说服力的监测方法，可从心率、节律及动脉充盈状况评价心脏效率。可在后肢的股动脉或麻醉下的舌动脉摸脉搏。

指压齿根黏膜，观察毛细血管再充盈时间。犬毛细血管再充盈时间应不超过 1~2s。当休克或明显脱水时，毛细血管再充盈时间则明显推迟。

心区的听诊是简便易行的方法，可用听诊器在胸壁心区听诊，也可借助食道内听诊器听诊。首先应该注意的是心跳的频率，心音的强弱（收缩力），判断有无异常变化。血压是心脏功能的一个重要指标，但在动物测量血压有一定的困难，在犬可以测量后肢的股动脉。当然用动脉穿刺导入压力传感器的方法也可以精确测知血压，但会造成损伤，操作方法也繁琐，还需要一定特殊设备，在临床上比较少用。对外周循环的观察可注意结膜和口色的变化，以及毛细血管再充盈时间。在手术中，如果发现脉搏频数，心音如奔马音，结膜苍白，血管的充盈度很差，是休克的表现，多由于手术中出血过多，循环的体液和血容量不足，或是由于脱水等原因造成。而由于麻醉的过量过深，反射性血压下降，多表现心搏无力，心动过缓。心电图的监测，可以了解生理活动的状态、心律的变化、传导状况的变化等。

④ 全身状态：对动物全身状态的观察，应注意神志的变化，对痛觉的反应以及其他一些反射，如眼睑反射、角膜反射、眼球位置等。动物处于休克状态时，神志反应很淡漠，甚至昏迷。

⑤ 体温变化：由于麻醉使动物的基础代谢下降，一般都会使体温下降，下降 1~2℃ 或 3~4℃ 不等。但动物的应激反应强烈或对某些药物的不适应（氟烷）可以发生高热现象。体温的测定以直肠内测量为好。

（2）心肺复苏　心肺复苏（简称 CPR）是指当突然发生心跳呼吸停止时，对其迅速采取的一切有效抢救措施。心肺复苏能否成功，取决于快速有效地实施急救措施。每位临床兽医师均应熟悉心肺复苏的过程，并在临床上定期训练。

心跳停止的后果是停止外周氧气供应。机体首先能对细胞缺氧做代偿。血液中剩余的氧气用于维持器官功能。这样短暂的时间间隔，对大脑来说仅有 10s。然后就无氧气供应，不能满足细胞能量需求。在这种情况下，无氧糖原分解，产生能量，以维持细胞结构，但器官功能受限。因此心跳停止后10s，患畜的意识丧失是中枢神经系统功能障碍的信号。

尽管如此，如果没有不可逆性损伤，器官可在一定的时间内恢复其功能。这一复活时间对不同器官而言，其长短不一。复活时间取决于器官的氧气供应、血流灌注量和器官损伤状况，以及体温、年龄和代谢强度等。对于大脑而言，它仅持续 4~6min。

如果患畜在复活时间内能成功复活，经一定的康复期后，器官可完全恢复其功能。康复期的长短与缺氧的长短成正比。如复活时间内不能复活，那么就会出现不可逆性的细胞形态损伤，导致惊厥、不可逆性昏迷或脑死亡等后果。

只有迅速实施急救，复活才能成功。实施基础生命支持越早，成活率就越高。在复活时间内开始实施急救是患畜完全康复的重要先决条件，如果错过这一时间，通常意味着患畜死亡。

① 基本检查：在开始实施急救措施前，应对患畜做一快速基本检查，如呼吸、脉搏、可视黏膜颜色、毛细血管再充盈时间、意识、眼睑反射、角膜反射、瞳孔大小、瞳孔对光反射等，以便评价动物的状况。这种快速基本检查最好在1min内完成。

在兽医临床上，多是对麻醉患畜实施心肺复苏，因此不可能评价患畜意识状态。眼部反射的定向检查可提示患畜的神经状况。深度意识丧失或麻醉的征象为眼睑反射和角膜反射消失。此外，瞳孔对光无反射是脑内氧气供应不足的表现。心肺复苏时，脑内氧气供应改善表现为瞳孔缩小，重新出现瞳孔对光的反射。

做快速基本检查时，主要是评价呼吸功能和血液循环功能。如在麻醉中有心电图记录，则是诊断心律失常和心跳停止的可靠方法。但必须排除由于电极接触不良所致的无心跳或期外收缩等技术失误。即使在心肺复苏时，也必须定期做基本检查以便评价治疗效果。

② 心肺复苏技术：心肺复苏技术和时间因素决定心肺复苏能否成功。为了在紧急情况下正确、顺利地实施心肺复苏，应遵循一定的模式，所有参与人员必须了解心肺复苏过程，并各尽其职。只有一支训练有素的急救队伍，才可能成功进行心肺复苏。

心肺复苏可分为3个不同阶段：基础生命支持、继续生命支持和成功复活后的后期复苏处理。通常这样的基本计划就足以急救成功，即呼吸道畅通、人工通气、建立人工循环、药物治疗。

a. 呼吸道畅通　首先必须检查呼吸道，并使呼吸道畅通。清除口咽部的异物、呕吐物、分泌物等。为使呼吸通畅和通气充分，必须做一气管内插管。因呼吸面罩不合适，对犬、猫经面罩做人工呼吸常不充分。如无法进行气管内插管，则需尽快做气管切开术。

b. 人工通气　在气管内插管之前，可作嘴－鼻人工呼吸。只有气管内插管可确保吹入气体不进入食道而进入肺中。气管内插管后，可方便地做嘴－气管插管人工呼吸。另外使用呼吸囊进行人工呼吸，也是简单而有效的方法。尽可能使用100%氧气做人工呼吸，频率为8~10次/min。每分呼吸量约为每千克体重150ml。每5次胸外心脏挤压，应做1次人工呼吸。有条件者，可接人工通气机。

c. 建立人工循环　为不损害患畜，只有在无脉搏存在时，才可进行心脏按压。仅在心跳停止的最初1min内，可施行一次性心前区叩击做心肺复苏。如心脏起搏无效，则应立即进行胸外心脏按压。患畜尽可能右侧卧，在胸外壁第4~6肋骨间进行胸外心脏按压，按压频率60~100次/min。可通过外周摸脉检查心脏按压的效果。心脏按压有效的标志是外周动脉处可扪及搏动、紫绀消失、散大的瞳孔开始缩小甚至出现自主呼吸。如在胸腔或腹腔手术期间出现心跳停止，则可采用胸内心脏按压。

d. 药物治疗　药物治疗是属于继续生命支持阶段。在心肺复苏期间，应一直静脉给药，勿皮下或肌肉注射给药。如果无静脉通道，肾上腺素、阿托品等药物也可经气管内施药。不应盲目做心腔内注射给药，这是心肺复苏时的最后一条给药途径。心肺复苏时所用药物见下表。

心肺复苏时所用药物

适应症	治疗措施
心跳停止	肾上腺素，$0.005 \sim 0.01 mg/kg$ 静注或气管内给药
补充血容量	全血 $40 \sim 60 ml/kg$ 静注
期外收缩、心室纤颤、心动过速	利多卡因，$1 \sim 2 mg/kg$ 静注或气管内给药
心动缓慢、低血压	阿托品，$0.05 mg/kg$ 静注或气管内给药
代谢性酸中毒	$NaHCO_3$，$1 mmol/kg$ 静注

e. 后期复苏处理　除了基础生命支持和继续生命支持措施外，成功复苏后的后期复苏处理有着重要作用。后期复苏处理包括进一步支持脑、循环和呼吸功能，防止肾功能衰竭，纠正水、电解质及酸碱平衡紊乱，防治脑水肿、脑缺氧，防治感染等。如果患畜的状况允许，尽快做胸部 X 线摄影，以排除急救过程中所发生的气胸、肋骨骨折等损伤。通过输液使血容量、血比容、血清电解质和 pH 恢复正常。犬的平均动脉血压应达到约 $12 kPa$（90mmHg），做好体温监控。

③ 预后：心肺复苏能否成功主要取决于时间。生命指征的消失并非没有异常征兆，因此可通过仔细的监控，在出现呼吸、心跳停止之前，及早识别异常征兆，及早实施心肺复苏。除了心肺复苏技术外，心肺复苏的成功率还取决于患畜的疾病。心肺复苏成功后，应做好重症监控，防止复发。

【动物和器械准备】

1. 实验犬 4 只。
2. 犬眠宝若干支。
3. 气管插管、套囊、牙垫、喉镜、吸入麻醉机 1 台及相应的配套设备。
4. 重症监护仪 1 台。

实训四　手术基本操作（切开、止血、缝合）

【目的要求】

1. 通过实习要求学生熟练掌握外科手术基本操作的基本功——组织分割、止血、打结、缝合。
2. 要求学生掌握外科手术器械和敷料的使用方法及注意问题。熟练徒手和器械打结法。
3. 使学生认识手术基本操作是一切手术的基础，是手术成败的关键。

【时间安排】

1. 时间　8 学时。
2. 安排　由教师讲本次实习的内容，目的要求，结合实验动物做具体手术和示教组织分割、止血、打结和缝合的各种方法。然后分成两大组，分别再由教师带领，分头练习。最后由教师归纳总结并解答学生提出的问题。

【实训内容】

1. 外科手术器械的认识、名称、使用方法，注意问题

（1）手术刀　刀片的安装与取下法。执刀的方法（指压法（卓刀式）、执笔式、全握式、抓持式、反挑式）。

（2）手术剪（组织剪）　分为弯剪、直剪和剪线剪。

（3）手术镊　尖端分为有齿、无齿。无齿夹持脆弱的组织和脏器。有齿镊子夹持坚硬组织。

（4）止血钳（血管钳）　有弯、直两种，并分大、中、小型。有齿止血钳，多夹持较坚韧的组织。

（5）持针钳（持针器）　分为握式和钳式持针钳。

（6）缝合针　分直针、半弯针和全弯针。其断面呈圆形和三棱形。缝针的穿线眼的结构分为闭环式和弹机孔式。

（7）缝线　可吸收的线（羊肠线、肠线）：主要用于尿道、膀胱、子宫、胃肠等黏膜层的缝合；不吸收缝线：有非金属和金属线两种。非金属线有丝线、棉线和尼龙线，常用为丝线。金属线多用金属不锈钢丝。

（8）其他器械　牵开器（拉钩）、肠钳、探针（普通探针、有沟探针）等。

2. 组织切开法（组织分割）

软组织分割分为锐性分割（常称为切开）和钝性分割（常称为分离）。前者用手术刀或手术剪剪切。后者用刀柄、止血钳或手指进行。

（1）组织切开的原则

① 软组织切开时，切口的长度要适当，力求一次切开，要求以最短的途径达到手术区。一般按肌肉纤维方向分层切开，如肌肉纤维方向与大血管、大神经不一致时，切开不考虑肌肉纤维方向，以免影响术部组织的生理机能。

② 在分割骨组织前，先分离骨膜，尽量保存其健康部分，以利骨组织愈合。

③ 有利于创液的排出，特别是脓汁的充分流出。

④ 缝合时体侧缘密切接着，有利于愈合。

（2）各种组织的切开法

① 软组织切开：

a. 皮肤切开方法

a）紧张切开法：由于皮肤活动性较大，切皮肤时易造成皮肤和皮下组织切口不一致，助手用手将皮肤展开固定再用刀切开。

b）皱襞切开：在预定切口的下面有大血管、大神经和分泌管时，为不损伤下面组织，术者和助手在预定切口的两侧，用手指或镊子提起皮肤呈皱褶，进行切开。

b. 深层组织切开　多采用分层切开各层组织，以便识别组织和避免损伤血管和神经。在紧急情况下（例如紧急手术、脓肿切开等）可一刀切开。

c. 腹膜切开法　为避免损伤肠管，预先用镊子将腹膜提起，刺一小口，插入有钩深针，沿其间沟，用手术刀外向切开或手术剪剪开腹膜。

d. 肠管切开法　侧壁切开时，在肠纵带切开，避免损伤对侧肠壁。

② 硬组织切开法：先用手术刀切开骨膜，再用骨膜刮刀拨开骨膜，用骨剪或骨锯，

锯（剪）断的骨组织，不应损伤骨膜，为防止骨断端损伤软组织，应使用骨锉锉平骨断端锐缘，消除骨碎片，以免影响手术创的愈合。

3. 止血法

手术进程中切开组织，必然要损伤血管并损失一定量血液，并能使组织识别不清，影响操作，拖延时间，大量出血影响手术进行，甚至死亡。我们在术前和术中积极采取有效措施使出血量减少到最低量。现仅就手术过程中的止血法叙述如下。

（1）压迫止血　用纱布或塑料泡沫压迫出血部位。压迫片刻，出血即可自行停止，另一方面清除血液认清组织和出血点便于采取止血措施。本法只能按压，决不能擦拭，以免损伤组织和更广范围的出血。

（2）填塞止血法　对深部大血管出血，一时找不到血管断端，更无法结扎或钳夹，可用灭菌纱布块填塞出血的创腔或解剖腔。留置时间24h左右。

（3）钳压止血法　止血钳呈垂直夹住血管断端，将钳子留在创内一段时间或手术完毕后取下（创内留钳止血）。

（4）捻转止血法　用止血钳垂直夹住血管断端，沿其纵轴，向同一方向转数圈，然后取下止血钳，如仍出血，可再夹住捻转和结扎，此法仅用于小血管出血。

（5）结扎止血法　用缝线绕过止血钳夹住的血管，在结扎的同时，逐渐放开止血钳，如无出血，可结扎紧。不宜用止血钳夹住的出血点或出血断端，采用贯穿结扎止血法。

（6）其他止血法　如烧烙止血、电凝止血、止血带止血（用于组织、阴茎等如橡皮管、绷带、绳索等）。

4. 缝合法

（1）缝合的原则　遵守无菌操作；彻底止血；清除创内凝血块和无生活能力的组织。

缝针的刺入点和穿出点与创缘距离相等，缝线间距相等，使创缘与创缘，创壁与创壁互相均匀结合。缝线的松紧度适当。缝线打结必须在创缘的一侧。

单层缝合时，缝合必须通过创底，多层缝合时，必须连同一层或两层组织缝合一起以免创内留下间隙。

手术创或新鲜进行密闭缝合。如术后感染或已化脓时，应迅速拆除部分或全部缝线，保证脓汁充分排出。

（2）打结法　打结是外科手术最基本的操作之一。必须做到敏捷而确切，这样可以缩短手术时间。

常用的结有：

方结（平结）：是由两个方向不同的简单单结构成。用于结扎较小血管和各种缝合。

外科结：打第一个结时绕两次，增加摩擦力，打第二结时第一结不易滑脱和松动，此结牢固可靠。用于大块组织和皮肤缝合。

三叠结（加强结）：在方结的基础上再加1个结。用于缝合张力大的组织。

常用的打结方法有：单手打结、双手打结和器械打结（结合挂图，示范说明）。

（3）缝合的种类　缝合主要分为单纯缝合、内翻缝合和外翻缝合3种（图16－1）。

（4）拆线　拆线是指拆除皮肤的缝线。拆除时间，术后创伤取第一期愈合，通常在7~9d进行，过早有裂开的危险。如缝合部位活动性大或创缘呈紧张状态，拆除的时间延至10d以后；如创内已化脓或创缘已被缝线撕断，根据情况拆除全部或部分缝合线。

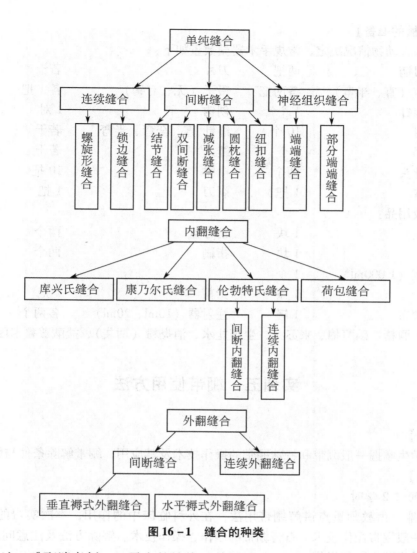

图 16－1　缝合的种类

拆线方法：碘酊消毒创口，露出的缝线及其周围，用镊子夹持线结断端，轻轻提起，剪刀插入结下剪断，拉出缝线。再次用碘酊消毒创口及周围皮肤。

（5）缝合的注意问题

① 器材准备必须充分，持针器准备两个以上，以便交换使用。

② 缝合较薄而迟缓的皮肤，两创缘对齐拉起，针由一侧刺入另一侧穿出。如组织紧张而肥厚。

③ 针由创缘的皮肤一侧刺入，另一侧穿出，再刺入另一侧创缘皮肤的内侧，由外侧穿出较为方便。

④ 使用弯针缝合时，针刺入皮肤的同时，使针尖上扬以免折断缝针。

⑤ 较大创伤，在缝合至创下角时，必须留一引流孔，以便创液排出。

⑥ 创伤缝合后，发现有多量血液沿创口缝隙流出来，说明创内止血不充分，应拆除缝线另行止血。

【动物与器械的准备】

根据购入动物情况决定，常规手术器械数量如下：

外科刀柄	两把	刀片	若干
手术剪（直、半弯）	各两把	镊子（无、有钩）	各1把
有钩探针	1个	创钩	1对
止血钳	10个	缝针 直、全弯、半弯	若干
持针器	1个	缝线	若干
麻醉针头	两个	巾钳	10把
剪毛剪	1把	剃刀	1把

辅料及用品：

敷布	1块	消毒盆	两个
肥皂	1块	指刷	两个
输液瓶（1 000ml）	1个		
毛巾	1条	指剪	1把
灭菌纱布	1罐	注射器（10ml、20ml）	各两个

药品：酒精、碘酊棉、来苏儿、生理盐水、消炎粉（两袋）、盐酸普鲁卡因溶液。

实训五　绷带使用方法

【目的要求】

要求学生掌握一般绷带和特殊绷带的操作技术及其应用，绷带解除条件与解除法。

【时间安排】

1. 时间　2学时。

2. 安排　由教师重点讲解绷带用法，在外科临床中的作用，本次实习的操作方法。教师示教一般绷带操作技术，石膏绷带的制作，操作技术、解除方法及注意问题。然后分成两组由学生独立进行操作。

【实训内容】

1. 卷轴绷带

是临床中常用的绷带，应用在小动物四肢游离部、头及尾部。四肢部装置时左手持绷带的开端，右手握住绷带卷，紧贴体表，绷带头由左方缠绕两圈，然后向上斜缠绕，并以下列各种形式缠缚，结束时，将末端撕成两条，在肢体外侧打结。

（1）环形带　将绷带以环形缠绕在一定部位，任何缠绕方法均以环形带开始和结束。

（2）蛇形带　斜行向上伸延，每圈互不遮盖。常用于固定石膏或夹板绷带的衬垫材料。

（3）折转绷带　螺旋向上缠绕，每周需作一次向下折转，折转时注意绷带平整。用于上下粗细不一的部位，如前臂和小腿部。

（4）交叉绷带　又称"8"字绷带。在关节下方作一环形带，然后斜行经过关节前、后或侧方至关节上方，再作两三周环形带，再向下，如此反复数次，直至包扎完毕，最后以环形带结束。适用于球、腕及跖关节等。

（5）尾绷带　先在尾根部作数周环形带，如此数周，缠至尾尖，折转全部尾毛作数周环形带，绷带末端穿过尾毛折转形成的圈内，剩余绷带拉向颈部或上部加以固定。

装置卷轴绷带的注意问题：

① 根据包扎部位大小，选择适当的绷带如 3 裂、4 裂和 5 裂。

② 包扎松紧要适当，防止过松过紧。

③ 包扎时由下向上包扎，以环形开始，以环形结束。缚结时，应在外侧。

2. 结系绷带

用缝线固定敷料代替绷带保护手术创口。利用圆枕缝合将若干曾灭菌纱布固定在创口之上。（结合示范手术说明之）

3. 胶质绷带

利用胶质作为固定绷带的材料。锌明胶配方：白明胶 90.0g、氧化锌 30.0g、甘油 60.0ml、水 150.0ml。将氧化锌研细加到甘油中，搅拌呈糊状，水与白明胶混合水浴，倒入氧化锌糊内搅匀即成。应用时水浴加热即成。

取白布或纱布一块（根据创口大小来决定），对折后，在折转部（即布的中央部剪开至 2/3 处。这样剪成数条。然后在折转处剪断。

用玻璃棒蘸锌明胶，涂在布的两边，将相对应的双布条带子内填入灭菌纱布后打结。

4. 复绷带

复绷带是按畜体一定部位的形状而缝制的。在其边缘缝上布条以利打结。根据部位的不同分为眼绷带、鬐甲绷带、胸前绷带、腹部绷带等。

5. 石膏绷带

（1）用途　主要用于骨折、脱位、腱不全断裂等的固定。

（2）检查石膏质量的标准　石膏细腻洁白，略带黏、涩性，手握石膏易从指缝漏出，将石膏加到 30～35℃温水调成糊状，涂于瓷盘上，经 5～7min，指压仅留有压痕，并从表面排除水分，达到上述标准即可应用。

（3）石膏绷带的制作　将脱脂卷轴绷带在方盘内展开，其内装有适量石膏粉，用手搓入纱布的网眼内、摊匀，边撒石膏粉，摊平，边卷绷带，卷的松紧要适度。

（4）石膏绷带的缠绕方法　将实验犬放倒保定好，清除患部的污物。将制备好的石膏绷带或市售大桥牌石膏绷带没入 30～35℃温水中，完全浸湿，无气泡发生时取出，两手握住绷带两端轻轻挤出过多的水分，勿使石膏流失。

将骨折或脱位之关节整复好，撒布滑石粉，上、下两端各绕一层棉花纱布，其范围大于预定打石膏的范围。挤水后的石膏先在下端作环形带，再作螺旋带向上缠绕，每缠一周绷带，用手均匀的涂一层石膏泥，使石膏绷带紧密结合。根据负重力和肌肉牵引力不同可缠绕 6～8 层。亦可在缠绕 2～3 层后在患肢的前、后或左右加入夹板数条，夹板与绷带之间缝隙应填入石膏泥。夹板外再缠 3～5 层石膏绷带。缠的圈数达到要求后，绷带表面涂石膏泥使表面光滑。待石膏硬化后，方能解除保定。（利用石膏绷带硬化期间，由教师讲解或讨论操作中遇到的问题及注意问题）

（5）装置石膏绷带时应注意的问题

① 实验犬保定确实，必要时做局部麻醉或全身麻醉。

② 准备齐有关物品，如温水、热水、温度计、石膏粉、石膏绷带（制作的或购入的）。

③ 四肢骨折首先要使肢势、趾轴一致。有条件者可用 X 光透视整复。

④ 长骨骨折必须缠过上、下两个关节，才能起到固定作用。

⑤ 缠绕时松紧适宜，边缠绕边用手将石膏泥把表面抹平。缠绕完毕后，石膏两端边缘整理平整，里面的衬垫都要露在外面。

⑥ 石膏绷带完全干燥硬固，需 2～3d，在此期间，注意保护，以免变形。

（6）石膏绷带拆除条件　确实证明骨折得到完全治愈才可将绷带拆除，小动物 3～4 周即可拆除。

如遇下列情况，应提前拆除：

① 缠绕石膏绷带后 2～3d，肢体将末端发生严重浮肿时，皮温降低或血液供应障碍时。

② 石膏绷带对患部固定不良，不能起正常固定作用时。

③ 患畜出现原因不明的高热。

（7）石膏绷带拆除方法　先用双氧水或浓盐水在石膏表面划好纵行拆除线，使绷带软化，然后用石膏锯逐层切开。（薄层石膏用长柄石膏剪纵行剪开）再用石膏分开器沿缝隙分开。拆除时，勿伤及皮肤。

【动物和器械的准备】

1. 实验犬：4 只。

2. 结合挂图或投影器由教师讲解各种绷带的打法。

3. 用品：

瓷消毒盘	2 个		
纱布罐	1 个	棉花罐	1 个
卷绷带器	1 个	竹片	若干
绷带剪	1 个	石膏粉或购入石膏绷带	数包
消毒盆	2 个	卷轴绷带	12 个
石膏刀	1 个	棉花	若干

实训六　肠管吻合术

【目的要求】

1. 熟悉犬、猫腹部局部解剖结构及手术部位，手术切口可选择腹中线上切口或肋弓下斜切口。

2. 掌握胃切开术、幽门手术、肠管吻合术术式及缝合方法。

【时间安排】

1. 时间　4 学时。

2. 安排　教师先讲解肠管吻合术手术部位与方法。然后学生独立进行手术操作。最后由教师总结本次实习注意问题。

【实训内容】

1. 保定

犬仰卧或侧卧保定。

2. 麻醉

全身麻醉（犬眠宝 0.15ml/kg，肌肉注射）。

3. 分工

由学生轮流负担各种助手工作。

4. 术式

肋弓下斜切口

患畜麻醉：局部剪毛、剃毛、消毒。盖以有窗敷布。将皮肤切开 10cm，一次切开皮肤和皮下组织，止血。用巾钳（或缝线）将切口两侧创缘与创布固定在一起。锐性切开（横断）腹外斜肌或按纤维方向钝性分离。用刀柄钝性分离腹内斜肌。此处易碰见旋髂深动脉。肌肉层越靠近髂骨外角投影部位越厚。沿肌纤维方向钝性分离腹横肌，腹横肌与腹膜紧密结合，钝性分离与切开时，勿伤腹腔内肠管。使用镊子夹住腹膜用刀尖将腹膜切一小口，将两指（中指与食指）或用有沟探针插入，用剪刀扩大腹膜切口。用拉钩将腹壁创缘拉开，取出肠管，用软肠钳夹持肠管切开部位的近端，并将肠内容物推至远端（如为闭结粪块，固定于近端）。此时用灭菌温生理盐水纱布敷盖于露出肠管上。在肠纵带上切开，检查（或取出）肠管内容物，用灭菌温生理盐水洗涤，肠管伤口用碘酊双氧水消毒，然后对肠管创口用连续内翻缝合，再洗涤检查1次，还纳腹腔内，撒布抗生素。连续缝合腹横肌与腹膜缝至最后一两针前，用手指探查已缝过的组织是否误缝内脏。再慎重的缝合最后一两针。间断或连续缝合腹内斜肌。皮肤与膜外斜肌间断缝合。用碘仿火棉胶封包伤口，再用系结绷带包扎创口。

【手术注意问题】

1. 此手术必须彻底消毒，在无菌条件下进行手术。

2. 术前要做到正确的诊断，选择最适当的手术部位。

3. 肠管缝合需用连续内翻缝合，肠管不能在大气中暴露过久，为防止肠管组织干燥，可用灭菌温生理盐水敷于肠管之上。

4. 切开腹腔之后，注意防止外物（器械、敷料、异物）混入腹腔内。

5. 根据病情进行输液和强心。

6. 术后需等麻醉（全麻）清醒后，方能离开。

【器械和药品的准备】

软肠钳（直、弯）4把；外科刀柄两把；刀片（圆刃、尖刃）各1包；镊子（有钩、无钩）4把；止血钳20把；诱导针（左、右）两把；腹膜钳子两把；开膛器两把；持针器两把；缝合针（弯、直、半弯及肠缝合针）数包；外科剪刀（直、弯、尖、圆）4把；巾钳10把；平钩两把；镫状钩两把；10ml、100ml注射器各两个；吊瓶1个；搪瓷盆及盆架各两个；胶布、塑料布、胶围裙，胶管（套软肠钳用）、胶靴、胶手套、口罩等筹齐备用。

【药品与敷料】

1. 犬眠宝若干支。

2. 3% ~4% 盐酸普鲁卡因 100ml。

3. 70% 酒精棉、碘酊棉各 1 搪瓷罐。

4. 0.5% 或新洁尔灭 20L。

5. 灭菌生理盐水 1 000ml。

6. 输液药品有林格儿、葡萄糖注射液、生理盐水注射液（以上均为 500ml 分装）若干瓶，安钠咖注射液等。

实训七　肋骨切除术

【目的要求】

1. 熟悉肋间神经的局部解剖和麻醉方法。

2. 掌握肋骨截除术的手术方法及注意问题。

【时间安排】

1. 时间　2 学时。

2. 安排　由教师向学生讲述本次实习的目的和要求，手术操作方法及注意问题。本手术由教师做示范手术。

【实训内容】

1. 手术动物的准备

动物的全面检查。局部检查，局部剪毛、剃毛、消毒（术前准备好）。

2. 保定

横卧保定，健康侧在下。

3. 分工

术者 1 人，助手 2 人；器械助手 1 人；消毒兼纱布助手 1 人；保定助手 3 ~4 人。

4. 局部麻醉（肋间神经传导麻醉）

在术部上方 8 ~10cm 处，欲切除肋骨前和后共 3 条肋骨，先后于肋骨后缘，针头垂直刺入滑进肋骨后缘。再向深推 0.5 ~0.7cm，注入 3% 盐酸普鲁卡因 10ml。针尖退至皮下，再注入 10ml 麻醉背侧皮支。在注药的同时左右转动针头，扩大浸润麻醉范围，以同样方法麻醉前后相邻两个肋间神经。经 10 ~15min，沿肋骨走向的皮肤、肌肉、骨膜等均被麻醉。

5. 术式

沿着肋骨中心纵向直线切开皮肤、浅筋膜、胸深筋膜、皮肌和深层肌膜。当露出肋骨时，将骨膜呈 "I" 形切开，用骨膜剥离器分离骨膜。剥离肋骨内侧的骨膜时，要小心谨慎，勿伤肋骨后缘的血管神经末梢，应将胸膜截漏。用骨剪或线锯剪（锯）断肋骨两端（先断上后断下方肋骨）。断端用骨锉锉平。最后将骨膜展平，肌肉和皮肤分层结节缝合，装着结系绷带。

【手术注意问题】

1. 当骨髓炎时，肋骨呈宽而薄的管状，管内充满脓汁和坏死组织，切开和剥离时要特别小心。

2. 剥离骨膜时，特别是肋骨内侧骨膜勿将胸膜戳破。如已破时可边缝合边抽出胸腔气体，必要时输氧。

【器械与药品】

常规手术器械一套。另加入肋骨剪子 1 把、骨膜剥离器 1 把。

药品准备

3% 盐酸普鲁卡因 100ml。碘酊、酒精棉、外用消炎粉、来苏儿，灭菌生理盐水 1 000ml。

实训八　食管切开

【目的要求】

1. 掌握手术部位的局部解剖和手术方法。
2. 熟悉手术中注意问题和术后疗法。

【时间安排】

1. 时间　2 学时。
2. 安排　由教师重点讲述食道切开术的目的。手术的准备、实验动物的保定、麻醉、结合局部解剖讲解术式。进行食道切开术示教，术后讲解手术中注意问题及术后疗法。

【实训内容】

1. 保定

右侧卧保定。

2. 麻醉

局部浸润麻醉。

3. 分工

术者 1 人；助手 2 人；器械助手 1 人；消毒（兼纱布助手）1 人；保定助手 2 人。保定助手进行头及四肢的保定。消毒助手对术部剪毛、剃毛和消毒。第一助手进行局部浸润麻醉或全麻。

4. 术式

手术的通路分为上方切口和下方切口，不论采取哪种切口，都是沿颈静脉纵向切开皮肤。切口的长短和部位随异物大小和位置来决定。实验动物取上方切口，它距离食管最近。若局部有感染，阻塞时间发生很长，采用下方切口，术后便于创液顺利排出。

对术部皮肤作皱襞切开或用左手拇指在切口下部压住颈静脉，在静脉与臂头肌肉之间切开皮肤。皮下筋膜和皮肌，用创钩将静脉压于一侧。

用器械或手指将肩胛舌骨肌（在颈前 1/3 和中 1/3 处）用钝性分离方法分离，再剪断深筋膜。在气管的左上侧找到食管，梗塞的食管容易辨认。正常的食管呈柔软，空虚、光滑。扁平不易确定，当有吞咽动作时，易发现。

分离食管后，用弯头止血钳插入食管内侧顺其内置两条灭菌纱布，将食管拉出切口外面，再在食管外围衬上纱布，以防食管内容物污染伤口。

食管切开是沿食管纵轴切开，切口的大小依梗塞物大小来决定。切开梗塞物时，先用刀尖刺入一小口（在异物的一侧）再用剪刀剪，其长短与梗塞物横径一致。黏膜层切口要小于肌层切口，这样便于缝合。

梗塞物小心取出后用碘酊过氧化氢溶液消毒伤口，再用温生理盐水冲洗，撒布消炎粉。

食管壁缝合：黏膜用结节缝合或用肠线连续缝合。肌层及外膜用连续内翻缝合。在缝合的过程中随时擦去食管分泌物。必要时食管周围的结缔组织也要缝合。最后缝合皮肤。创口用碘仿火棉胶封包。皮肤创用结系绷带。

食管有坏死倾向时，不缝合食管，皮肤可以部分缝合。

【手术注意问题】

1. 打开手术通路时，注意不要损伤食管周围的组织，如颈静脉、颈动脉、迷走神经干等。

2. 食管手术时，不应过多的剥离食管周围的组织，以免形成很多空腔，成为渗出物蓄积地方，影响创伤愈合。

3. 避免损伤颈静脉、颈动脉、迷走神经干和返神经。

【术后治疗】

1. 术后 1~2d 禁止饮食，防止患犬随意采食食物，应带上口罩或项圈。

2. 静脉注射葡萄糖溶液或生理盐水，全身给予抗生素治疗 1 周，防止创口感染。

3. 术后 15d 内勿用食道插管。

4. 皮肤创口 15d 后拆线。

【动物与器械的准备】

1. 实习动物：实验犬 2 只。

2. 器械：手术常规器械和药品一套。

本手术增填器械：异物钳子 1 把；扩创器 1 对；铬制肠线两管。

实训九　膀胱切开术、肾切开术

【目的要求】

1. 熟悉犬、猫腹部局部解剖结构及手术部位，手术切口可选择腹中线中下切口。

2. 掌握膀胱切开术、肾切开术手术术式及缝合方法。

【时间安排】

1. 时间　4 学时。

2. 安排　教师先讲解手术部位与方法。然后学生独立进行手术操作。最后由教师总结本次实习注意问题。

【实训内容】

1. 保定

犬仰卧或侧卧保定。

2. 麻醉

全身麻醉（犬眠宝 0.15ml/kg，肌肉注射）。

3. 分工

由学生轮流负担各种助手工作。

4. 术式

膀胱切开术：

患畜麻醉：局部剪毛、剃毛、消毒。盖以有窗敷布。将皮肤切开 10cm，一次切开皮肤和皮下组织，沿肌纤维方向钝性分离腹直肌，腹直肌与腹膜紧密结合，使用镊子夹住腹膜用刀尖切一小口，将两指（中指与食指）深入腹腔，用剪刀扩大腹膜切口。用拉钩将腹壁创缘拉开，取出膀胱，固定，切开膀胱壁，进行探查，缝合膀胱壁，第一层全层连续缝合，第二层垂直褥氏内翻缝合。然后按常规关闭腹壁切口。

肾切开术：

患畜全身麻醉，局部剪毛、剃毛、消毒。盖以有窗敷布。将皮肤切开 10cm，一次切开皮肤和皮下组织，沿肌纤维方向钝性分离腹直肌，腹直肌与腹膜紧密结合，使用镊子夹住腹膜用刀尖切一小口，将两指（中指与食指）深入腹腔，用剪刀扩大腹膜切口。用拉钩将腹壁创缘拉开，分离肾脏，切开，缝合。然后按常规关闭腹壁切口。

【手术注意问题】

1. 此手术必须彻底消毒，在无菌条件下进行手术。

2. 术前要做到正确的诊断，选择最适当的手术部位。

3. 切开腹腔之后，注意防止外物（器械、敷料、异物）混入腹腔内。

4. 根据病情进行输液和强心。

5. 术后需等麻醉（全麻）清醒后，方能离开。

【器械和药品的准备】

软肠钳子（直、弯）4 把；外科刀柄两把；刀片（圆刃、尖刃）各 1 包；镊子（有钩、无钩）4 把；止血钳 20 把；诱导针（左、右）两把；腹膜钳两把；开腔器两把；持针器两把；缝合针（弯、直、半弯及肠缝合针）数包；外科剪刀（直、弯、尖、圆）4 把；巾钳 10 把；平钩两把；镫状钩两把；10ml、100ml 注射器各两个；吊瓶 1 个；搪瓷盆及盆架各两个；胶布、塑料布、胶围裙，胶管（套软肠钳用）、胶靴、胶手套、口罩等筹齐备用。

药品与敷料

1. 犬眠宝若干支。

2. 3%～4% 盐酸普鲁卡因 100ml。

3. 70% 酒精棉、碘酊棉各 1 搪瓷罐。

4. 0.5% 或新洁尔灭 20L。

5. 灭菌生理盐水 1 000ml。

6. 输液药品有林格儿、葡萄糖注射液、生理盐水注射液（以上均为 500ml 分装）若干瓶，安钠咖注射液等。

实训十　尿道切开术与造口术

【目的要求】

由教师向学生讲解尿道切开术与造口术的适应症（因尿道结石造成的排尿困难时，行尿道切开术；因阴茎截断的术后尿道闭塞时，行尿道造口术），尿道局部解剖及术式。

实习结束前由教师总结手术注意问题及术后疗法。

【时间安排】

1. 时间　2学时。
2. 安排　本次实习是手术示范，术后总结并解答问题。

【实训内容】

一、公犬尿道切开术

1. 保定

仰卧保定。

2. 麻醉

全身麻醉或局部浸润麻醉。

3. 术式

使用导尿管或探针插入尿道，确定尿道阻塞部位。根据阻塞部位，选择手术通路，可分为前方尿道切开术和后方尿道切开术。

前方尿道切开术：

应用导尿管或探针插入尿道，确定阻塞部位是阴茎骨后方。术部确定为阴茎骨后方到阴囊之间。包皮腹侧面皮肤剃毛、消毒。左手握住阴茎骨提起包皮和阴茎，使皮肤紧张伸展。在阴茎骨后方和阴囊之间正中线做3～4cm的切口，切开皮肤，分离皮下组织，显露阴茎缩肌并移向侧方，切开尿道海绵体，使用插管或探针指示尿道。在结石处做纵行切开尿道1～2cm。用钝刮匙插入尿道小心取出结石。然后导尿管进一步向前推进到膀胱，证明尿道通畅，冲洗创口。如果尿道无严重损伤，应用吸收性缝合材料缝合尿道。如果尿道损伤严重，进行外科处理，不缝合尿道，大约3周即可愈合。

后方尿道切开术：

术部选择在坐骨弓与阴囊之间，正中线切开。术前应用柔软的导尿管插入尿道。切开皮肤，钝性分离皮下组织，大的血管必须结扎止血，在结石部位切开尿道，取出结石，生理盐水冲洗尿道，清洗松散结石碎块。其他操作同尿道切开术。

【注意问题】

1. 术后全身给予抗生素或磺胺类药物治疗7d左右。
2. 留置的导尿管要在36～48h后拔出。
3. 术后应注意排尿情况，若再出现排尿困难或尿闭时，马上拆除缝线，仔细探诊尿道是否有结石嵌留。

二、公猫尿道切开术

1. 保定

仰卧保定。

2. 麻醉

全身麻醉。

3. 术式

术部准备，阴茎前端到坐骨弓之间，皮肤剃毛、消毒，将阴茎从包皮拉出约2cm用手指固定。从尿道口插入细导尿管到结石阻塞部位，于阴茎腹侧正中切开皮肤，钝性分离皮下组织，结扎大的血管，在导尿管前端结石阻塞部切开尿道，取出结石。导尿管向前方推进到膀胱，排出尿液，用生理盐水冲洗膀胱和尿道。如果尿道无严重损伤，应用可吸收性缝线缝合尿道。如果尿道损伤严重，不能缝合，进行外科处理后，经过几天后即可愈合。

对于患下泌尿道结石性堵塞的公猫，可以实施尿道造口手术：猫趴卧保定，后躯垫高；常规消毒阴茎周围的皮肤，切开阴茎周围的皮肤，分离阴茎与周围的组织，使阴茎暴露于创口外 4～6cm，插导尿管，在阴茎头的背侧距阴茎头 2cm 向后纵向切开阴茎组织 3～4cm，使尿道暴露，将双腔导尿管插入膀胱，并注射 1ml 液体使双腔导尿管位置稳固，将尿道黏膜与创缘皮肤缝合在一起，导尿管连接尿袋，固定于背部，用纱布使尿袋固定。

【注意问题】

1. 术后要冲洗创部，并通过输液来维持猫体内的酸碱平衡。

2. 要佩戴项圈，防止咬坏创部。

【动物与器械准备】

1. 动物准备：公犬或公猫。

2. 器械准备：除常规手术器械外，另填入导尿胶管，小刮匙等。

实训十一 犬脾脏部分切除术及全脾摘除术

【目的要求】

1. 熟悉犬、猫腹部局部解剖结构及手术部位，手术切口可选择腹正中线切口。

2. 掌握脾脏、胰脏部分切除术及全脾摘除术的手术方法。

【时间安排】

1. 时间 4 学时。

2. 安排 教师先讲解手术部位与方法。然后学生独立进行手术操作。最后由教师总结本次实习注意问题。

【实训内容】

1. 保定

犬仰卧或侧卧保定。

2. 麻醉

全身麻醉（犬眠宝 0.15ml/kg，肌肉注射）。

3. 分工

由学生轮流负担各种助手工作。

4. 术式

患畜全身麻醉，局部剪毛、剃毛、消毒。盖以有窗敷布。将皮肤切开 10cm，一次切开皮肤和皮下组织，沿肌纤维方向钝性分离腹直肌，腹直肌与腹膜紧密结合，使用镊子夹住腹膜用刀尖切一小口，将两指（中指与食指）深入腹腔，用剪刀扩大腹膜切口。用拉钩将腹壁创缘拉开，取出脾脏，沿腹部切口周围敷以用生理盐水浸湿的纱布，隔离脾脏与腹壁，分离脾胃韧带，结扎血管，摘除脾脏。然后按常规关闭腹壁切口。

【手术注意问题】

1. 此手术必须彻底消毒，在无菌条件下进行手术。

2. 术前要做到正确的诊断，选择最适当的手术部位。

3. 结扎血管必需行双重结扎，结扎一定要确实。从脾头至脾尾逐一结扎，边结扎，边剪断。

【器械和药品的准备】

软肠钳子（直、弯）4 把；外科刀柄两把；刀片（圆刃、尖刃）各 1 包；镊子（有钩、无钩）4 把；止血钳 20 把；诱导针（左、右）两把；腹膜钳两把；开膣器两把；持针器两把；缝合针（弯、直、半弯及肠缝合针）数包；外科剪刀（直、弯、尖、圆）4 把；巾钳 10 把；平钩两把；镫状钩两把；10ml、100ml 注射器各两个；吊瓶 1 个；搪瓷盆及盆架各两个；胶布、塑料布、胶围裙，胶管（套软肠钳用）、胶靴、胶手套、口罩等筹齐备用。

药品与敷料

1. 犬眠宝若干支。

2. 3% ~4% 盐酸普鲁卡因 100ml。

3. 70% 酒精棉、碘酊棉各 1 搪瓷罐。

4. 0.5% 或新洁尔灭 20L。

5. 灭菌生理盐水 1 000ml。

实训十二 犬、猫去势术

【目的要求】

1. 要求学生掌握公犬、猫生殖器官局部解剖结构及去势前的准备与术后的护理。

2. 学习和掌握犬、猫去势术的手术方法。

【时间安排】

1. 时间　2 学时。

2. 安排　由教师讲解公犬、猫生殖器官的局部解剖，观看标本。然后由教师大班示范公犬、猫去势术。最后由教师总结此次手术的注意问题、讲解并发症和术后疗法。

【实训内容】

1. 去势犬、猫术前的检查

在手术前一日进行全身检查（T、R、P 血沉等），注意有无体温升高、呼吸异常等全身变化，若泌尿道、前列腺有感染，应在去势前 1 周进行抗生素药物治疗，直到感染被控制后再行去势。

2. 术前的准备

剃去阴囊部被毛，采用常规方法消毒。

3. 保定

犬需仰卧保定，两后肢向后外方伸展固定；猫可以左侧或右侧卧保定，两后肢向腹前方伸展，猫尾要反向背部提举固定，充分显露阴囊部。

4 术式

主要分三步：

（1）显露睾丸　术者用两手指将两侧睾丸推挤到阴囊底部前端，使睾丸位于阴囊缝际两侧的阴囊底部最前的部位。从阴囊最低部位的阴囊缝际向前的腹中线上，做一个 5 ～ 6cm 的皮肤切口，依次切开皮下组织。术者左手食指、中指推一侧阴囊后方，使睾丸连同鞘膜向切口内突出，并使包裹睾丸的鞘膜绷紧。固定睾丸，切开鞘膜，使睾丸从鞘膜切口内露出。术者左手抓住睾丸，右手用止血钳夹持附睾尾韧带，并将附睾尾韧带从附睾尾部撕下，右手将睾丸系膜撕开，左手继续牵引睾丸，充分显露精索。

（2）结扎精索、切开精索、去掉睾丸　用三钳法在精索的近心端钳夹第一把止血钳，在第一把止血钳的近睾丸侧的精索上，紧靠第一把止血钳钳夹第二、第三把止血钳。用 4 ～ 7 号丝线，紧靠第一把止血钳钳夹精索处进行结扎，当结扎线第一个结扣接近打紧时，松去第一把止血钳，并使线结恰好位于第一把止血钳的精索压痕，然后打紧第一个结扣和第二个结扣，完成对精索的结扎，剪去线尾。在第二把与第三把钳夹精索的止血钳之间，切断精索。用镊子夹持少许精索断端组织，松开第二把钳夹精索的止血钳，观察精索断端有无出血，在确认精索断端无出血时，方将精索断端还纳回鞘膜管内。在同一皮肤切口内，按上述同样的操作，切除另一侧睾丸。在显露另一侧睾丸时，切忌切透阴囊中隔。

（3）缝合阴囊切口　用 20 号铬制肠线或 4 号丝线间断缝合皮下组织，用 4 ～ 7 号丝线间断缝合皮肤，打以结系绷带。

【手术注意问题】

术后无需治疗，如出现感染，可给予抗菌药物治疗。

【手术器械】

一般常规外科手术器械。

实训十三　犬、猫卵巢子宫摘除术

【目的与要求】

1. 熟悉犬、猫腹部局部解剖结构及手术部位，了解犬、猫子宫卵巢的结构与在腹腔内的位置，手术切口可选择腹正中线切口。

2. 学习和掌握犬、猫子宫卵巢摘除术的手术方法。

【时间安排】

1. 时间　2 学时。

2. 安排　教师先讲解手术部位与方法，然后学生独立进行手术操作，最后由教师总结本次实习注意问题。

【实训内容】

1. 保定

犬、猫仰卧或侧卧保定。

2. 麻醉

全身麻醉（犬眠宝 0.15ml/kg，肌肉注射）。

3. 分工

由学生轮流负担各种助手工作。

4. 手术术式

犬、猫全身麻醉，局部剪毛、剃毛、消毒。盖以有窗敷布。沿腹正中线切开皮肤15cm 左右，一次切开皮肤和皮下组织，沿肌纤维方向钝性分离腹直肌，腹直肌与腹膜紧密结合，使用镊子夹住腹膜用刀尖切一小口，将两指（中指与食指）深入腹腔，用剪刀扩大腹膜切口，打开腹腔后，先寻找卵巢与子宫角，钝性分离卵巢悬吊韧带。

沿腹部切口周围敷以用生理盐水浸湿的纱布，隔离脾脏与腹壁，分离脾胃韧带，结扎血管，摘除脾脏。然后按常规关闭腹壁切口。

【手术注意问题】

1. 此手术必须彻底消毒，在无菌条件下进行手术。

2. 术前要做到正确的诊断，选择最适当的手术部位。

3. 结扎血管必需行双重结扎，结扎一定要确实。从脾头至脾尾逐一结扎，边结扎，边剪断。

【器械和药品的准备】

软肠钳子（直、弯）4 把；外科刀柄两把；刀片（圆刃、尖刃）各 1 包；镊子（有钩、无钩）4 把；止血钳 20 把；诱导针（左、右）两把；腹膜钳两把；开膣器两把；持针器两把；缝合针（弯、直、半弯及肠缝合针）数包；外科剪刀（直、弯、尖、圆）4 把；巾钳 10 把；平钩两把；镫状钩两把；10ml、100ml 注射器各两个；吊瓶 1 个；搪瓷盆及盆架各两个；胶布、塑料布、胶围裙，胶管（套软肠钳用）、胶靴、胶手套、口罩等筹齐备用。

药品与敷料

1. 犬眠宝若干支。

2. 3% ~4% 盐酸普鲁卡因 100ml。

3. 70% 酒精棉、碘酊棉各 1 搪瓷罐。

4. 0.5% 或新洁尔灭 20L。

5. 灭菌生理盐水 1 000ml。

实训十四 犬乳腺手术

【目的要求】

1. 熟悉犬乳腺的局部解剖结构及手术部位。

2. 了解乳房的患病部位和淋巴流向,确定乳腺切除方法。

【时间安排】

1. 时间 2 学时。

2. 安排 本次实习是手术示范,术后总结并解答问题。

【实训内容】

1. 保定

根据肿瘤部位取不同横、侧位保定。

2. 麻醉

全身麻醉或肿瘤周围组织浸润麻醉。

3. 分工

由学生轮流负担各种助手工作。

4. 术式

乳腺切除的选择取决于动物体况和乳房患病的部位及淋巴流向。有以下 4 种乳腺切除方法,可选其中一种。

(1) 单个乳腺切除 仅切除 1 个乳腺。

(2) 区域乳腺切除 切除几个患病乳腺或切除同一淋巴流向的乳腺。

(3) 一侧乳腺切除 切除整个一侧乳腺链。

(4) 两侧乳腺切除 切除所有乳腺。

切开皮肤,钝性分离皮下组织,压迫止血或双重结扎止血,分离肿瘤,特别是摘除后部乳腺时,要先结扎腹股沟环附近的外阴动脉前支。术中不能伤害肿瘤,最好除净周围组织,防止转移。此外要摘除肿瘤部相应的淋巴结。分别缝合皮下组织和皮肤,不能形成死腔。疑似创内污染的应撒布抗生素或磺胺粉。大量组织摘除时,拉紧创缘皮肤缝合,可使皮肤和皮下组织连接紧密。压迫绷带或减张缝合,2 ~3d 后应拆除,以免影响局部的血液循环。

【手术注意问题】

1. 皮肤缝合后敷以纱布,保护术部防止污染。

2. 术后出血多或有休克征候时,应保温、输液。

3. 防止出现死腔,血清肿或血肿、污染和自我损伤。

【器械和药品的准备】

一般外科手术器械。

实训十五　犬断尾手术

【目的要求】

1. 了解不同品种的犬，不同的断尾部位。掌握不同年龄段犬的断尾时间。

2. 掌握断尾术的手术操作规程。

【时间安排】

1. 时间　2 学时。

2. 安排　教师先讲解手术部位与方法，然后学生独立进行手术操作。最后由教师总结本次实习注意问题。

【实训内容】

1. 保定和麻醉

仔犬断尾一般不必麻醉，助手握住尾根部保定。成年犬断尾施以全身麻醉。

2. 术式

术部常规消毒，用止血带扎紧幼犬尾根部，确定断尾位置后，用剪刀从背腹两侧向尾根方向切断，形成"V"字形背腹皮瓣。将两皮瓣结节缝合，15min 后解除止血带。因仔犬尾椎骨尚未硬化，切除部位无需确定椎间隙处。成年犬断尾术部要选择在尾椎间隙稍后方，大、中型犬距尾根 1~2cm。扎上止血带，从背、腹两侧将皮肤剪成"V"字形皮瓣，并使皮瓣基点正好位于尾椎间隙内。然后结扎血管，暴露关节，切断连结尾椎骨的相应肌肉和韧带，去掉断尾，松开止血带，断端充分止血，修正皮肤创缘，包埋骨端，连续缝合皮下组织，皮肤结节缝合。

【手术注意问题】

术后保持尾部清洁，防止创部感染和犬舔咬，仔犬一般 7~8d、成年犬 10d 后拆除皮肤缝线。

实训十六　骨折整复手术

【目的要求】

1. 熟悉小动物的骨骼局部解剖结构及骨骼与周围组织之间的联系。

2. 学习和掌握不同整复手术方法。

【时间安排】

1. 时间　2 学时。

2. 安排　教师先讲解手术部位与方法，然后学生独立进行手术操作。最后由教师总结本次实习注意问题。

【实训内容】

1. 器械的准备

常规外科器械及骨科手术器械。

2. 保定

根据损伤的部位的不同，采取不同的保定措施。

3. 麻醉

全身麻醉或局部麻醉。

4. 术式

（1）闭合性整复　即用手法整复，并结合牵引和对抗牵引。闭合性整复适用于新鲜较稳定的骨折，用此法复位可获得满意的效果。建议用下列几种方法。

利用牵引、对抗牵引和手法进行整复。

利用牵引、对抗牵引和反折手法进行整复。

利用动物自身体重牵引、反牵引作用整复。动物仰卧于手术台上，患肢垂直悬吊，利用身体自重，使痉挛收缩的肌肉疲劳，产生牵引、对抗牵引力，悬吊 10~30min，可使肌肉疲劳，然后进行手法整复。

戈登伸展架整复。通过缓慢逐渐增加压力维持一定时间（如 10~30min），待肌肉疲劳、松弛时整复。使用时，逐步旋扭蝶形螺母，增加患肢的牵引力，每间隔 5min 旋紧螺母，增加其牵引力。

（2）开放性整复　指手术切开骨折部的软组织，暴露骨折段，在直视下采用各种技术，使其达到解剖复位，为内固定创造条件。开放性整复技术在小动物骨折利用率很高，其适应症为：骨折不稳定和较复杂，骨折已数天以上，骨折已累及关节面，骨折需要内固定。

开放性整复具体的操作技术可归纳如下几种。

利用某些器械发挥杠杆作用，如骨刀、拉钩柄或刀柄等，借以增加整复的力量。

利用抓骨钳直接作用于骨断端上，使其复位。

将力直接加在骨断端上，向相反方向牵拉和矫正、转动，使骨断端复位和用抓骨钳或创巾钳施行暂时固定。

利用抓骨钳在两骨断端上的直接作用力，同时并用杠杆的力。

【手术注意问题】

1. 闭合性整复适用于新鲜较稳定的骨折，术者要熟知骨骼局部解剖结构。

2. 开放性整复操作的基本原则是要求术者熟知局部解剖，操作时要求尽量减少软组织的损伤（如骨膜的剥离，骨、软组织、血管和神经的分离等操作）。按照规程稳步操作，更要严防组织的感染。

主要参考文献

[1] 郭铁. 家畜外科手术学. 第三版. 北京：中国农业出版社，1999.

[2] 汪世昌，陈家璞. 家畜外科学. 北京：中国农业出版社，1995.

[3] 中国畜牧兽医学会兽医外科研究会. 兽医外科学. 北京：农业出版社，1992.

[4] 陈家璞译. 兽医外科手术图谱. 南京：江苏科学技术出版社，1981.

[5] 韦加宁. 韦加宁外科手术图谱. 北京：人民卫生出版社，2003.

[6] 周庆国. 犬病对症诊断与防治. 广州：广东科技出版社，2002.

[7] 赵玉军. 实用犬病诊疗图册. 沈阳：辽宁科学技术出版社，2001.

[8] 何英，叶俊华. 宠物医生手册. 沈阳：辽宁科学技术出版社，2003.

[9] 侯加法. 小动物疾病学. 北京：中国农业出版社，2002.

[10]（美）Welch Fossum，（美）Chery S. Hedlund，小动物外科学. 张海彬译. 北京：中国农业大学出版社，2008.

[11] 王春璇，马卫明. 狗病临床手册. 北京：金盾出版社，2006.

[12] 白景煌. 养犬与疾病. 长春：吉林科学技术出版社，1990.

[13]（美）Steven E. Crow，（美）Sally O. Walshaw. 犬猫兔临床诊疗操作技术手册. 梁礼成译. 北京：中国农业出版社，2004.

[14] 林德贵. 犬猫病诊断图册. 北京：中国农业大学出版社，1998.

[15] 陈家璞. 小动物疾病. 北京：北京农业大学出版社，1993.